普通高等教育"十一五"国家级规划教材

数据库实用技术教程
（基于 Oracle 系统）

李卓玲　费雅洁　编

高等教育出版社

内容提要

本书是普通高等教育"十一五"国家级规划教材。

本书介绍了数据库系统的基本理论，包括关系数据库的基本理论及数据库设计方法；同时，以目前流行的 Oracle 数据库系统为平台，通过大量的实例，讲解数据库应用系统中的实用技术。最后一章给出基于 Oracle 系统的一个完整实例"进销存系统"，此实例融会全书的知识点，并描述了实际应用系统中数据库系统设计的全过程。

本书以"学生选课管理系统"为例贯穿全书介绍相关概念和知识；以"图书编著管理系统"为例贯穿全书的主要实训，使得全书的实训内容保持连续性。本书内容翔实，有据可循，讲解透彻，循序渐进。书中给出大量的例子及其在 Oracle 数据库上的应用与实现，具有很强的可读性和实用性。各章均配有相应的思考题与习题和实训内容。

本书可作为应用性、技能型人才培养的各类院校计算机软件技术及相关专业的教学用书，也可供各类培训人员、计算机从业人员和数据库系统的爱好者参考。

图书在版编目(CIP)数据

数据库实用技术教程：基于 Oracle 系统/李卓玲，费雅洁编. —北京：高等教育出版社，2007.12

ISBN 978 - 7 - 04 - 022564 - 8

Ⅰ. 数… Ⅱ. ①李… ②费… Ⅲ. 关系数据库 - 数据库管理系统，Oracle - 高等学校 - 教材 Ⅳ. TP311.138

中国版本图书馆 CIP 数据核字(2007)第 161528 号

出版发行	高等教育出版社	购书热线	010 - 58581118
社　　址	北京市西城区德外大街 4 号	免费咨询	800 - 810 - 0598
邮政编码	100011	网　　址	http://www.hep.edu.cn
总　　机	010 - 58581000		http://www.hep.com.cn
经　　销	蓝色畅想图书发行有限公司	网上订购	http://www.landraco.com
			http://www.landraco.com.cn
印　　刷	北京四季青印刷厂	畅想教育	http://www.widedu.com
开　　本	787×1092　1/16	版　　次	2007 年 12 月第 1 版
印　　张	21.75	印　　次	2007 年 12 月第 1 次印刷
字　　数	530 000	定　　价	27.20 元

本书如有缺页、倒页、脱页等质量问题，请到所购图书销售部门联系调换。

前　言

随着计算机应用的日益普及,数据库技术已成为越来越重要的技术基础。数据库技术是保证应用软件质量的重要环节,专业化、高效的应用系统对于数据库技术的要求也越来越高。

在众多的数据库系统中,Oracle 数据库是目前最为流行的关系型数据库系统,因其在数据安全性与数据完整性控制方面的优越性能以及跨操作系统、多硬件平台的数据互操作等特点,越来越多的企业以 Oracle 数据库作为其信息系统管理、企业数据处理、Internet、电子商务网站等领域应用数据的后台处理系统,其应用已遍及各个领域。为了满足教学的需要,我们参考国内大型软件企业的软件项目开发过程,编就此书。

本书内容丰富,涵盖数据库技术的基本知识和主要技能。在本书的编写过程中,注意体现理论够用、注重实践、先进性、产学结合、强化动手能力和创新精神等特点。在内容编排上注意由易到难、深入浅出、简明扼要、通俗易懂,使读者能够较好地掌握 Oracle 数据库的基本知识和基本技能。

全书共分为三部分。第一部分包括第 1～4 章,讲解数据库基本原理及数据库的设计步骤与方法;第二部分包括第 5～9 章,讲解 Oracle 数据库技术;第三部分即第 10 章以一个完整的实例讲解基于 Oracle 的数据库应用的开发步骤和方法,第三部分可以作为数据库原理与应用课程的课程设计指导材料。书中的例子均在 Oracle9*i* 上运行通过,亦可运用于 Oracle10*g* 平台上。

本书的参考学时为 70 学时,学时分配如下表所示。

学时分配表

序号	授课内容	学时分配	
		讲课	实践
1	数据库系统概述	6	
2	关系数据库的理论基础	4	
3	关系数据库标准语言 SQL 基础	6	6
4	数据库设计理论及方法	4	2
5	Oracle 数据库和表空间	2	2
6	Oracle 中的表、索引、视图、同义词、序列的管理	4	4
7	PL/SQL 编程语言	6	6
8	PL/SQL 应用(包括存储过程、存储函数、触发器的管理)	2	2
9	Oracle 的安全性	2	2
10	基于 Oracle 系统的综合实例	4	6
	合计	40	30

本书编写的具体分工为李卓玲编写第 1 章、第 2 章、第 4 章以及附录 A、附录 B、附录 C,费雅洁编写第 3 章、第 5 章~第 10 章及附录 D。佟伟光教授和杨靖工程师审阅全书并提出了许多宝贵的建议。编者借本书出版之际,向所有为此书做出贡献的同志们表示衷心的感谢!

由于编者的水平和学识有限,加之编写时间仓促,疏漏甚至错误之处在所难免,恳请广大读者不吝指正。

编　者

2007 年 7 月

目　录

第 4 章　数据库设计

第 5 章　Oracle 数据库和表空间

第 6 章　Oracle 基本对象

第 7 章 PL/SQL 编程语言

第 8 章 PL/SQL 应用

第 9 章　Oracle 的安全性

第 10 章　Oracle 综合实例

开 始 之 前

在众多的计算机应用中,有一类重要的计算机应用,称为数据密集型应用(Data Intensive Application),它具有如下特点:(1) 所涉及的数据量大,通常需要存储在辅助存储器中, 内存中只能暂存其中很小的一部分。(2) 数据不随程序的结束而消失,而需要长期保存在计算机中,这种数据称为持久数据(persistent data)。(3) 数据为多个应用程序所共享,甚至在一个单位或更广的范围内共享。

这是最大的计算机应用领域,管理信息系统、办公信息系统、银行信息系统、民航订票系统、情报检索系统等都属于这类应用。管理这种大量的、持久的、共享的数据是这类计算机应用所面临的共同问题。从 20 世纪 50 年代末以来,数据管理一直是计算机科学技术领域中的一项重要技术和研究课题。数据库技术是数据管理中的核心技术,是计算机科学的重要分支。

今天,信息资源已成为各个部门的重要财富和资源,建立一个满足各级部门信息处理要求的行之有效的信息系统已成为一个企业或组织得以生存和发展的重要条件。对于一个国家来说,数据库的建设规模、数据库信息量的大小和使用频度已成为衡量一个国家信息化程度的重要标志。

Oracle 数据库是目前市场上排名第一的数据库管理系统,Oracle 公司也是世界上第二大软件公司,在"财富 100 强"企业级应用中的市场份额高达 51%,已无可争议地成为企业级数据库产品的首选。在 IT 界流行着一句话:"Internet 运行在 Oracle 上。"这句话反映这样一个事实,如今的网络服务和各类复杂的信息系统已越来越多地依赖于 Oracle 这样的大型数据库系统,同时越来越多的 IT 从业人员的工作与 Oracle 密切相关。近年来,整个社会对 Oracle 人才的需求逐年递增。然而,与巨大的社会需求形成鲜明对比的是,社会上掌握和精通 Oracle 数据库的专业人才无论在数量上还是在质量上都无法满足社会的需求,迫切需要培养掌握 Oracle 技术的专门人才。

根据"数据库实用技术"课程的特点,课程内容最终将通过各种具体数据库应用系统来体现,因此,"数据库实用技术"课程不是单纯的理论课,也不是单纯的应用课,而应是理论与应用紧密结合的课程。数据库技术涉及的概念较多,因此要强调基本概念教学,掌握数据库的基本概念、名词、术语,同时还要充分理解数据库的设计方法及其在 Oracle 中的具体实现。所以,在教学过程中不仅要重视数据库基本理论的讲解,同时也要重视 Oracle 数据库具体实现方法的讲解。由于 Oracle 数据库管理系统深奥、复杂、难以驾驭,因此在本课程的教学过程中,教师应注意由浅入深,循序渐进。

在学习本课程时,学生要有"离散数学"、"数字逻辑"、"操作系统"、"数据结构"等课程的相关基础知识。

通过本课程的学习,学生要达到以下目标:

1. 能够深入理解和掌握数据库技术,掌握数据库的设计方法,将理论与实践有机地结合在

一起;

    2. 掌握 Oracle 大型数据库的体系结构,理解 Oracle 数据库的内部管理机制;

    3. 熟练利用 Oracle 数据库进行数据库管理,主要包括安全性管理、各种方案对象的管理和存储管理等;

    4. 熟练进行 Oracle 数据库的安装、配置和工作方式的选择等。

    本教材目录大致地介绍了书中的内容,每章的开始都有本章的学习目标和内容框架图,建议学生在学习之前先阅读一下学习目标和内容框架,这将有助于学生对本章知识的全面了解和进一步学习。每章的最后均有思考题与习题,使得学生能够在学习的基础上加强思考,巩固前面学到的知识,使知识得到升华。从第 3 章开始,每章的后面均有实训环节,侧重培养学生的实战操作能力是本书的一大特点,在"学"和"思"的基础上,特别增设"练"的环节,其目的在于通过实战练习,增强学生的实际动手能力,使学生从书本知识中解放出来,将知识转化为实际技能。

    另外,对于计算机专业的学生而言,由于学时有限,本课程对数据库开发及典型环境做了基本的介绍,只能起到入门引导作用,学生可在此基础上进行进一步的学习,以达到数据库管理员水平。

第1章

绪　论

学 习 目 标

- 掌握数据库、数据库管理系统、数据库系统的概念,了解数据库系统的特点。
- 了解数据模型三要素,掌握 E－R 图的画法。
- 掌握关系、元组、属性、码、关系模式、关系模型等基本概念。
- 了解数据库系统的三级模式和二级映像结构。
- 了解数据库管理系统的组成和功能以及数据库系统的组成。
- 了解 Oracle 数据库管理系统的体系结构。

内 容 框 架

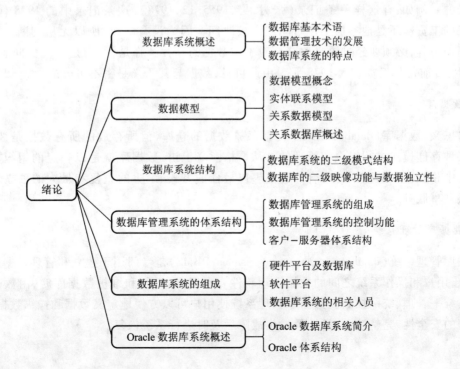

　　数据库技术是计算机领域中最为活跃的技术之一,是计算机科学的重要分支,它的出现对于许多企事业单位提高科学管理水平都起到举足轻重的作用。对于一个企事业单位来说,数据库的建设规模、数据库信息量的大小和使用频度已成为衡量这个机构信息化程度的重要标志。本章将概括介绍数据库系统的基本知识,并在此基础上引入 Oracle 系统的基本概念。

1.1　数据库系统概述

　　在系统地介绍数据库的概念之前,首先介绍几个常用的基本术语。

1.1.1　数据库基本术语

　　数据、数据库、数据库管理系统和数据库系统是数据库技术中常用的四大术语,它们之间既存在区别又有一定的联系。

1. 数据

　　在计算机领域中,数据(data)已经不再局限于普通意义上的数字,它涉及的范围很广,种类也很多,诸如数字、文字、图形、图像、声音等都是数据。同样的,凡是在计算机中用来描述事物的记录都可以被称为数据。因此,数据就是对事物进行描述的符号的集合。例如,在人事档案中,如果人们最感兴趣的内容是职工姓名、性别、出生年月、工资、职称,那么可以将一个职工描述为(王丽娜,女,1967.10,890,讲师),这条记录就是一个职工的数据。

　　一般地,从一条记录中只能看到数据的表现形式,如果未附加任何解释,别人是不会知道其具体含义的。例如,有这样一条记录(张力,男,1955.12,1978),这条记录中的 1978 代表什么?是此职工的工资额还是他参加工作时间或入校时间? 因为没有解释,所以无从判断。要完整地表达数据的内容,必须要经过语义解释。对上述数据的一种解释是,张力是一位男同志,1955 年 12 月出生,目前每月工资收入 1978 元。由此可见,数据与其语义是密不可分的。

2. 数据库

　　顾名思义,数据库(database ,DB)就是存放数据的仓库,但所存放的所有数据是彼此联系、并按照某种存储模式进行组织和管理的。从严格意义上讲,数据库就是以一定的组织方式存储在计算机中相互关联的数据的集合。它能够以最佳的方式、最少的重复和最大的独立性为多种应用提供共享服务。

3. 数据库管理系统

　　数据库管理系统(database management system ,DBMS)是专门用于建立和管理数据的软件系统,是位于用户和操作系统之间的数据管理软件。在建立、运行和维护数据库时,由数据库管理系统对其统一管理、统一控制。数据库管理系统使用户可以方便地定义数据和操纵数据,并能够保证数据的安全性、完整性、并发性及发生故障后及时进行系统恢复。

4. 数据库系统

数据库系统(database system,DBS)是指计算机系统中引入数据库之后的系统构成,通常由数据库、数据库管理系统及其开发工具、应用系统、数据库管理员和用户构成。一般来讲,数据库的建立、使用和维护等工作仅依靠一个 DBMS 是远远不够的,还要有专职人员来完成,这些人称为数据库管理员(database administrator,DBA)。DBA 的主要任务是:决定数据库所包含的信息内容,充当数据库系统与用户的联络员,决定数据的存储结构和访问策略,决定数据库的保护策略,监视数据库系统的工作,响应数据库系统的某些变化,改善系统时效性,提高系统工作效率。

数据库系统在整个计算机系统中的地位如图 1.1 所示。从图 1.1 中不难看出,数据库系统是建立在计算机硬件和操作系统之上的。

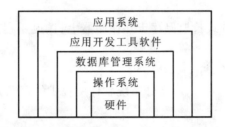

图 1.1 数据库系统在计算机系统中的地位

1.1.2 数据管理技术的发展

数据库技术是数据管理的最新技术,因数据管理任务的需要而产生。数据管理是指对数据进行分类、组织、编码、存储和维护,它是数据处理的核心问题。

随着计算机软硬件技术的发展,数据管理技术的发展大致经历以下 3 个阶段。

1. 程序管理阶段

20 世纪 50 年代中期之前的数据管理技术处于程序管理阶段,当时的计算机应用主要侧重于科学计算。由于当时软硬件条件的局限性,外存储设备只有纸带、卡片、磁带,没有磁盘等直接存取的存储设备,系统软件没有操作系统,没有管理数据的软件,数据处理方式是批处理方式。因此,用户在编制程序时,程序中既要表现算法,还要表现对数据的管理原则;既要考虑数据的逻辑定义,还要考虑数据的物理特性,因而程序和数据是不可分割的统一体。

程序管理阶段的特点如下。

(1) 数据不保存。

当求解某一问题时,需要输入源数据。如果反复计算同一问题,还需再次输入源数据。

(2) 数据管理由程序完成。

对数据的定义、输入、修改等操作均由程序控制。

(3) 数据不共享,即数据是面向应用的。

即使是一组相同的数据,被用于多个应用程序时,也必须在各自的程序中重复定义,无法互相利用和参照,导致高度的数据冗余。

(4)数据不具有独立性。

数据的逻辑结构或物理结构发生变化后,必须对应用程序做相应的修改。

2. 文件系统阶段

从 20 世纪 50 年代后期到 60 年代中期是文件系统阶段。随着计算机技术的发展,硬件方面已经出现磁盘、磁鼓等直接存取的存储设备,软件方面操作系统中已经出现专门的数据管理软件(称为文件系统),处理方式不仅包括文件批处理,而且能够联机实时处理。因此,在这一时期,计算机的应用范围逐步扩大,不仅用于科学计算,而且还大量用于管理。

文件系统阶段的特点如下。

(1)数据可以长期保存。

数据可以以文件的组织方式长期保存于外存储器上,供应用程序反复进行查询、修改、插入和删除操作。

(2)由文件系统管理数据。

程序和数据可以从物理上分开,由文件系统软件所提供的存取方法对其进行转换。

(3)数据共享性差。

在文件系统中,一个文件基本上对应于一个应用程序,即文件仍然是面向应用的。当不同的应用程序需要使用局部相同的数据时,必须建立各自的文件,因此数据冗余度仍然很大,同时会浪费磁盘的存储空间,而且由于相同的数据重复存储,容易造成数据的不一致性。

(4)数据独立性低。

文件是为某一特定应用服务的,文件的逻辑结构对此应用程序来说是优化的,因此要想对现有的数据增加一些新的应用会很困难,系统不易扩充。由此可见,采用文件系统管理数据,其中的数据相对于程序仍然缺乏独立性,文件之间是孤立的,不能反映现实世界事物之间的内在联系。

3. 数据库系统阶段

从 20 世纪 60 年代后期开始进入数据库系统阶段,计算机所管理的数据规模更为庞大,应用范围越来越广,数据量急剧增长,同时多种应用、多种语言相互覆盖地共享数据集合的要求越来越强烈。这时,硬件已出现大容量磁盘,其性价比提升,软件价格上涨,编制和维护系统软件及应用程序所需的成本相对增加;在处理方式上,联机实时处理的要求增多,并开始提出和考虑分布式处理。在这种需求背景下,以文件系统作为数据管理手段显然已不能满足实际需要,于是为了解决多用户、多应用共享数据的需求,使数据为尽可能多的应用服务,就出现了数据库技术,出现了统一管理数据的专门软件系统——DBMS,在计算机科学领域逐步形成数据库技术这一独立分支。

1.1.3 数据库系统的特点

数据管理技术从程序管理技术发展到数据库系统技术,其间历经 10 多年的时间,所采用的核心技术发生了质的飞跃。用数据库系统来管理数据具有以下一些特点。

1. 数据结构化

在数据库系统中,不仅要考虑针对某个应用的数据结构,还要考虑整个组织(即多个应用)的数据结构。例如,在一个学校的管理信息系统中,不仅要考虑学生的人事管理,还要考虑学籍管理、选课管理等,可以按照图 1.2 的方式为学校的管理信息系统组织学生数据。

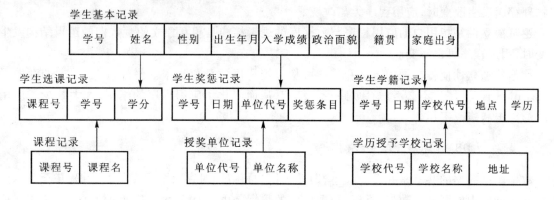

图 1.2　适应多种管理的学生数据记录

按照如图 1.2 所示方式组织数据,可以完成多个应用的管理。例如,可以完成"学生基本情况管理"、"学生选课管理"、"学生奖惩情况管理"、"学生学籍情况管理"、"课程管理"、"授奖单位管理"、"学历授予学校管理"等。

这种数据组织方式为多个管理提供必要的记录,使得学校学生的数据结构化。数据结构化要求在描述数据时不仅要描述数据本身,还要描述数据之间的联系。

在数据库系统中,数据的存取方式也很灵活,可以存取数据库中的某一个数据项、一组数据项、一条记录或一组记录。

数据库系统实现了整体数据的结构化,这是数据库的主要特征之一,具体体现在以下几个方面。

(1)用数据模型描述数据结构,无需程序定义和解释。

(2)数据可以是变长的。

(3)数据的最小存取单位是数据项。

2. 数据共享性好、冗余度低

数据的共享程度直接关系到数据的冗余度。从整体角度来看,数据库系统描述数据时不再面向某个特定应用而是面向整个系统。上述学生基本记录就可以为多个应用(例如,选课管理、奖惩情况管理、学籍情况管理)所共享,这样既可以大幅度降低数据冗余度,节约存储空间,又能够避免数据之间的不兼容性与不一致性。所谓数据的不一致性是指同一数据的不同副本的值不一样。采用人工管理或文件系统管理方式时,由于数据被重复存储,当不同的应用修改数据的不同副本时就容易造成数据的不一致性。

3. 数据独立性高

数据库系统中的数据与程序之间具有很强的独立性。数据的独立性包括数据的物理独立性和逻辑独立性。

物理独立性是指用户的应用程序与存储在磁盘上的数据库中的数据是相互独立的。当数据的物理存储发生改变时,应用程序无需改变。

逻辑独立性是指用户的应用程序与数据库的逻辑结构是相互独立的。数据的逻辑结构发生改变时,用户程序可以不变。

数据的独立性使得数据的定义和描述可从应用程序中分离出来。另外,由于数据的存取操作由 DBMS 管理,用户不必考虑存取路径等细节,从而简化了应用程序的编制,大大减少了应用程序的维护和修改工作。

4. 数据由 DBMS 统一管理和控制

数据库中数据的共享是并发的共享,即多个用户可以同时存取数据库中的数据,甚至可以同时存取数据库中的同一个数据,所以,数据库中的数据是由 DBMS 统一管理和控制的。为了保证数据的正确性,DBMS 必须提供数据的安全性保护、数据的完整性检验、并发控制、数据库恢复等功能。

1.2 数 据 模 型

数据结构化是数据库系统的主要特征之一,数据的结构是通过数据模型来描述的。本节将对数据模型的基本概念以及特定的数据模型进行介绍。

1.2.1 数据模型的概念

数据库是某个企业、组织或部门所涉及数据的一个综合体,它不仅要反映数据本身的内容,而且要反映数据之间的联系。为了用计算机处理现实世界中的具体事物,往往需要对客观事物加以抽象,提取其主要特征,将其归纳形成一个简单、清晰的轮廓,从而使复杂的问题变得容易处理。数据模型就是客观事物的一种抽象化表现形式。数据模型要真实地反映现实世界,否则将失去实际意义;要易于理解,要与人们对事物的认识相一致,要便于计算机实现和处理。

数据模型通常由数据结构、数据操作和完整性约束三要素组成。

数据结构描述系统的静态特性,是所研究对象的类型集合。由于数据结构反映数据模型的最基本特征,因此,人们通常按照数据结构的类型来命名数据模型。传统的数据模型有层次模型、网状模型和关系模型,其中关系模型是目前广泛采用的数据模型。近年出现了对象数据模型。

数据操作描述系统的动态特性,是对各种对象实例允许执行的操作的集合。数据操作主要分为插入数据、删除数据、修改数据、查询数据这 4 类。

完整性约束是为保证数据的正确性、有效性和相容性而制定的一系列规约。

1.2.2 实体联系模型

实体联系模型(entity – relationship model)是建立数据模型的一种直观的图形化方法,也可称为 E – R 图(entity – relationship diagram)。它是目前建立数据模型所采用的最主要的方法。

1. E – R 图的作用

E – R 图用于信息世界的建模,是从现实世界到信息世界的第一层抽象,是用户与数据库设计人员之间进行交流的语言。它不依赖于具体的计算机系统,不是某个 DBMS 所支持的数据结构,而是概念级的模型,所以用 E – R 图建立的模型也称为概念模型。从现实世界抽象出概念模型,然后把概念模型转换为某个 DBMS 支持的数据结构,这需要一个过程,如图 1.3 所示。从图 1.3 中不难看出,概念模型实际上是现实世界到信息世界再到机器世界的一个中间环节。因此,概念模型应具有较强的语义表达能力,能够方便、直接地表达应用中的各种语义,还应简单、清晰,易于用户理解。

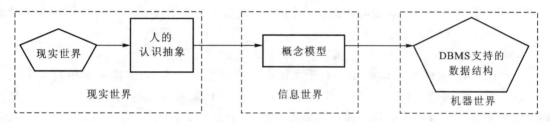

图 1.3　从现实世界到信息世界再到机器世界的过程

2. E – R 图中常用的基本术语

(1) 实体

实体(entity)是指客观世界中实际存在并可相互区别的事物。实体可以指人,可以指实际的东西(如椅子、汽车等),也可以指抽象的和概念性的东西(如一次借书、一种感情等)。

实体可分为单个实体和实体集。单个实体是指单个的、能相互区别的特定实体。若干类似的实体可形成一个实体集。例如,所有的学生组成一个实体集,而学生"赵明"则是单个实体;所有的大学形成一个实体集,而某所大学则是单个实体。

(2) 属性

属性(attribute)是指实体所具有的某种特性。例如,一个人有其姓名、年龄、性别、籍贯、教育程度等,其中的每一项都称为人的属性。属性是对实体特征的抽象描述,属性的具体取值称为属性值。例如,"李娜,25,女,山西,本科"这些值均为学生李娜的属性值。同一实体集中各个实体同一属性的取值范畴称为这个属性的值域。例如,姓名的值域是字符串集合,字符串的长度一般为 8 位,性别的值域是(男,女),年龄的值域是小于 35 的正整数。一个属性值或一组属性值如果能唯一标识实体集中的各个实体,则称此属性或这一组属性为此实体集的码(也称为键)。例如,在一所学校里,学号是唯一能够标识学生的属性,所以学号就是学生实体的码。

（3）联系

在现实世界中,事物内部以及事物之间是存在一定的联系的,这些联系(relationship)在信息世界中反映为实体集内部的联系和实体集之间的联系。实体集之间的联系可以把实体集关联起来,即表示现实世界中事物之间的语义关系。例如,"学生"实体和"课程"实体之间存在着"选修"联系。联系也可以具有属性,如"选修"实体内可以有"成绩"这一属性。

两个实体集之间的联系可以分为以下 3 类。

① 一对一联系

对于任意两个实体集 A 和 B,如果对于实体集 A 中的每一个实体,实体集 B 中至多有一个实体与之联系,反之亦然,则称实体集 A 与实体集 B 之间存在一对一联系,记为 $1:1$。例如,班级和班长之间存在一对一联系,因为一个班级只能有一个班长,而班长只在一个班级中任职。

② 一对多联系

对于任意两个实体集 A 和 B,如果对于实体集 A 中的每一个实体,实体集 B 中有 n 个实体 $(n \geq 1)$ 与之联系,反之,对于实体集 B 中的每一个实体,实体集 A 中至多只有一个实体与之联系,则称实体集 A 与实体集 B 之间存在一对多联系,记为 $1:n$。例如,班级和学生之间存在一对多联系,因为一个班级中含有若干名学生,而每名学生只从属于一个班级。

③ 多对多联系

对于任意两个实体集 A 和 B,如果对于实体集 A 中的每一个实体,实体集 B 中有 n 个实体 $(n \geq 1)$ 与之联系,反之,对于实体集 B 中的每一个实体,实体集 A 中也有 m 个实体 $(m \geq 1)$ 与之联系,则称实体集 A 与实体集 B 之间存在多对多联系,记为 $n:m$。例如,课程与学生之间存在多对多联系,因为一门课程可以有若干名学生同时选修,而一名学生又可以同时选修多门课程。

事实上,一对一联系是一对多联系的特例,而一对多联系又是多对多联系的特例。

3. E-R 图的表示方法

E-R 图中只涉及实体、属性、联系的表示方法,结构简单,易于学习。E-R 图中的相关规定如下:

实体集:用矩形框表示,框内写明实体名。

属性:用椭圆框表示,框内写明属性名,由一条无向直线与所属实体相连。

联系:用菱形框表示,框内写明联系名,并用无向直线分别与有关实体相连,同时在无向直线旁边标明联系的类型。图 1.4 描述 3 种联系类型的实例。

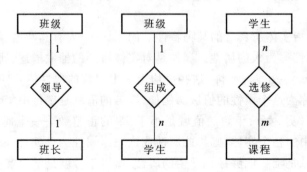

图 1.4　3 种联系类型实例

下面具体分析图 1.4 中的 3 种联系。

"领导"联系：一个班级只有一名班长，一名班长只能领导一个班级，所以班长与班级之间存在一对一联系"领导"。

"组成"联系：一个班级由若干名学生组成，一名学生只能隶属于一个班级，所以班级与学生之间存在一对多联系"组成"。

"选修"联系：一名学生可以选修多门课程，一门课程可以被多名学生选修，所以学生与课程之间存在多对多联系"选修"。

在建立 E－R 图时，应根据实际应用首先确定哪些是实体集，有多少个实体集；其次确定实体集的属性，然后再确定实体集之间存在怎样的联系以及联系的属性。

现在我们完整地考虑一下学校"教学管理"中的教学情况。假设教学过程中存在以下一些事实。

事实一：一个班级由若干名学生组成，一名学生隶属于一个班级；

事实二：一名学生可以选修多门课程，一门课程可以被多名学生选修，并且选修后会产生成绩；

事实三：一名教师可以讲授多门课程，一门课程可以由多名教师讲授。

根据上述事实，可知此教学过程所涉及的实体有学生、班级、课程、教师。由事实一可以得到一个一对多联系，将其命名为"组成"。由事实二可以得到一个多对多联系，将其命名为"选修"，而且此联系还有"成绩"属性。由事实三可以得到一个多对多联系，将其命名为"讲授"。

假设上述实体与联系的相关属性如下。

学生：学号、姓名、性别、出生年月、入学成绩

班级：班级号、班级名称、所属专业、组成时间、系别

课程：课程号、课程名称、学分

教师：职工号、姓名、性别、出生日期、职称

选修：成绩

据此可以画出"教学管理"的 E－R 图，如图 1.5 所示。

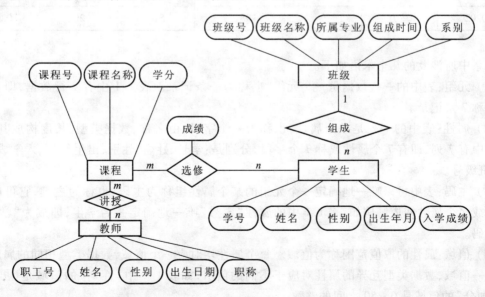

图 1.5 教学管理 E－R 图

1.2.3 关系数据模型

实体联系模型是对现实世界进行抽象和描述的有力工具。用 E–R 图所表示的概念模型独立于具体的 DBMS 所支持的数据模型,是进入信息世界的具体体现。传统的数据模型包括层次数据模型(hierachical data model)、网状数据模型(network data model)和关系数据模型(relational data model),与三者相对应的 DBMS 分别是层次 DBMS、网状 DBMS 和关系 DBMS。E–R 图一旦设计完毕,并选择好 DBMS 所支持的数据模型之后,就可以将 E–R 图转换为 DBMS 所支持的数据模型了,也就实现了从信息世界到机器世界的转换。

本书只介绍关系数据模型(简称关系模型)的内容,其他数据模型的相关知识请读者查阅有关资料。

1. 关系的概念

关系是通常意义上的一张二维表,由行和列所组成,表的各列以属性开始,是列的入口。例如,如表 1.1 所示的学生记录表就是一个关系。

表 1.1 学生记录表

学号	姓名	性别	出生年月	入学成绩	附加分	班级号
010101	赵明	男	1980.11	560	50	0101
010201	赵以	男	1978.8	500	40	0102
010102	马水	男	1979.3	520	20	0101
020101	杨仪	女	1980.4	550	30	0201
020102	王蕾	女	1980.11	560	50	0201
020201	牛可	男	1981.6	580	50	0202
020202	马力	女	1981.7	510	20	0202

关系中所涉及的几个术语如下。

(1) 元组:表中的一行数据是一个元组,也称为一条记录。表 1.1 中有 7 行数据,即有 7 个元组或称 7 条记录。

(2) 属性:表中的一列是一个属性,也称为一个字段,由名称、数据类型、长度构成其特征。表 1.1 中有 7 列,即有 7 个属性或称 7 个字段,分别是:学号、姓名、性别、出生年月、入学成绩、附加分、班级号。

(3) 主码:表中可以唯一地确定一个元组的某个属性组称为主码,也称为主键,它可以由一个属性或多个属性构成。例如,表 1.1 中的属性"学号"唯一地确定一名学生,即成为"学生"关系的主码。

(4) 值域:属性的取值范围称为值域。每个属性均对应一个值域,数据类型相同的属性可对应于同一值域,数据类型互异的属性对应于不同的值域,如表 1.1 中"性别"的值域是(男,女),而"附加分"的值域是 0~50 之间的整数。

（5）分量：元组中的一个属性值称为分量。例如，"杨仪"是"学生"关系中第 4 个元组的"姓名"分量。

2. 关系模式

关系模式是对关系的一种简化描述，其表示形式如下：

关系名（属性名 1，属性名 2，…，属性名 n）

关系名就是二维表表名的简称，关系中的主码在关系模式中要用下划线指明。

例如，表 1.1 中的"学生"关系可描述为

学生（学号，姓名，性别，出生年月，入学成绩，附加分，班级号）

其中，"学号"是这个关系的主码。

由此可见，关系模式是关系的基本数据结构，反映关系的静态特性。

3. 关系模型

数据以关系的形式表示，其数据模型就是关系模型。关系模型应遵循以下几个特点。

（1）关系中的每一列都是不可再分的基本数据项；

（2）各列的属性名称不同，但其数据类型可以相同；

（3）列与列的出现顺序左右调换，不会影响所表示的信息；

（4）行与行的出现顺序前后调换，不会影响所表示的信息；

（5）关系中不能存在属性值完全相同的两行。

从以上特点不难看出，关系模型要求关系必须是规范化的，即要求关系模式必须满足一定的规范条件。这些规范条件中最基本的一条就是，关系的每一个分量必须是不可再分的数据项，即不允许表中还嵌有子表。因此，表 1.2 不符合这一要求，成绩被分割为数学、英语、电工和德育几门课程，相当于含有一个成绩子表。表 1.3 是符合关系模型基本要求的表。

表 1.2　含有子表的二维表

学号	姓名	性别	出生年月	班级号	成绩			
					数学	英语	电工	德育
010101	赵明	男	1980.11	0101	86	90	89	87
010201	赵以	男	1978.8	0102	75	80	78	67

表 1.3　符合要求的关系的二维表

学号	姓名	性别	出生年月	班级号	数学	英语	电工	德育
010101	赵明	男	1980.11	0101	86	90	89	87
010201	赵以	男	1978.8	0102	75	80	78	67

关系模型的操作主要包括查询、插入、删除和更新数据。这些操作必须满足关系的完整性约束条件。

在关系模型中,任何实体以及实体间的联系都用关系表示,对数据进行各种处理后所得到的还是关系。因而关系模型的数据结构简单、清晰,易懂易用,深受用户喜爱。

1.2.4 关系数据库概述

数据库模型依赖于数据的存储模式,即数据存储模式不同,数据库的性质亦不同。以关系模型作为数据的组织和存储方式的数据库称为关系数据库。支持关系模型的数据库管理系统称为关系数据库管理系统(relational database management system,RDBMS)。

关系数据库采用数学方法来处理数据库中的数据,便于理解和使用。因此,关系数据库系统一经推出,迅速得到广泛的应用,目前已在数据库领域中占据统治地位。当今市场的主流关系数据库产品有:微软公司的 MS SQL Server,Oracle 公司的 Oracle,IBM 公司的 DB2,Informix 公司的 IDS(Informix Dynamic Server),Sybase 公司的 ASE(Adaptive Server Enterprise),等等。

1.3 数据库系统结构

数据库系统结构从数据库管理系统的角度可划分为 3 层,由外向内依次是外模式、模式和内模式。在 3 层结构之间提供二层映像,分别是外模式 – 模式映像和模式 – 内模式映像。本节将对数据库系统的三级模式和二级映像分别进行描述。

1.3.1 数据库系统的三级模式结构

美国国家标准学会(American National Standards Institute,ANSI)所属标准计划和要求委员会在 1975 年公布的研究报告中,把数据库分为三级模式:外模式、模式和内模式。对于用户而言,可以相应地分为用户级模式、概念级模式和物理级模式。三级模式的关系如图 1.6 所示。

1. 外模式

外模式(external schema)也称为子模式,它对应于用户级数据库,是用户能够看到和使用的数据库,因此也称为用户视图。外模式就是用户所看到并获准使用的那部分数据的逻辑结构。用户根据系统所提供的外模式,使用查询语言或应用程序操纵数据库中的数据。

一个数据库通常有多个外模式,当不同的用户在应用需求、保密级别等方面存在差异时,其外模式描述会有所不同。一个应用程序只能使用一个外模式,但一个外模式可为多个应用程序所使用。

外模式是保证数据库安全性的一项有力措施。用户只能看到和访问所对应的外模式的数据,而数据库中的其他数据对于用户是不可见的。

2. 模式

模式(schema)是对数据库的整体逻辑描述,它对应于概念级数据库,是数据库管理员所看到的数据库,通常又称 DBA 视图。模式以某种数据模型(例如关系模型)为基础,综合地考虑所有用户的需求,并将这些需求有机地结合成一个逻辑整体。

一个数据库只有一个模式。模式不仅要描述数据的逻辑结构,例如数据记录的组成、数据项

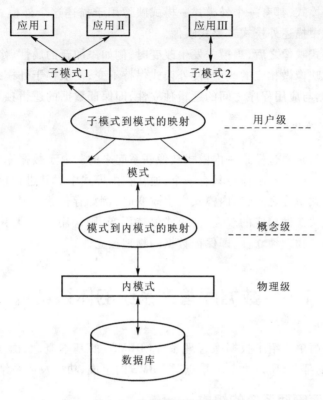

图 1.6 数据库系统的模式

的名称、数据类型、长度、取值范围等,还要描述数据之间的联系、数据的完整性、安全性要求。

3. 内模式

内模式(internal schema)是对数据物理结构和存储结构的描述,是数据在数据库内部的表示方式,它对应于物理级数据库,又称存储模式。例如,记录以何种存储方式存储;索引按照哪种方式组织;数据是否压缩存储、是否加密,等等。这些任务都是系统程序员所要做的,因此物理级数据库也称为系统程序员视图。一个数据库只有一个内模式。

在三级模式结构中,数据库模式是数据库的核心和关键。对于一个数据库系统来说,实际存在的只是物理级数据库,它是数据访问的基础。概念级数据库只不过是物理级数据库的一种抽象描述,用户级数据库是用户与数据库之间的接口。用户根据外模式执行操作,通过外模式到模式的映像与概念级数据库联系起来,又通过模式到内模式的映像与物理级数据库联系起来。DBMS 的工作侧重点之一就是完成三级数据库之间的转换,把用户对数据库的操作转化到物理级数据库去执行。

1.3.2 数据库的二级映像功能与数据独立性

1. 外模式 – 模式映像

外模式和模式之间是通过外模式 – 模式映像联系起来的。由于一个模式对应于多个外模式,因此,对于每个外模式,都有一个外模式 – 模式映像用于描述这个外模式与模式之间的对应关系。通常在外模式中描述外模式 – 模式映像。

有了外模式 – 模式映像之后,当模式发生改变时,例如添加新的属性、修改属性的数据类型,只要对外模式 – 模式映像做相应的改变,使外模式保持不变,则依赖于外模式的应用程序就不会受影响,从而保证数据与应用程序之间的逻辑独立性,即保证数据的逻辑独立性。

2. 模式 – 内模式映像

模式与内模式之间是通过模式 – 内模式映像联系起来的。由于数据库中只有一个模式和一个内模式,因此,模式 – 内模式映像也只有一个,通常在内模式中对其进行描述。

有了模式 – 内模式映像之后,当内模式发生改变时,例如存储设备或存储方式有所改变,只要针对模式 – 内模式映像做相应的改变,使模式保持不变,则应用程序就不会受影响,从而保证数据与应用程序之间的物理独立性,即保证数据的物理独立性。

1.4　数据库管理系统的体系结构

在 1.1 节中已经简单介绍了数据库管理系统(DBMS)的基本概念,由于 DBMS 是数据库技术中最核心、最重要的部分,所以本节将重点对 DBMS 的组成、功能及体系结构进行描述。

1.4.1　数据库管理系统的组成

一个完整的 DBMS 通常由以下 4 个部分组成。

1. DDL 及其翻译处理程序

DBMS 通常都提供数据定义语言(data definition language,DDL)供用户定义数据库模式、存储模式、外模式、各级模式间的映像、有关的约束条件等。

2. DML 及其编译处理程序

DBMS 提供数据操纵语言(data manipulation language,DML)实现对数据库的检索、插入、修改等基本操作。

3. 数据库运行控制程序

DBMS 提供一些系统运行控制程序负责数据库运行过程中的控制与管理,包括系统启动程序、文件读写与维护程序、存取路径管理程序、缓冲区管理程序、安全性控制程序、完整性检查程序、并发控制程序、事务管理程序、运行日志管理程序等,它们在数据库运行过程中对数据库的所有操作进行监视,控制并管理数据库资源,处理多用户的并发操作。

4. 实用程序

DBMS 通常还提供一些实用程序,包括数据初始装入程序、数据转储程序、数据库恢复程序、性能检测程序、数据库再组织程序、数据转换程序、通信程序等。数据库用户可以利用这些实用程序完成数据库的建立与维护以及数据的格式转换与通信。

一个设计优良的 DBMS 应该具有友好的用户界面、较完备的功能、较高的运行效率、清晰的系统结构和良好的开放性。所谓开放性是指数据库设计人员能够根据特殊需要,方便地在一个DBMS 中加入一些新的工具模块,这些外部的工具模块可以与此 DBMS 紧密结合,共同运行。现在人们越来越重视 DBMS 的开放性,因为 DBMS 的开放性为建立以其为核心的软件开发环境或规模较大的应用系统提供极大的方便,也使 DBMS 本身具有更强的适应性、灵活性、可扩充性。

1.4.2 数据库管理系统的控制功能

1. 事务的基本概念

事务是数据库的逻辑单位,是用户定义的一组操作序列。数据库系统经常允许多个事务并发地执行。要保证事务的正确执行,需要满足事务的下面 4 个特性。

(1) 原子性:一个事务是一个不可分割的单位,事务中所包括的诸项操作要么都做,要么都不做。

(2) 一致性:事务必须能使数据库从某个一致性状态变化到另一个一致性状态。因此,当数据库只包含成功事务提交的结果时,数据库处于一致性状态。例如,某公司在银行中开设 A、B两个账号,现在公司想从账号 A 中取出一万元并存入账号 B,那么就可以定义一个包括两个操作的事务,第一个操作是从账号 A 中减去一万元,第二个操作是向账号 B 中加入一万元。这两个操作要么全做,要么全不做。全做或者全不做,数据库都会处于一致性状态。如果只执行一个操作,则用户就会在逻辑上发生错误,或多或少一万元,此时的数据库就处于不一致性状态。可见一致性与原子性是密切相关的。

(3) 隔离性:一个事务的执行不能被其他事务干扰。即一个事务内部的操作及其所使用的数据对于并发的其他事务是隔离的,并发执行的各个事务之间不能互相干扰。

(4) 持久性:指一个事务一旦提交,它对数据库中数据所做的更改就应该是永久性的。

有两个因素可能使事务特性遭到破坏,一个因素是当多个事务并发运行时,不同事务的操作交叉执行,破坏了事务的原子性;另一个因素是事务在运行过程中被强行中止,使数据库中的数据遭受破坏,影响了其他事务的运行。

为了保证事务的特性,DBMS 必须提供有力的控制功能。

2. DBMS 的控制功能

为了适应数据并发共享的环境,DBMS 必须提供以下几方面的数据控制功能。

(1) 保证数据的安全性

数据的安全性(security)是指保护数据,防止因用户非法使用数据库而造成数据的泄密、更改或破坏。通常用户只能按规定对某些数据以某种方式进行访问和处理。

DBMS 一般通过用户标识鉴定、存取控制、用户视图、密码存储等安全技术来保证数据的安全性。

(2) 保证数据的完整性

数据的完整性(integrity)是指数据的正确性、有效性和兼容性,即将数据控制在有效的范围之内,或要求数据之间满足特定的关系。

DBMS 的完整性控制机制应具备 3 个方面的功能。

① 定义完整性约束条件。

② 检查用户所发出的操作请求是否违背完整性约束条件。

③ 如果发现用户的操作请求会破坏数据的完整性约束条件,则采取一定的措施来保证数据的完整性。

(3) 实现并发控制

数据库是一个共享资源,可供多个用户同时使用。当多个用户的并发进程同时存取、修改数据库中的数据时,可能会引发相互干扰而得到错误的结果,并使得数据库的完整性遭到破坏,因此必须对多用户的并发(concurrency)操作加以控制和协调。

事务是并发控制的基本单位,封锁是实现并发控制的一项非常重要的技术。所谓封锁就是事务 T 在对某个数据对象(例如表、记录等)进行操作之前,先向系统发出请求,对其加锁。加锁后,事务 T 就对此数据对象有了独占性的控制权,在事务 T 释放它的锁之前,其他事务不能更新此数据对象。

(4) 恢复数据库

计算机系统的硬件故障、软件故障、操作人员的失误以及蓄意破坏都会影响数据库中数据的正确性,甚至造成数据库的部分或全部数据的丢失。DBMS 必须具有将数据库从错误状态恢复到某一已知的正确状态(也称为完整状态或一致状态)的功能,这就是数据库的恢复功能(recovery)。

事务也是执行恢复的基本单位,DBMS 中有一类文件称为日志文件,记录每个事务的开始、每个事务所引发的数据库的更新和每个事务的结束。一旦系统出现故障,可以通过日志文件中的内容进行数据库恢复。

事务通常以"试验"的方式完成,即在试验过程中,并不真正地更新数据库中的数据。当事务即将完成时,也就是提交事务的时候,所更新的内容首先被复制到日志文件中,然后再把更新内容写入数据库。这样,即使系统在这两个步骤之间出现故障,通过查看日志文件,就能够知道在系统恢复之后需要执行哪些更新操作。如果系统在这两个步骤之前出现故障,可以重新执行此事务,确保不会发生错误。

总之,数据库是长期存储在计算机内的有组织的共享数据的集合,具有最小的冗余度和较高的数据独立性。在数据库建立、运行和维护时,DBMS 对数据库进行统一控制,以保证数据的完整性、安全性,并在多用户同时使用数据库时进行并发控制,在发生故障后对系统进行恢复。

1.4.3 客户–服务器体系结构

DBMS 体系结构从单用户结构、主从式结构、分布式结构发展到目前最流行的客户–服务器结构。随着计算机功能的日益增加及其广泛使用,人们开始把 DBMS 功能和应用区分开。网络中专门用于执行 DBMS 功能的计算机称为数据库服务器,简称服务器(server)。其他安装 DBMS 的外围应用开发工具且支持用户应用的计算机称为客户机(client)。这就形成了客户–服务器结构的数据库系统,也是目前人们普遍使用的数据库系统。

在客户–服务器结构中,客户端的用户请求被传送至数据库服务器,数据库服务器对用户请求进行处理后,只将结果返回给用户,从而显著地减少网络上的数据传输量,提高了系统的性能、吞吐量和负载能力。通常用 SQL 语言表达从客户端程序到服务器端程序的各种请求,然后由服务器端的程序给出相应的回答,以表的形式将结果传给客户端程序。

另一方面,客户–服务器结构的数据库往往更加开放。客户与服务器通常都能在不同的硬件和软件平台上运行,可以使用不同厂商提供的数据库应用开发工具,应用程序具有更强的可移植性,同时也可以降低软件维护工作的开销。

1.5　数据库系统的组成

数据库系统由数据库、数据库管理系统及开发工具、应用系统和数据库管理员构成。

1.5.1　硬件平台及数据库

数据库系统对硬件资源的要求较高,以满足功能丰富且规模庞大的 DBMS 的需求,这样才能满足数据量大的应用系统的需求。具体的要求如下。

(1) 要具有足够大的内存空间,存放操作系统、DBMS 核心模块、数据缓冲区和应用程序。

(2) 要有大容量的存储设备存放整个数据库,有大容量的外存储设备用于数据备份。

一般选用处理性能较强的服务器,如 HP、IBM 等专用服务器。对于数据存储则使用专门的磁盘阵列或专业的大容量存储服务器。

1.5.2　软件平台

数据库系统的软件主要包括以下要素。

(1) DBMS

这是为数据库的建立、使用和维护而配置的系统软件。目前常用的 DBMS 有 MS SQL Server 2000 及以上版本,还有 Oracle 9i 及以上版本。

(2) 支持 DBMS 运行的操作系统。

常用的操作系统有 Windows 操作系统、UNIX 操作系统、Linux 操作系统。

(3) 具有能够与数据库接口的高级语言及其编译系统,便于开发应用程序。

(4) 以 DBMS 为核心的应用开发工具。

(5) 为特定应用环境开发的数据库应用系统。

选用何种软件平台应根据应用系统的需求予以确定。

1.5.3　数据库系统的相关人员

数据库系统的相关人员主要有数据库管理员、系统分析员、数据库设计人员、应用程序开发人员和用户。不同的人完成不同的工作任务,具有不同的视图,如图 1.7 所示。

1. 数据库管理员

数据库管理员(database administrator,DBA)负责全面管理和控制数据库系统。其主要工作

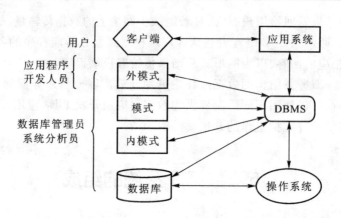

图 1.7 相关人员的数据视图

包括:决定数据库中的信息内容和结构,决定数据库的存储结构和存储策略,定义数据的安全性要求和完整性约束条件,监控数据库的运行,负责数据库的改进和重组、重构,等等。

2. 系统分析员和数据库设计人员

系统分析员负责应用系统的需求分析和规范说明,同用户及数据库管理员相结合,确定系统的软硬件配置,并参与数据库系统的概要设计。

数据库设计人员负责数据库中数据的确定、数据库各级模式的设计。数据库设计人员必须参与用户需求调查和系统分析,然后进行数据库设计。

3. 应用程序开发人员

应用程序开发人员负责设计和编写应用系统的程序模块,并对其进行调试和安装。

4. 用户

用户是指最终用户。最终用户通过应用系统的用户接口来使用数据库。最终用户可分为以下 3 类。

(1) 偶然用户

这类用户不经常使用数据库,但每次访问数据库时往往需要数据库中的不同信息。这类用户通常是企业的中高级管理人员。

(2) 简单用户

这类用户经常使用数据库,其主要工作是查询和更新数据,这类用户的数量也最多。他们基本上通过应用程序开发人员精心设计且界面友好的应用程序存取数据库。

(3) 复杂用户

复杂用户是指那些具有较高科学技术背景的人员。他们一般都比较熟悉数据库管理系统的各种功能,能够直接使用数据库语言访问数据库,甚至能够基于数据库管理系统的编程接口来编制所需的应用程序。

1.6 Oracle 数据库系统概述

1.6.1 Oracle 数据库系统简介

Oracle 公司又称甲骨文公司,是全球最大的信息管理软件与服务供应商。Oracle 数据库系统是其推出的主要产品,是关系数据库的倡导者和先驱。经过近 30 年的发展,目前 Oracle 产品覆盖几十种主流机型,其中 Oracle 数据库已经成为世界上使用最广泛的关系数据库系统之一,是数据库领域的领跑者和标准制定者。Oracle 公司推出的 Oracle 数据库系统在我国占有较大的市场份额,始终占据着数据库市场的龙头地位。

1. Oracle 的发展

Oracle 数据库系统最早于 1979 年推出,随着其开发技术的进步,版本得以不断更新,功能不断壮大。

1983 年 3 月 Oracle 第 3 版发布,此版本具有很好的可移植性,同时还推出了 SQL 语句和事务处理的原子性。

1984 年 10 月第 4 版发布,此版本的稳定性得到增强,同时增加"读一致性",当年 Oracle 产品被移植到 PC 上。

1985 年第 5 版发布,此版本的特性是支持分布式数据库和客户–服务器结构。

1988 年第 6 版发布,此版本对数据库核心重新进行改写,并且引入"行级锁"这个重要的概念。

1992 年 6 月第 7 版发布,此版本增加许多新的特性,包括分布式事务处理功能、增强的管理功能、用于开发应用程序的新工具以及安全性方法等。

1997 年 6 月第 8 版发布,此版本支持面向对象程序设计及新的多媒体应用,也为支持 Internet、网格计算等奠定了基础,并具有同时处理大量用户和海量数据的特性。1998 年 9 月 Oracle 8i 正式发布,"i"代表 Internet。在这一版本中添加了大量为支持 Internet 而设计的特性,为数据库用户提供全方位的 Java 支持。

2001 年 6 月 Oracle 9i 发布,此版本最重要的新特性是推出"真正的应用集群"(Real Application Clusters,RAC)软件,RAC 使得多个集群计算机能够共享对某个单一数据库的访问,以获得更高的可扩缩性、可用性和经济性。Oracle 9i 第 2 版还做了很多重要的改进,使 Oracle 数据库成为一个本地的 XML 数据库。

2004 年 2 月 Oracle 10g 数据库产品正式发布,"g"代表 grid(即网格)。Oracle 10g 数据库是第一个专门设计用于网格计算的数据库,可以灵活、高效地管理企业信息,在尽可能提高服务质量的同时降低管理成本。除了极大地提高质量和性能之外,Oracle 10g 数据库还通过简化的安装、大幅度缩减的配置和管理需求以及自动性诊断和 SQL 调整,显著地降低了管理 IT 环境的成本。2005 年下半年,Oracle 公司发布 Oracle 10g 第 2 版。在第 2 版中,Oracle 10g 继续致力于提高执行效率以及降低信息管理的成本。其最重要的特性是增加诊断功能,为优化查询、支持加密数据提供更多的自动化工具,减轻了数据收集与分析的负担。

2. Oracle 系统的特点

Oracle 具有完整的数据管理功能,这些功能包括存储大量数据、定义和操纵数据、并发控制、安全性控制、故障恢复、提供与高级语言的接口等。因此,Oracle 是一个通用的数据库系统。

Oracle 支持各种分布式功能,尤其支持各种 Internet 处理。因此,Oracle 是一个分布式数据库系统。

Oracle 作为一个应用开发环境,使用 PL/SQL 语言执行各种操作,具有开放性、可移植性、灵活性等特点。

高版本的 Oracle 支持面向对象的功能,支持类、方法和属性等概念。

1.6.2 Oracle 体系结构

完整的 Oracle 应用环境包括数据库管理系统结构和数据库结构两大部分。

1. 数据库管理系统结构

数据库管理系统由功能各异的管理程序组成,包括进程管理和内存管理等。

（1）进程结构

Oracle 应用环境中有两类进程:用户进程和服务器进程。

用户进程是指在客户机内存上运行的程序。

服务器进程是指在服务器上运行的程序,它接收用户进程所发出的请求,根据用户请求与数据库进行通信,完成与数据库的连接操作和 I/O 访问。特别重要的服务器进程还负责完成数据库的后台管理工作,这些主要的进程如表 1.4 所示。

表 1.4　主要的服务器进程

进程名称	作用
系统监控进程（SMON）	是在数据库系统启动时执行恢复性工作的强制性进程,对存在故障的 CPU 或实例进行恢复
进程监控进程（PMON）	是用于恢复失败的数据库用户的强制性进程,获取失败用户的标识,释放此用户占用的所有数据库资源,然后回滚中止的事务
数据库写入进程（DBWR）	负责管理数据缓冲区和字典缓冲区中的内容,将修改后的数据块分批写回数据库文件。系统可以拥有多个这样的进程
日志写入进程（LGWR）	用于将内存中的日志内容写入日志文件中,是唯一能够读写日志文件的进程

（2）内存结构

操作系统为进程所分配的内存结构有两部分:系统全局区和程序全局区。

一般地,客户机上的用户进程和服务器上的服务器进程是同时运行的。系统全局区(system global area,SGA)是指操作系统为用户进程和服务器进程分配的专用的共享内存区域,用于二者之间的通信。

根据系统全局区功能的不同,可将其分成 4 个部分:数据缓冲区(data buffer cache)、字典缓冲区(dictionary buffer cache)、日志缓冲区(redo log buffer cache)和 SQL 共享池(Shared SQL Pool),其作用如表 1.5 所示。

表 1.5　系统全局区的组成

名称	作用
数据缓冲区	用于存储最近从数据库中所读取的数据
字典缓冲区	用于存储从数据字典中所读取的信息
日志缓冲区	用于存储任何事务过程。数据库系统会定期将此缓冲区中的内容写入日志文件
SQL 共享池	SQL 共享池是程序的高速缓冲区,所存放的是所有通过 SQL 语法分析并准备执行的 SQL 语句

程序全局区(program global area,PGA)是存储区中被单个用户进程所使用的内存区域,为用户进程私有,不能共享。程序全局区主要存放单个进程工作时所需的数据和控制信息。

2. 数据库结构

从不同用户的角度考虑,数据库结构可分为逻辑结构和物理结构。

(1) 逻辑结构

逻辑结构是指从数据库使用者的角度来考察数据库的组成。数据库的逻辑结构如图 1.8 所示。

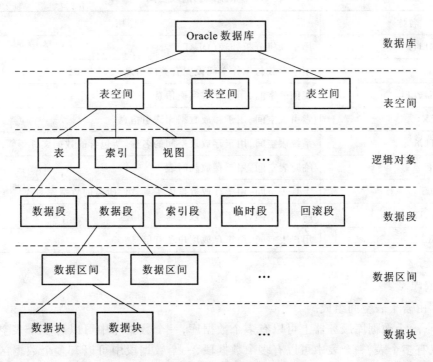

图 1.8　数据库的逻辑结构

从图 1.8 中可以看出,数据库的逻辑结构分为 6 层。

① 数据块

数据块又称逻辑块,是 Oracle 数据库输入输出的基本单位,其常见大小为 2 KB 或 4 KB,通常是操作系统默认数据块大小的整数倍。

② 数据区间

数据区间由若干数据块组成,是数据库存储空间所分配的一个逻辑单位。

③ 数据段

数据段由若干数据区间组成。Oracle 中有 4 种数据段。

(a) 数据段:用于存放数据。

(b) 索引段:用于存放索引数据。

(c) 临时段:在执行 SQL 语句时,用于存放中间结果和数据。一旦 SQL 语句执行完毕,临时段所占用的存储空间将被释放。

(d) 回滚段:用于存放要撤销的信息。

④ 逻辑对象

逻辑对象是指可由用户操作的数据库对象。Oracle 系统中包括表、索引、视图、簇、数据库链接、同义词、序列、触发器、过程、函数等 21 种数据库对象。

⑤ 表空间

表空间主要用于管理逻辑对象,可以将其理解为 Oracle 数据库的文件夹。一个表空间可以存放若干逻辑对象。当 Oracle 安装完毕后,系统将自动建立 9 个默认的表空间,如表 1.6 所示。

表 1.6 系统默认的表空间

名称	作用
CWMLITE	用于联机分析处理(OLAP)
DRSYS	用于存放与工作空间设置有关的信息
EXAMPLE	实例表空间,用于存放实例信息
INDEX	索引表空间,用于存放数据库索引信息
SYSTEM	系统表空间,用于存放表空间的名称、所包含的数据文件等管理信息
TEMP	临时表空间,用于存放临时表
TOOLS	工具表空间,用于存放数据库工具软件所需的数据库对象
UNDOTBS	回滚表空间,用于存放数据库恢复信息
USERS	用户表空间,用于存放用户私有信息

⑥ 数据库

数据库由若干表空间组成。

实际上,一个数据库服务器上可以有多个数据库,一个数据库中可以有多个表空间,一个表空间中可以有多个表,一个表中可以有多个数据段,一个数据段中可以有多个数据区间,一个数据区间中可以有多个数据块。

（2）物理结构

物理结构是指从数据库设计者的角度来考察数据库的组成。物理结构又称为存储结构。Oracle 数据库的存储结构如图 1.9 所示。

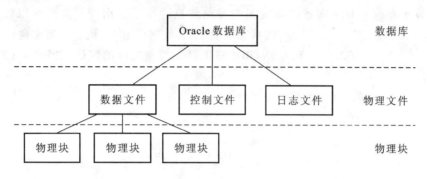

图 1.9 数据库的存储结构

① 物理块

物理块是操作系统分配的基本存储单位。逻辑结构中的数据块由若干物理块组成。

② 物理文件

物理文件由若干物理块组成，包括数据文件、控制文件和日志文件。一个物理文件对应于操作系统的一个文件。

（a）数据文件

数据文件用于存放所有的数据。一个 Oracle 数据库包括一个或多个数据文件。一个表空间对应着一个或多个数据文件。数据文件的默认扩展名为 DBF。

（b）日志文件

日志文件又称为联机重做日志文件，是一类特殊的操作系统文件。日志文件记录对数据库所进行的修改操作和事务，以便在恢复数据库时使用。在 Oracle 系统中，默认状态下为每个数据库建立 3 个日志文件，分别是 REDO01. LOG、REDO02. LOG 和 REDO03. LOG。日志文件的默认扩展名为 LOG。

日志文件是以循环方式工作的。首先向 REDO01. LOG 文件中写入日志内容，REDO01. LOG 文件写满后，向 REDO02. LOG 文件中写入，REDO02. LOG 文件写满后再向 REDO03. LOG 文件中写入。当 REDO03. LOG 文件写满后又循环向 REDO01. LOG 文件中写入，此时，系统根据数据库工作模式的不同来处理以前的日志信息。

数据库有两种工作模式：归档模式（Archivelog）和非归档模式（NoArchivelog）。

归档模式：又称为全恢复模式，将保留所有的重做日志内容。如果数据库系统工作在归档模式下，那么当 REDO03. LOG 文件写满后又循环向 REDO01. LOG 文件中写入时，REDO01. LOG 文件中先前的日志信息将以备份形式全部保留下来，形成归档日志。这样，数据库可以从所有类型的失败中得以恢复，这是数据库最安全的工作方式。

非归档模式：此工作模式将不保留以前的重做日志内容。如果数据库系统工作在非归档模式下，那么当 REDO03. LOG 文件写满后又循环向 REDO01. LOG 文件中写入时，REDO01. LOG 文件中先前的日志信息将被覆盖,一旦数据库出现故障,就只能根据日志文件中所记载的内容对数据库进行部分恢复。

（c）控制文件

控制文件中存放与 Oracle 数据库有关的控制信息。通过使用控制文件可以保证数据库的完整性。在 Oracle 数据库系统中,默认状态下为每个数据库建立 3 个控制文件,分别是 CONTROL01. CTL、CONTROL02. CTL 和 CONTROL03. CTL。控制文件的默认扩展名为 CTL。

③ 数据库

物理意义上的数据库就是由各种文件所组成的系统。

1.7 小 结

本章对数据库系统做了简要的概述,结合数据管理技术的发展历程,重点介绍数据库系统的特点。通过对数据模型的概念进行描述,重点介绍建立数据模型的最常用的图形化方法,即实体联系方法和关系数据模型。通过对数据库系统三级模式和二级映像结构的描述,介绍数据库系统结构在保证数据独立性方面所发挥的作用。通过对 DBMS（数据库管理系统）的组成、功能及客户－服务器体系结构的描述,介绍 DBMS 在数据库系统中的重要作用。另外,还介绍了数据库系统的组成。最后,对 Oracle 数据库管理系统做了简要的概述。通过本章内容的学习,读者应该了解:

（1）数据库、数据库管理系统、数据库系统的基本概念,数据库系统的特点。

（2）数据模型的基本概念、E－R 图的作用及其画法、关系数据模型、RDBMS 的基本概念。

（3）数据库系统的三级模式、二级映像结构以及数据库系统结构与数据独立性之间的关系。

（4）数据库管理系统的组成及其功能。

（5）数据库系统的组成。

（6）Oracle 数据库系统的特点和 Oracle 体系结构。

思考题与习题

1. 简述数据、数据库、数据库管理系统、数据库系统、关系数据库管理系统的概念。

2. 数据管理技术的发展经历了哪几个阶段? 各阶段的特点是什么?

3. 什么是数据的独立性和共享性?

4. 简述数据模型的三要素。

5. E－R 图的作用是什么?

6. 简述实体、实体集、属性、联系的概念。

7. 分别列举实体之间具有一对一联系、一对多联系、多对多联系的例子。

8. 一个百货商店分设若干商品部,每个商品部有若干职工并经销若干商品,这些商品由若干制造厂家提供。试绘制此百货商店的 E－R 图。

9. 关于图书编著存在这样的基本事实:一位作者可以编著多本图书,一本图书可以由多位作者合作编著。假设作者实体的属性有作者标识、姓名、出生日期、职称、联系地址、工作单位,图书实体的属性有书号、出版社名称、书名、价格、内容简介、出版日期。试绘制图书编著的 E - R 图。

10. 简述关系、关系模式的概念。

11. 简述数据库系统的三级模式和二级映像结构。如何实现数据的独立性?

12. 试述数据库管理系统的控制功能及其组成。

13. 数据库管理员的主要职责是什么?

14. 简述 Oracle 数据库管理系统的结构。

15. 简述 Oracle 数据库的结构。

第 2 章
关系数据库的理论基础

学 习 目 标

- 了解域、笛卡儿积、关系、关系模式的数学定义,了解关系的基本性质。
- 掌握关系的 3 个完整性:实体完整性、参照完整性和用户定义的完整性,及关系的完整性在实际应用中的意义。
- 掌握关系代数的传统集合运算方法,重点掌握专门的关系运算方法,并能够用关系代数表达式实现查询功能。

内 容 框 架

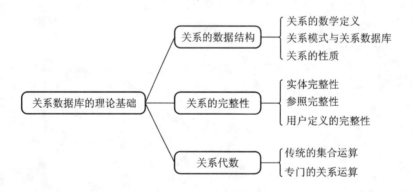

　　关系数据库是基于关系数据模型的一种数据库,是目前使用范围最广的数据库。关系数据库采用数学方法来处理数据库中的数据,是建立在严密的数学基础之上的一种数据组织与存储方式,易于管理和实现。本章通过学生选课系统中的实例来介绍关系数据库的基本理论,包括关系的数据结构、关系的完整性、关系代数、关系数据库管理系统及关系数据库标准语言。

2.1　关系的数据结构

在关系模型中,实体以及实体之间的联系均由单一的结构类型即关系来表示。关系模型是建立在集合代数的基础之上的,本节从集合的角度给出关系数据结构的形式化定义。

2.1.1　关系的数学定义

第 1 章已经介绍关系的基本术语,本节主要从数学的角度来描述关系的相关术语。

1. 域

域(domain)是数学中的一个概念,在表示实际数据时,可以用域来明确指出数据取值的可选范围。

定义 2.1　域是具有相同数据类型的一组值的集合,一般用 D 表示。

例如,如果规定年龄域必须是 0 ~ 100 之间的整数值的集合,用 $D_{年龄} = \{0,1,2,\cdots,100\}$ 表示,那么在表示年龄数据时,年龄可以取此年龄域中的任何值,非年龄域中的值可视为不合法数据。再比如,性别域可以用 $D_{性别} = \{男,女\}$ 表示,那么在表示性别数据时,性别值必须是"男"或"女",非性别域中的值都是不合法数据。

2. 笛卡儿积

笛卡儿积(Cartesian product)是一种纯粹的数学算法,但在实际的数据查询中会经常用到,通常用于两个表的连接查询。

定义 2.2　给定一组域 $D_1, D_2, \cdots, D_n$,这些域可以完全不同,也可以部分相同或全部相同,那么 $D_1, D_2, \cdots, D_n$ 的笛卡儿积为

$$D_1 \times D_2 \times \cdots \times D_n = \{(d_1, d_2, \cdots, d_n) \mid d_i \in D_i, i = 1, 2, \cdots, n\}$$

其中每一个元素 $(d_1, d_2, \cdots, d_n)$ 称作一个 n 元组,或简称元组。元组中的每一个值 d_i 叫做一个分量。

若 D_i 为有限集,有限集中的元素个数称为基数,用 m_i 表示,则 $D_1 \times D_2 \times \cdots \times D_n$ 的基数可用 m 表示为

$$m = \prod_{i=1}^{n} m_i$$

笛卡儿积可表示成一个二维表。表中的每一行对应于一个元组,表中的每一列对应于一个域。

【例 2.1】　假设在学生选课系统中有 3 个域 D_1、D_2、D_3,分别表示学生姓名集合、班级名称集合和课程名称集合,其数据域为 $D_1 = \{赵明,杨仪,马力\}$,$D_2 = \{计 061 班,软 061 班\}$,$D_3 = \{计算机语言,数据结构,数据库\}$,求 $D_1 \times D_2 \times D_3$ 的值,并计算其基数,将结果用二维表表示出来。

解:根据笛卡儿积的定义可得

$$D_1 \times D_2 \times D_3 =$$

{（赵明,计 061 班,计算机语言）,（赵明,计 061 班,数据结构）,（赵明,计 061 班,数据库）,
（赵明,软 061 班,计算机语言）,（赵明,软 061 班,数据结构）,（赵明,软 061 班,数据库）,
（杨仪,计 061 班,计算机语言）,（杨仪,计 061 班,数据结构）,（杨仪,计 061 班,数据库）,
（杨仪,软 061 班,计算机语言）,（杨仪,软 061 班,数据结构）,（杨仪,软 061 班,数据库）,
（马力,计 061 班,计算机语言）,（马力,计 061 班,数据结构）,（马力,计 061 班,数据库）,
（马力,软 061 班,计算机语言）,（马力,软 061 班,数据结构）,（马力,软 061 班,数据库）}

此笛卡儿积的基数是 $3 \times 2 \times 3 = 18$,即 $D_1 \times D_2 \times D_3$ 共有 18 个元组,各元组有 3 个分量,共有 54 个分量。

此笛卡儿积可表示成二维表,如表 2.1 所示。

表 2.1 例 2.1 笛卡儿积的二维表

姓名	班级	课程
赵明	计 061 班	计算机语言
赵明	计 061 班	数据结构
赵明	计 061 班	数据库
赵明	软 061 班	计算机语言
赵明	软 061 班	数据结构
赵明	软 061 班	数据库
杨仪	计 061 班	计算机语言
杨仪	计 061 班	数据结构
杨仪	计 061 班	数据库
杨仪	软 061 班	计算机语言
杨仪	软 061 班	数据结构
杨仪	软 061 班	数据库
马力	计 061 班	计算机语言
马力	计 061 班	数据结构
马力	计 061 班	数据库
马力	软 061 班	计算机语言
马力	软 061 班	数据结构
马力	软 061 班	数据库

注意:如果顾及实际应用,笛卡儿积中的很多元组是没有现实意义的。

3. 关系

关系(relation)是数学中的一个概念,在实际应用中,关系把来自多个域的数据集中在一起,以表示一个完整的意义,其常见形式是一张二维表。

定义 2.3 $D_1 \times D_2 \times \cdots \times D_n$ 的子集称为域 $D_1 \times D_2 \times \cdots \times D_n$ 上的关系,用 $R(D_1, D_2, \cdots, D_n)$ 表示。这里的 R 表示关系的名称,n 称为关系的目,又称关系的度或关系的元数。

由定义可知,关系是笛卡儿积的子集,所以关系也是一个二维表,表中的每一行对应一个元组,表中的每一列对应一个域。由于域可以是相同的,为了对其加以区分,必须为每列起一个名字。关系中的每一列称为属性,列名是属性名。

如果一个关系是 n 目关系,那么这个关系必定有 n 个属性。n 值为 1 的关系称为单元关系;n 值为 2 的关系称为二元关系,……,以此类推。

例如,从表 2.1 中抽取一个有意义的子集,组成一个具有实际意义的关系,如表 2.2 所示。

表 2.2　学生选课表

姓名	班级	课程
赵明	计 061 班	计算机语言
赵明	计 061 班	数据库
杨仪	软 061 班	数据结构
杨仪	软 061 班	数据库
马力	计 061 班	计算机语言
马力	计 061 班	数据库

表 2.2 表示学生姓名、班级和课程之间的一种选课关系。此关系共有 6 个元组,3 个属性列,属性名分别是"姓名"、"班级"和"课程",这是一个 3 目关系。

由第 1 章不难得知,实体集的码对应于关系的码,实体集中的实体对应于关系中的元组。因此,关系的码就是可以唯一确定关系中各元组的一个属性或一组属性。在实际应用中,一个关系可以有多个候选码(即多组属性可分别作为关系的码),此时,可以选定其中之一作为主码(primary key)。候选码所涉及的诸属性称为主属性,不包含于任何候选码中的属性称为非主属性。

在最简单的情况下,候选码只包含一个属性。在最极端的情况下,关系中的所有属性都是这个关系的候选码,称为全码(all – key)。

例如,在学生(学号,姓名,性别,出生日期,入学成绩,附加分,班级号)关系模式中,候选码只有"学号",关系"学生"的主码就只能是"学号",因此"学号"是这个关系的主属性,其他属性是非主属性。

例如,对于关系 R(演奏者,作品,听众),假设一名演奏者可以演奏多部作品,某一作品可被多名演奏者演奏。听众可以欣赏不同演奏者演绎的不同作品。这个关系的码是(演奏者,作品,听众),即全码,3 个属性都是主属性。

2.1.2　关系模式与关系数据库

1. 关系模式

关系是一张二维表,如果二维表中的数据所涉及的域很多,且数据取值也多,那么要写出相应的关系就比较麻烦了。在此引出关系模式的概念,关系模式是对关系的一种描述。那么对于一个关系,需要描述哪些方面呢? 通常包括关系名、组成此关系的诸属性名、域名、属性与域之间的映像等 4 个部分。关系模式可以简记为 $R(D_1, D_2, \cdots, D_n)$,其中 R 是关系名,$D_1, D_2, \cdots, D_n$ 是属性名。属性与域之间的映像常用属性的数据类型、长度来说明。

对于表 2.2 中的关系,采用关系模式可以表示为:选课(姓名,班级 ,课程),其中"选课"是关系名,"姓名"、"班级"、"课程"是属性名。

关系实际上就是关系模式在某一时刻的状态或内容。也就是说,关系模式是型,关系是其取值。在实际应用中,常常把关系模式和关系统称为关系,读者可通过上下文加以区别。

2. 关系数据库

关系模式是对关系的一种描述,所有关系模式的集合就组成关系数据库。对于关系数据库,要分清"型"和"值"的概念。关系数据库的型也可称为关系数据库模式,是对关系数据库的整体描述,包括若干域的定义以及其上所定义的若干关系模式。关系数据库的值也可称为关系数据库,是这些关系模式在某一时刻所对应的关系的集合。关系数据库模式与关系数据库通常称为关系数据库。

关系模式是稳定的,而关系是随时间在不断变化的,因为数据库中的数据处于不断更新之中。

2.1.3 关系的性质

在关系数据库中,关系模型要求关系必须是规范化的,即关系模式必须满足一定的规范条件。这些规范条件中最基本的一条就是,关系的每一个分量必须是一个不可分割的数据项。如果关系的每一个分量都是一个不可分割的数据项,那么称这一关系是规范化的。如果关系中的某些分量可以取多个值,则称这样的关系是非规范化的,而非规范化的关系在关系数据库中是不允许出现的。

数据库中的关系具有以下一些性质。

(1)每一列中的分量是数据类型相同的数据,来自同一个域。

(2)不同的列可出自同一个域,列称为属性,要对其赋予不同的属性名。

(3)可以任意交换列的顺序,也可以任意交换行的顺序。

(4)关系中的任意两个元组均不能完全相同。

(5)每一分量必须是不可分割的数据项。

2.2 关系的完整性

关系模型的完整性规则是对关系的某种约束条件。关系的完整性约束条件包括 3 大类:实体完整性、参照完整性和用户定义的完整性。

2.2.1 实体完整性

实体完整性(entity integrity):若属性 A 是基本关系 R 的主属性,则属性 A 不能取空值。

实体完整性要求关系中的元组在组成码的属性上不能存在为空的值。因为在一个关系中,主码是候选码之一,是用来唯一标识元组的,因而也唯一标识此元组所表示的现实世界事物的某个实体。

例如,在关系学生(<u>学号</u>,姓名,性别,出生日期,入学成绩,附加分,班级号)中,"学号"是主码,那么根据实体完整性的要求,属性"学号"不能取空值,即此关系对应的二维表中"学号"列数据不能有空值。

2.2.2 参照完整性

现实世界中的实体之间往往存在着某种联系,在关系模型中,实体及其相互之间的联系都是用关系来描述的。这样,就自然存在着关系与关系之间的引用。下面先来看两个例子。

【例 2.2】 学生实体和班级实体可以用下面的关系来表示,其中的主码用下划线标识:

学生(<u>学号</u>,姓名,性别,出生日期,入学成绩,附加分,班级号)

班级(<u>班级号</u>,班级名称,所属院系,入学时间,系别)

这两个关系之间存在着属性的引用,即"学生"关系引用"班级"关系的主码"班级号"。显然,"学生"关系中的"班级号"取值必须是确实存在的班级的班级号,即"班级"关系中有相应班级的记录。也就是说,"学生"关系中的某个属性的取值需要参照"班级"关系的相关属性取值。

【例 2.3】 学生、课程、学生与课程之间的多对多联系可以用以下 3 个关系表示:

学生(<u>学号</u>,姓名,性别,出生日期,入学成绩,附加分,班级号)

课程(<u>课程号</u>,课程名称,学分)

选修(<u>学号</u>,<u>课程号</u>,成绩)

这 3 个关系之间也存在着属性的引用,即"选修"关系引用了"学生"关系的主码"学号"和"课程"关系的主码"课程号"。同样,"选修"关系中的"学号"取值必须是确实存在的学生的学号,即"学生"关系中有此学生的记录;"选修"关系中的"课程号"取值也必须是确实存在的课程的课程号,即"课程"关系中有此课程的记录。总之,"选修"关系中某些属性的取值需要参照其他关系中的相关属性取值。

参照完整性(referential integrity):若某个属性或属性组不是关系 A 的主码,但它是另一关系 B 的主码,则此属性或属性组称为关系 A 的外码。在关系 A 中,如果存在外码,那么外码可取空值或者等于关系 B 中某个元组的主码值。

在例 2.2 中,由于"学生"关系的主码是"学号","班级"关系的主码是"班级号",所以"班级号"是"学生"关系的外码。按照参照完整性的要求,"学生"关系中的外码(即"班级号")的取值有以下两种可能:

(1) 取空值,表明此学生尚未被分配到任何班级。

(2) 取"班级"关系中某个元组的班级号的值,表明此学生是一个业已存在班级中的成员。

在例 2.3 中,"学号"和"课程号"是"选修"关系的外码,因此,它们可以取空值或取被引用关系中主码的值,因为"学号"和"课程号"又是"选修"关系的主码,所以二者不能取空值。

2.2.3 用户定义的完整性

任何关系数据库系统都应该支持实体完整性和参照完整性。除此之外,不同的关系数据库系统根据其应用环境的不同,往往还需要一些特殊的约束条件。

用户定义的完整性(user_defined integrity):是指由应用环境决定的、针对某一具体关系数据库而制定的约束条件。例如,某个属性必须取唯一值,某些属性值之间需要满足一定的函数关系,学生的年龄定义为两位正整数且取值范围在 15 ~ 30 之间,性别只接收取值"男"或"女",等等。

在关系的完整性规则中,实体完整性和参照完整性是关系模型必须满足的约束条件。

2.3 关 系 代 数

关系代数是一种抽象的查询语言,是关系数据操纵语言的一种传统表达方式,是用针对关系的运算来表达查询操作的。

关系代数的运算对象是关系,运算结果亦为关系。关系代数所使用的运算符包括 4 类:传统的集合运算符、专门的关系运算符、算术比较运算符和逻辑运算符,如表 2.3 所示。

表 2.3　关系代数运算符

运算符分类	运算符	含义	运算符分类	运算符	含义
集合运算符	∪	"并"运算	逻辑运算符	¬	"非"运算
	−	"差"运算		∧	"与"运算
	∩	"交"运算		∨	"或"运算
专门的关系运算符	×	笛卡儿积	算术比较运算符	>	大于
	σ	"选择"运算		≥	大于等于
	π	"投影"运算		<	小于
	∞	"连接"运算		≤	小于等于
	÷	"除法"运算		=	等于
				≠	不等于

按照运算符的不同,关系代数的运算可分为传统的集合运算和专门的关系运算两大类。

2.3.1 传统的集合运算

1. 并

并(union)运算在实际的数据查询中可以对两个数据表中的元组进行追加查询,即将两个表中的数据都查询出来,但要消除完全相同的元组。具体算法定义如下:

设关系 R 和关系 S 具有相同的关系模式(即两个关系具有相同的属性),且相应的属性值取自同一个域,即关系 R 和关系 S 都是 n 目关系,则关系 R 和关系 S 的"并"是由属于关系 R 或关系 S 的元组所构成的集合,记为 $R \cup S$,其结果仍然是 n 目关系。

2. 差

差(difference)运算在实际的数据查询中可以对两个数据表中的元组进行减法查询,并将减法结果显示出来。具体算法定义如下：

设关系 R 和关系 S 具有相同的关系模式，R 与 S 之差是由属于 R 但不属于 S 的所有元组所构成的集合，记为 $R-S$，其结果仍然是 n 目关系。

3. 交

交(intersection)运算在实际的数据查询中可以将两个数据表中的相同元组查询出来。具体算法定义如下：

设关系 R 和关系 S 具有相同的关系模式，关系 R 和 S 的"交"是由既属于 R 又属于 S 的元组所构成的集合，记为 $R\cap S$，其结果仍然是 n 目关系。

4. 笛卡儿积

笛卡儿积(Cartesian product)运算在实际的数据查询中实现两个表的连接查询，并得到连接查询的结果。具体算法定义如下：

设 R 为 m 目关系，S 为 n 目关系，R 和 S 的笛卡儿积是一个 $m+n$ 目关系，其中每个元组的前 m 个分量(属性值)来自关系 R 的一个元组，后 n 个分量来自关系 S 的一个元组，记为 $R\times S$。

若 R 有 K_1 个元组，S 有 K_2 个元组，则 $R\times S$ 有 $K_1\times K_2$ 个元组。

【例2.4】 设有两个关系 R 和 S，且 R 和 S 具有相同的关系模式，分别求出关系 R 和关系 S 的"并"、"差"、"交"和笛卡儿积，如图2.1所示。

关系 R

A	B	C
a	b	c
d	g	f
x	y	z

关系 S

A	B	C
b	e	a
d	g	f

$R-S$ 结果

A	B	C
a	b	c
x	y	z

$R\cup S$ 结果

A	B	C
a	b	c
d	g	f
x	y	z
b	e	a

$R\cap S$ 结果

A	B	C
d	g	f

$R\times S$ 结果

R.A	R.B	R.C	S.A	S.B	S.C
a	b	c	b	e	a
a	b	c	d	g	f
d	g	f	b	e	a
d	g	f	d	g	f
x	y	z	b	e	a
x	y	z	d	g	f

图2.1　传统集合运算举例

2.3.2 专门的关系运算

在介绍关系运算之前,首先引入几个记号。

(1) 设关系模式为 $R(A_1, A_2, \cdots, A_n)$,它的一个关系可设为 R。$t \in R$ 表示 t 是 R 的一个元组。$t[A_i]$ 则表示元组 t 中相应于 A_i 的分量。

(2) 若 $A = \{A_{i1}, A_{i2}, \cdots, A_{ik}\}$,其中 $A_{i1}, A_{i2}, \cdots, A_{ik}$ 是 $A_1, A_2, \cdots, A_n$ 中的一部分,则 A 称为属性列。$t[A] = (t[A_{i1}], t[A_{i2}], \cdots, t[A_{ik}])$ 表示元组 t 在属性列 A 上诸分量的集合。

(3) 设 R 为 n 目关系,S 为 m 目关系。$t_r \in R$,$t_s \in S$,$\widehat{t_r t_s}$ 称为元组的连接,它是一个 $n + m$ 列的元组,前 n 个分量是 R 中的一个 n 元组,后 m 个分量是 S 中的一个 m 元组。

下面分别给出这些关系运算的定义。

1. 选择

选择(selection)运算在实际的数据查询中实现对数据表的横向筛选。具体算法定义如下:

关系 R 上的选择操作是从 R 中选取符合特定条件的诸元组,记为

$$\sigma_F(R) = \{t \mid t \in R \wedge F(t) = '真'\}$$

其中 F 表示选择条件,是一个逻辑表达式,取逻辑值“真”或“假”。

逻辑表达式 F 的基本形式为 $X_1 \theta Y_1 [\Phi X_2 \theta Y_2]$,其中 θ 为比较运算符,可以是 $<$、$\leq$、$>$、$\geq$、$=$ 或 $\neq$。X_1、Y_1、X_2、Y_2 是属性名、常量或简单函数。属性名也可以用其列序号来代替。Φ 表示逻辑运算符,可以是 $\wedge$、$\vee$ 或 $\neg$。$[\ ]$ 表示可选项,即 $[\ ]$ 中的内容可以省略。

选择操作是从行的角度所进行的运算,根据某些条件对关系做水平分割,即“选择”运算实际上是在关系 R 中选取使逻辑表达式 F 为“真”的元组。

为了说明“选择”关系运算,在此假设有“学生”关系 student(与第 1 章不同),如表 2.4 所示。

表 2.4 “学生”关系 student

学号	姓名	性别	出生日期	入学成绩	附加分	班级号
010101	赵明	男	1980 – 11 – 6	560	50	0101
010201	赵以	男	1978 – 8 – 24	500	40	0102
010102	马水	男	1979 – 3 – 6	520	20	0101
020101	杨仪	女	1980 – 4 – 24	550	30	0201
020102	王蕾	女	1980 – 11 – 6	560	50	0201
020201	牛可	男	1981 – 6 – 6	580	50	0202
020202	马力	女	1981 – 7 – 7	510	20	0202

【例 2.5】 查询操作要求:从“学生”关系 student 中查询入学成绩大于 520 分的学生的信息。

解:由于此次查询的结果需要得到相关学生的所有信息,未涉及指定属性,只有一个过滤条件为“入学成绩大于 520 分”,所以需要进行“选择”运算。其运算表达式为

$$\sigma_{\text{入学成绩}>520}(\text{student}) \quad \text{或} \quad \sigma_{5>520}(\text{student})$$

运算结果如表2.5所示。

表 2.5　例 2.5 运算结果

学号	姓名	性别	出生日期	入学成绩	附加分	班级号
010101	赵明	男	1980 – 11 – 6	560	50	0101
020101	杨仪	女	1980 – 4 – 24	550	30	0201
020102	王蕾	女	1980 – 11 – 6	560	50	0201
020201	牛可	男	1981 – 6 – 6	580	50	0202

【例 2.6】　查询操作要求:从"学生"关系 student 中查询性别为女的学生的信息。

解:解题思路同例 2.5 一样,此例的过滤条件变为"性别为女",同样需要进行"选择"运算。其运算表达式为

$$\sigma_{\text{性别}='女'}(\text{student}) \quad \text{或} \quad \sigma_{3='女'}(\text{student})$$

运算结果如表2.6所示。

表 2.6　例 2.6 运算结果

学号	姓名	性别	出生日期	入学成绩	附加分	班级号
020101	杨仪	女	1980 – 4 – 24	550	30	0201
020102	王蕾	女	1980 – 11 – 6	560	50	0201
020202	马力	女	1981 – 7 – 7	510	20	0202

2. 投影

投影(projection)运算在实际的数据查询中实现对数据表的纵向筛选。具体算法定义如下:

关系 R 上的投影操作是从 R 中选择若干属性列以组成新的关系。记为

$$\pi_A(R) = \{t[A] \mid t \in R\}$$

其中 A 为 R 中的若干属性列,属性列之间用逗号加以分隔。

投影操作是从列的角度来进行运算,即对关系 R 进行垂直分割,取消某些列,并重新安排列的顺序。

【例 2.7】　查询操作要求:从"学生"关系 student 中查询学生"姓名"、"出生日期"和"入学成绩"这 3 个属性的信息。

解:由于此次查询的结果只涉及学生的 3 个属性,即"姓名"、"出生日期"和"入学成绩",并未附加任何条件限制,所以只需进行"投影"运算。运算表达式为

$$\pi_{\text{姓名,出生日期,入学成绩}}(\text{student}) \quad \text{或} \quad \pi_{2,4,5}(\text{student})$$

运算结果如表2.7所示。

表 2.7 例 2.7 运算结果

姓名	出生日期	入学成绩
赵明	1980 - 11 - 6	560
赵以	1978 - 8 - 24	500
马水	1979 - 3 - 6	520
杨仪	1980 - 4 - 24	550
王蕾	1980 - 11 - 6	560
牛可	1981 - 6 - 6	580
马力	1981 - 7 - 7	510

【例 2.8】 查询操作要求:从"学生"关系 student 中查询入学成绩大于 520 分的女学生的姓名、性别、出生日期和入学成绩。

解:此次查询的结果涉及学生的姓名、性别、出生日期和入学成绩,所以需要进行"投影"运算。查询的条件有两个,分别为"入学成绩大于 520 分"和"女学生",所以又需要进行"选择"运算,选择条件是一个逻辑表达式,可表示为"入学成绩 > 520 ∧ 性别 $=$ '女'"。

本例是"选择"和"投影"运算相结合的一个例子,可以考虑先进行"选择"运算,即先将满足选择条件的元组挑选出来,在此中间结果的基础上再进行"投影"运算,最终得到题目要求的结果。运算表达式为

$$\pi_{姓名,性别,出生日期,入学成绩}(\sigma_{入学成绩 > 520 \ \wedge \ 性别 = '女'}(student))$$

运算结果如表 2.8 所示。

表 2.8 例 2.8 运算结果

姓名	性别	出生日期	入学成绩
杨仪	女	1980 - 4 - 24	550
王蕾	女	1980 - 11 - 6	560

3. 连接

连接(join)运算在实际的数据查询中实现对两个数据表的连接查询。具体算法定义如下:

连接是指从两个关系的笛卡儿积中选取属性值满足一定条件的元组。记为

$$R \infty S|_{A\theta B} = \{\widehat{t_r t_s} | t_r \in R \ \wedge t_s \in S \ \wedge t_r[A]\theta t_s[B]\}$$

其中 A、B 分别为关系 R 和 S 上可比的属性组,θ 是比较运算符。"连接"运算从关系 R 和 S 的笛卡儿积 $R \times S$ 中选取关系 R 在属性组 A 上的值与关系 S 在属性组 B 上的值满足比较关系 θ 的元组。

有两种最为重要也是最为常用的连接,一种是等值连接,另一种是自然连接。

θ 为"$=$"的"连接"运算称为等值连接。它是从关系 R 和 S 的笛卡儿积中选取属性值 A、B 相等的那些元组。即等值连接为

$$R \infty S|_{A = B} = \{\widehat{t_r t_s} | t_r \in R \ \wedge t_s \in S \ \wedge t_r[A] = t_s[B]\}$$

自然连接是一种特殊的等值连接,它要求两个关系中进行比较运算的分量必须是相同的属性组,并且在结果中要把重复的属性删除。即若关系 R 和 S 具有相同的属性组 B,则自然连接可记为

$$R \infty S = \{\ \widehat{t_r t_s}\ |\ t_r \in R\ \wedge t_s \in S\ \wedge t_r[B] = t_s[B]\ \}$$

一般的连接操作是从行的角度进行运算,但是自然连接还需要取消重复的列,所以自然连接同时从行和列的角度进行运算。

【**例 2.9**】 设有关系 student 和关系 class 分别如表 2.4、表 2.9 所示。

求 student ∞ class $|_{\text{student.班级号} < \text{class.班级号}}$,student ∞ class $|_{\text{student.班级号} = \text{class.班级号}}$ 及 student ∞ class 的值,运算结果分别如表 2.10、表 2.11、表 2.12 所示。

表 2.9 "班级"关系 class

班级号	班级名称
0101	计 061 班
0102	计 062 班
0201	软 061 班
0202	软 062 班

表 2.10 student ∞ class $|_{\text{student.班级号} < \text{class.班级号}}$ 运算结果

学号	姓名	性别	出生日期	入学成绩	附加分	student.班级号	class.班级号	班级名称
010101	赵明	男	1980－11－6	560	50	0101	0102	计 062 班
010101	赵明	男	1980－11－6	560	50	0101	0201	软 061 班
010101	赵明	男	1980－11－6	560	50	0101	0202	软 062 班
010201	赵以	男	1978－8－24	500	40	0102	0201	软 061 班
010201	赵以	男	1978－8－24	500	40	0102	0202	软 062 班
010102	马水	男	1979－3－6	520	20	0101	0102	计 062 班
010102	马水	男	1979－3－6	520	20	0101	0201	软 061 班
010102	马水	男	1979－3－6	520	20	0101	0202	软 062 班
020101	杨仪	女	1980－4－24	550	30	0201	0202	软 062 班
020102	王蕾	女	1980－11－6	560	50	0201	0202	软 062 班

表 2.11 student ∞ class $|_{\text{student.班级号} = \text{class.班级号}}$ 运算结果

学号	姓名	性别	出生日期	入学成绩	附加分	student.班级号	class.班级号	班级名称
010101	赵明	男	1980－11－6	560	50	0101	0101	计 061 班
010201	赵以	男	1978－8－24	500	40	0102	0102	计 062 班
010102	马水	男	1979－3－6	520	20	0101	0101	计 061 班
020101	杨仪	女	1980－4－24	550	30	0201	0201	软 061 班
020102	王蕾	女	1980－11－6	560	50	0201	0201	软 061 班
020201	牛可	男	1981－6－6	580	50	0202	0202	软 062 班
020202	马力	女	1981－7－7	510	20	0202	0202	软 062 班

表 2.12 student∞ class 运算结果

学号	姓名	性别	出生日期	入学成绩	附加分	班级号	班级名称
010101	赵明	男	1980 – 11 – 6	560	50	0101	计 061 班
010201	赵以	男	1978 – 8 – 24	500	40	0102	计 062 班
010102	马水	男	1979 – 3 – 6	520	20	0101	计 061 班
020101	杨仪	女	1980 – 4 – 24	550	30	0201	软 061 班
020102	王蕾	女	1980 – 11 – 6	560	50	0201	软 061 班
020201	牛可	男	1981 – 6 – 6	580	50	0202	软 062 班
020202	马力	女	1981 – 7 – 7	510	20	0202	软 062 班

注意：自然连接运算在实际应用中使用得比较普遍,特别是在第 3 章中涉及较多,请读者留意其连接过程以及运算结果。

4. 除法

除法(division)运算在实际的数据查询中实现对数据带有特殊要求的查询。

(1) 象集的概念

给定一个关系 $R(X,Z)$,X 和 Z 为属性组,$t[X]$ 表示元组 t 在属性列 X 上诸分量的集合。当 $t[X] = x$ 时,x 在关系 R 中的象集定义为

$$Z_x = \{ t[Z] \mid t \in R, t[X] = x \}$$

它表示 R 中属性组 X 上值为 x 的诸元组对应于属性组 Z 上分量的集合。

(2) 除法的具体算法定义

给定关系 $R(X,Y)$ 和 $S(Y,Z)$,其中 X、Y、Z 为属性组,关系 R 中的 Y 与关系 S 中的 Y 可以有不同的属性名,但其域集必须相同。

关系 R 与 S 的"除法"运算得到一个新的关系 $P(X)$,P 是 R 中满足下列条件的元组在属性组 X 上的投影:元组在 X 上的分量值 x 的象集 Y_x 包含关系 S 在 Y 上投影的集合。记为

$$P(X) = R \div S = \{ t_r[X] \mid t_r \in R \land Y_x \supseteq \pi_Y(S) \}$$

其中 Y_x 是 x 在 R 中的象集,$x = t_r[X]$。除法操作同时从行和列的角度进行运算。

(3) "除法"运算的简单步骤

第 1 步：首先确定关系 R 中的属性组 X、Y 和关系 S 中的属性组 Y、Z；

第 2 步：求出关系 R 中属性组 X 的分量 x 在 R 中属性组 Y 上的象集；

第 3 步：作 $\pi_Y(S)$ 运算,即求出关系 S 在 Y 上的投影；

第 4 步：作 $Y_x \supseteq \pi_Y(S)$ 运算,即将第 2 步的所有象集与第 3 步的投影结果进行集合的包含运算,得到最终结果。

【例 2.10】 设有关系 R 和关系 S 如图 2.2 所示,求 $R \div S$ 的运算结果(如图 2.2 所示)。

解：从图 2.2 的关系 R 和 S 中不难看出,两个关系都有"选修课程"属性,其取值出自相同的域。按照"除法"运算的步骤进行求解。

（1）确定关系 R 中的属性组 X、Y 和关系 S 中的属性组 Y、Z。

属性组 X 为（姓名,性别），属性组 Y 为（选修课程），属性组 Z 为（学分）。

（2）求出关系 R 中属性组（姓名,性别）的分量在"选修课程"属性上的象集。

在关系 R 中，（姓名,性别）可以取 3 个值,分别为｛（王蕾,女）,（赵明,男）,（牛可,男）｝。其中

（王蕾,女）的象集为｛计算机语言｝

（赵明,男）的象集为｛数据库原理,操作系统,计算机语言,汇编语言｝

（牛可,男）的象集为｛汇编语言｝

（3）求关系 S 在"选修课程"上的投影。

关系 S 在"选修课程"上的投影为

$$\pi_Y(S) = \{计算机语言,数据库原理,操作系统,汇编语言\}$$

（4）将象集结果和 $\pi_Y(S)$ 的投影结果集作包含运算。

（王蕾,女）的象集和（牛可,男）的象集均未全部包含 $\pi_Y(S)$ 的值。只有（赵明,男）的象集包含 S 在"选修课程"属性上的投影。

所以，$R \div S = \{（赵明,男）\}$。

关系 R

姓名	性别	选修课程
王蕾	女	计算机语言
赵明	男	数据库原理
赵明	男	操作系统
赵明	男	计算机语言
赵明	男	汇编语言
牛可	男	汇编语言

关系 S

选修课程	学分
计算机语言	6
数据库原理	5
操作系统	8
汇编语言	7

$R \div S$ 运算结果

姓名	性别
赵明	男

图 2.2　"除法"运算应用举例

5. 关系代数表达式及其应用举例

本章已经介绍了 9 种关系代数运算,其中"并"、"差"、笛卡儿积、投影和选择 5 种运算是基本的运算,其他 4 种运算即"交"、连接、自然连接、除法均可由这 5 种基本运算经过有限次的复合来表达。这种由关系代数运算所组成的表达式称为关系代数表达式,其运算结果仍然是一个关系。我们可以用关系代数表达式表示各种数据查询操作。

在学生选课系统中,假设存在以下 3 个关系:

学生(<u>学号</u>,姓名,性别,出生日期,入学成绩,附加分,班级号)记录学生的信息;

课程(<u>课程号</u>,课程名称,学分)记录课程的信息;

选修(学号,课程号,成绩)记录某名学生选修某门课程后取得的成绩。

下面用关系代数表达式完成每项查询功能。

【例 2.11】 查询选修课程号为 01003 的课程的学生的学号和成绩,写出其关系代数表达式。

解:题目的含义是通过查询选修课程情况给出学生的学号和成绩,所以应该从"选修"关系入手进行查询。由于查询所涉及的属性在"选修"关系中均存在,所以本题只涉及对一个关系执行的操作。查询条件是"课程号为 01003",即"课程号 $='01003'$"。

查询过程是先进行"选择"运算,再进行"投影"运算。其关系代数表达式为

$$\pi_{学号,成绩}(\sigma_{课程号='01003'}(选修))$$

【例 2.12】 查询选修课程号为 01003 的课程的学生的学号和姓名,写出其关系代数表达式。

解:题目的含义与例 2.11 基本相同,区别在于通过查询选修课程情况给出学生的学号和姓名,所以也应该从"选修"关系入手进行查询。由于查询所涉及的属性"姓名"只在"学生"关系中存在,所以本题涉及对两个关系的操作,需要通过"学号"属性值将"选修"关系和"学生"关系连接起来进行查询。查询条件仍然是"课程号为 01003",即"课程号 $='01003'$"。

操作过程是先将"选修"关系与"学生"关系进行自然连接运算,在此中间结果的基础上作"选择"运算,然后再作"投影"运算。其关系代数表达式为

$$\pi_{学号,姓名}(\sigma_{课程号='01003'}(学生 \infty 选修))$$

上式作自然连接运算之前未执行任何操作,不相关的属性也都参与了连接运算,这样连接运算所耗费的时间较长。为了克服这一缺陷,可以对上式进行改进,得到关系代数表达式为

$$\pi_{学号,姓名}(\sigma_{课程号='01003'}(\pi_{学号,姓名}(学生) \infty \pi_{学号,课程号}(选修)))$$

此表达式先分别对"学生"关系和"选修"关系作"投影"运算,其目的是删除无需涉及的属性列,然后再作连接运算,这样将有效地加快连接运算的速度,从而提高查询速度,这也是数据库查询优化的方法之一。

【例 2.13】 查询选修"数据结构"课程的学生的学号与姓名,写出其关系代数表达式。

解:题目的含义是通过查询选修课程情况给出学生的学号和姓名,所以应该从"选修"关系入手进行查询,由于此查询涉及的姓名只在"学生"关系中存在,需要通过"学号"将"选修"关系和"学生"关系连接起来。由于查询条件是"课程为数据结构",即"课程名称 $='数据结构'$",而课程名称又涉及"课程"关系,所以还需要通过"课程号"将"选修"关系和"课程"关系连接起来。本题中的查询涉及 3 个关系。

操作过程是先将"学生"关系、"选修"关系、"课程"关系作自然连接运算,在此中间结果的基础上作"选择"运算,然后再作"投影"运算。其关系代数表达式为

$$\pi_{学号,姓名}(\sigma_{课程名称='数据结构'}(学生 \infty 选修 \infty 课程))$$

改进后的关系代数表达式为

$$\pi_{学号,姓名}(\sigma_{课程名称='数据结构'}(\pi_{学号,姓名}(学生) \infty \pi_{学号,课程号}(选修) \infty \pi_{课程号,课程名称}(课程)))$$

【例 2.14】 查询选修课程号为 01003 或 02003 的课程的学生的学号,写出其关系代数表达式。

解:题目的含义是通过查询选修课程情况给出学生的学号,所以应该从"选修"关系入手进

行查询,查询所涉及的属性均在"选修"关系中存在,所以本题只涉及对一个关系执行的操作。查询条件是"课程号为 01003 或 02003",即"课程号 = ' 01003 ' ∨ 课程号 = ' 02003 '"。

操作过程是先作"选择"运算,再作"投影"运算。其关系代数表达式为

$$\pi_{学号}(\sigma_{课程号='01003' \lor 课程号='02003'}(选修))$$

【例 2.15】 查询不选修课程号为 01003 的课程的学生的姓名与性别,写出其关系代数表达式。

解:题目的含义是通过查询选修课程情况给出学生的姓名和性别,所以应该从"选修"关系入手进行查询。查询所涉及的姓名和性别存在于"学生"关系中,所以本题涉及"学生"和"选修"两个关系,需要通过"学号"属性将两个关系连接起来。

查询过程是首先将"选修"和"学生"关系作自然连接运算,在此中间结果的基础上挑选出选修了课程号为 01003 课程的学生的姓名和性别,然后对"学生"关系作(姓名,性别)的投影运算,在学生集合中减去选修了课程号为 01003 课程的学生集合,得到不选修 01003 课程的学生集合。其关系代数表达式为

$$\pi_{姓名,性别}(学生) - \pi_{姓名,性别}(\sigma_{课程号='01003'}(学生 \infty 选修))$$

这里用到了集合操作。先求出全体学生的姓名和性别,再求出选修 01003 号课程的学生的姓名和性别,最后进行两个集合的"差"运算。

改进后的关系代数表达式为

$$\pi_{姓名,性别}(学生) - \pi_{姓名,性别}(\sigma_{课程号='01003'}(\pi_{学号,姓名,性别}(学生) \infty \pi_{学号,课程号}(选修)))$$

思考: 例 2.15 可否直接采用关系代数表达式 $\pi_{姓名,性别}(\sigma_{课程号\neq'01003'}(学生 \infty 选修))$?

【例 2.16】 查询至少选修 01003 号和 02003 号课程的学生的学号和课程号,写出其关系代数表达式。

解:题目的含义是通过查询选修情况给出符合查询条件的学生的学号,所以应该从"选修"关系入手进行查询。查询所涉及的"课程号"和"学号"均在"选修"关系中,所以本题只涉及"选修"关系。但查询出的学生所选修课程数要等于或多于两门课程,而且所选修的课程中必须包含 01003 号和 02003 号课程。

因此,本题需要首先建立一个临时关系 S,此关系只有一个属性"课程号",将欲查询的两门课程号作为此关系的两个元组,如图 2.3 所示。

课程号
01003
02003

图 2.3 临时关系 S

然后,从"选修"关系中找出每个学号所选修的课程号集合,即在"选修"关系中求出"学号"在"课程号"上的象集。

最后,将每名学生所选修课程的课程号集合与新关系 S 中的课程号进行比较,如果前者包含后者,即满足查询条件。

此过程涉及"除法"运算,所以本题的关系代数表达式为

$$\pi_{\text{学号,课程号}}(\text{选修}) \div S$$

思考:例2.16可否直接采用关系代数表达式 $\pi_{\text{学号,课程号}}(\sigma_{\text{课程号}='01003' \wedge \text{课程号}='02003'}(\text{选修}))$?

注意:

(1)关系代数是一类关系数据语言,它是抽象的查询语言,与具体的DBMS中的实际语言并不完全一致,但它可用做评估实际系统中查询语言能力的标准或基础。实际的查询语言(比如,第3章中的SQL语言)也是一类关系数据语言,除了提供关系代数中的功能之外,还能提供其他一些附加功能。

(2)关系数据库理论与实际应用相结合时,所使用的术语是有区别的,请读者在后面章节的学习中加以留意。具体对应关系如表2.13所示。

表2.13 理论术语与应用术语对照表

理论术语	应用术语	理论术语	应用术语
关系	表	主码	主键
属性	字段	外码	外键
域	数据类型、取值范围	关系模式	数据表结构
码	键	主属性	主键包含的字段
元组	记录	关系名	表名
属性列	字段列		

2.4 小 结

本章对关系数据库的理论基础进行概述。其中,重点对关系、关系模式的数学定义以及关系的性质进行了介绍,重点讲解实体完整性、参照完整性和用户定义的完整性,并通过实际例子介绍关系完整性的作用,还介绍了关系代数的理论基础,通过实际例子介绍关系代数的运算方法。通过本章内容的学习,读者应该了解:

(1)域、笛卡儿积、关系、关系模式的数学定义,关系的基本性质。

(2)关系的3个完整性:实体完整性、参照完整性和用户定义的完整性,及关系的完整性在实际应用中的意义。

(3)关系代数的传统集合运算和专门的关系运算,能够用关系代数实现查询功能。

思考题与习题

1. 名词解释

关系模型 属性 域 元组 主码 外码 关系模式 关系数据库

2. 试述关系模型的 3 个完整性。

3. 简述关系的性质。

4. 关系代数的运算有哪几类？分别列举出来。

5. 笛卡儿积、等值连接、自然连接三者之间有何区别？

6. 设有关系 R 和 S 如下所示，计算：$R \cup S, R - S, R \cap S, R \times S, \pi_{C,B}(R), \sigma_{B<5}(R), R \infty S, R \infty S|_{R.B<S.B}$ 的值。

关系 R

A	B	C
t	2	e
d	5	f
g	4	h
j	6	s

关系 S

X	B	Y
x	8	k
y	6	l
z	2	f

7. 设有关系 R 和 S 如下所示，求 $R \div S$ 的结果。

关系 R

A	B	C	D
a	b	c	d
a	b	e	f
a	b	d	e
b	c	e	f
e	d	c	d
e	d	e	f

关系 S

C	D
c	d
e	f

8. 现有以下 3 个关系：

学生(学号,姓名,性别,出生日期,入学成绩,附加分,班级号)

课程(课程号,课程名称,学分)

选修(学号,课程号,成绩)

写出下述查询所要求的关系代数表达式。

（1）查询选修了课程号为 03005 课程的学生的姓名与成绩。

（2）查询单科成绩在 90 分以上的学生的姓名、课程名称、成绩。

（3）查询入学成绩和附加分之和大于 650 分的学生的姓名及所在班级的班级号。

（4）查询学分高于 3 的课程的课程名称。

第 章
SQL 基础

学 习 目 标

- 掌握 SQL 的概念，了解其发展历程和特点。
- 掌握 SQL 中的数据定义、数据查询和数据更新功能及基本命令格式。

内 容 框 架

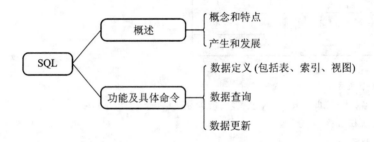

SQL 是数据库应用系统开发过程中必然会用到的技术，所以，在开发数据库应用之前必须掌握 SQL 的具体命令和用法。本章将对 SQL 的各种命令进行详细介绍。

3.1   SQL 概述

SQL(Structured Query Language，结构化查询语言)是关系数据库的标准语言，是一种通用的、功能强大的关系数据库语言。当前几乎所有的关系数据库管理系统都支持 SQL，许多软件厂商还对 SQL 基本命令集进行了不同程度的修改和扩充。

3.1.1   SQL 的产生和发展

SQL 是由 Boyce 和 Chamberlin 于 1974 年提出的，1975～1979 年，IBM 公司 San Jose 研究实验室所研制的著名的关系数据库管理系统原型 System R 中实现了这种语言。由于 SQL 功能丰富、语法简洁,因而深受计算机业界的欢迎。经过各公司的不断修改、扩充和完善,SQL 最终发展成为关系数据库的标准语言。1986 年 10 月,美国国家标准学会(American National Standards Institute, ANSI)确定其为美国关系数据库系统的工业标准。1987 年,国际标准化组织(International Organization for Standardization, ISO)也通过了这一标准。SQL 正式成为数据库领域的主流语言之一。

自 1986 年公布以来,SQL 随着数据库技术的发展而不断发展、丰富,SQL 标准的进程如表 3.1 所示。

表 3.1　SQL 标准的进程

标准	原文大致页数	发布期
SQL/86		1986 年 10 月
SQL/89	120	1989 年
SQL/92	622	1992 年
SQL/99	1 700	1999 年
SQL/2003	360	2003 年

3.1.2　SQL 的特点

SQL 之所以能够为用户和业界所普遍接受并成为国际标准,是因为它是一种综合的、功能极强同时又简单、易学的语言,SQL 集数据查询(data query)、数据操纵(data manipulation)、数据定义(data definition)、数据控制(data control)功能于一体,其主要特点如下。

(1)综合统一

因为 SQL 集 DQL(数据查询语言)、DDL(数据定义语言)、DML(数据操纵语言)、DCL(数据控制语言)于一体,所以 SQL 风格统一,可以独立地完成数据库生命周期中的全部活动。

由于关系模型的数据结构单一,关系模型中的实体及实体间的联系均用关系表示,所以 SQL 中的所有修改操作只需一种操作符。

(2)高度非过程化

在使用 SQL 时,存取路径的选择以及 SQL 的操作过程由系统自动完成,这不但大大降低了用户干预的程度,减轻了用户的负担,而且有利于提高数据的独立性。

(3)面向集合的操作方式

SQL 采用集合操作方式,不仅操作对象、查询结果可以是记录的集合,而且插入、删除、更新操作的对象也可以是记录的集合。

(4)以同一种语法结构提供两种使用方式

SQL 既是独立的语言,又是嵌入式语言。

作为独立的语言,SQL 能够独立地用于联机交互方式,用户可以在终端键盘上直接输入 SQL 命令对数据库进行操作;作为嵌入式语言,SQL 能够嵌入高级语言(例如 C、Java、C ++)程序中,供程序员设计程序时使用。

在上述两种不同的使用方式下,SQL 语法结构基本上是一致的,从而提供其使用的灵活性和方便性。

（5）语言简洁，易学易用

SQL所实现的功能极强，但由于其设计巧妙，语言结构简洁，完成核心功能只用到9个动词（又称命令），如表3.2所示。

表3.2　SQL的动词

功能	SQL动词
数据查询	SELECT
数据定义	CREATE、ALTER、DROP
数据更新	INSERT、UPDATE、DELETE
数据控制	GRANT、REVOKE

本章只介绍SQL的数据定义、数据查询、数据更新命令，关于数据控制命令的内容将在第9章介绍。

由第2章可知学生选课系统的关系模式与相应的数据表是一一对应的，所以，学生选课系统中的关系模式一经确定，就可以考虑在数据库系统中建立其关系模式了，即建立数据表。如果数据表的结构有误，则应对其加以修改；如果不再需要某数据表，则应删除之。数据表建好之后，应向表中输入数据。如果所输入的数据有误，则应修改之。数据一旦正确输入，就可以进行查询、统计等操作了。为了提高数据查询速度，应在数据表的相应字段上建立索引。为了增强数据查询操作的安全性，还应考虑建立视图机制。

3.2　数据定义

SQL的数据定义包括针对各种数据库对象的定义，本章只介绍定义表、索引和视图的方法，基本定义语句（命令）如表3.3所示。

表3.3　SQL的数据定义语句

操作对象	操作方式		
	定义	删除	修改
表	CREATE TABLE	DROP TABLE	ALTER TABLE
索引	CREATE INDEX	DROP INDEX	
视图	CREATE VIEW	DROP VIEW	

3.2.1　表的定义、查看、修改与删除

表是数据库最基本的操作对象，是实际存放数据的地方。不同的DBMS（数据库管理系统）中定义数据表的方法稍有差别，在开发实际应用系统时，应针对所使用的DBMS查找相关资料以确定。本书中的所有内容均针对Oracle数据库系统。

Oracle数据库中的数据存储在一张二维表中，通过表中的行和列来组织数据。通常表中的

一行称为记录,表中的一列称为字段,一个表一般具有多个字段。Oracle 数据库中常用的基本数据类型如表 3.4 所示。

表 3.4 Oracle 数据库中常用的基本数据类型

数据类型	说明
CHAR(n)	用于存储长度为 n 的定长字符串
VARCHAR2(n)	用于存储长度为 n 的变长字符串
NUMBER(p,s)	用于存储带符号的整型数或浮点型数,p 指有效数字位数,s 指小数位数
INT	用于存储长整型数,也可将其写为 INTEGER
SMALLINT	用于存储短整型数
FLOAT(n)	用于存储精度至少为 n 位的浮点型数
DATE	用于存储日期,包含年、月、日,其格式为 YYYY – MM – DD
TIME	用于存储时间,包含时、分、秒,其格式为 HH: MM: SS

1. 定义表

定义表的命令的一般格式如下:

CREATE TABLE ＜表名＞

(＜字段名＞ ＜数据类型(长度)＞ [＜字段级约束＞] [, ＜字段名＞ ＜数据类型(长度)＞ [＜字段级约束＞] …]

[, CONSTRAINT ＜约束名＞ ＜约束类型＞(字段[,字段…])]

[[, CONSTRAINT ＜约束名＞ ＜约束类型＞(字段[,字段…])] …]);

其中:

(1) CREATE 为定义表的关键字,TABLE 为表关键字。

(2) 表名的命名规则如下:

① 表名要尽量短,且能够说明表的主要特征;

② 将主表与从表的名称联系起来,引用列与被引用列最好能够使用同一个名称;

③ 与表相关的对象的命名要与表名联系起来;

④ 避免使用引号、关键字、非字符或非数字的字符,除非" $ "、"_"、"#"这 3 种符号;

⑤ 尽量不使用特殊字符,如中欧字符集、亚洲字符集。(Oracle8i 版本以上可用中文字符来命名表和列,但即便这样也尽量不要用,除非存在特殊需求);

⑥ Oracle 系统保留字和 dual 不能用,开发工具或软件中的保留字不能用;

⑦ 表中最多可以有 1 000 个字段;

⑧ 表名不区分字母大小写。

注意:所谓主表是指参照完整性中的被引用表,从表是指参照完整性中引用其他表中的字段值的表。例如,"课程选修"表中的"学号"字段值参照"学生"表中的"学号"字段值,"学生"表即为主表,"课程选修"表即为从表。

(3) 约束可分为表级约束和字段级约束两种。如果某个约束只作用于单个字段,则在此字段定义后面写出字段级约束;如果某个约束作用于多个字段,则必须在所有字段定义完成之后使用 CONSTRAINT 子句来定义表级约束。字段级约束可被定义成表级约束,但表级约束不能被定义成字段级约束。

Oracle 数据库中的约束类型分为主键(PRIMARY KEY)、外键(FOREIGN KEY)、检查(CHECK)、唯一性(UNIQUE)、非空(NOT NULL)、默认值(DEFAULT)6 种,各种约束类型及其作用如表 3.5 所示。

表 3.5 Oracle 数据库的约束类型及其作用

约束类型	作用
主键约束	保证主键列值的唯一性和非空性
外键约束	用来限定主表和从表中相应字段取值的一致性
唯一性约束	用来限定字段取值的非重复性,一般用于非主属性
检查约束	用来限定字段的取值范围
非空约束	用来限定字段值必须是一个确切的值
默认值	用来设定当向表中插入一条记录却未给指定字段赋值时,用此字段的默认值填充字段

下面分别介绍表 3.5 中各种约束的定义方法。

① 定义 PRIMARY 类型的约束

(a)定义 PRIMARY 类型的字段级约束时,在相应字段后面标明 PRIMARY KEY 即可。

例如,在某个表中要求字段 s_no 单独作主键,可将 s_no 定义为字段级约束,其格式为

s_no CHAR(6)PRIMARY KEY

(b)定义 PRIMARY 类型的表级约束时,其格式为

CONSTRAINT <约束名> PRIMARY KEY(主键字段列表)

字段列表中的各字段之间用符号","分隔。

例如,在某个表中要求字段 s_no、c_no 联合作主键,由于此时主键约束作用于 2 个字段上,因而只能将主键约束定义成表级约束,其格式为

CONSTRAINT sc_pri PRIMARY KEY(s_no,c_no)

上面的命令中将字段 s_no、c_no 定义为表级主键约束,约束名为 sc_pri。由于一个表的主键约束是唯一的,所以可以省略主键约束名,直接将主键约束写成

PRIMARY KEY(s_no,c_no)

注意:一个表的主键约束是唯一的,这并不表明一个表中的主键列是唯一的。一个表的主键可以由一列构成,也可以由多列联合作主键。例如,"学生"表的主键是"学号","课程"表的主键是"课程编号",但"课程选修"表的主键则是"学号"和"课程编号"两个字段。

② 定义 FOREIGN 类型的约束

(a)定义 FOREIGN 类型的字段级约束时,在相应字段后面定义 REFERENCES 子句,其格式为

REFERENCES <引用表>(<引用字段>)[ON DELETE CASCADE|DELETE SET NULL|DELETE NO ACTION]

其中关键字"ON"指定引用行为,即当主表中的一条记录被删除时,外键所关联的从表中的所有

相关记录的处理方法的含义如表 3.6 所示。

表 3.6　外键引用行为的含义

项	说明
DELETE CASCADE	主表中的一条记录被删除时,从表中的所有相关记录均被删除
DELETE SET NULL	主表中的一条记录被删除时,从表中的所有相关记录中的相关字段值被设置为 NULL
DELETE NO ACTION	主表中的一条记录被删除时,从表中的所有相关记录不执行任何操作

例如,某个表要求字段 s_no 与“学生”表(student)中的主键 s_no 关联,并且当删除“学生”表中某个 s_no 值所在的记录时一并删除该表中的所有相关记录。该表的 s_no 字段属于外键,可以定义为 FOREIGN 字段级约束,具体的定义格式如下:

s_no CHAR(6) REFERENCES student(s_no) ON DELETE CASCADE

(b) 定义 FOREIGN 类型的表级约束时,其格式为

CONSTRAINT <约束名> FOREIGN KEY(字段) REFERENCES <引用表>(<引用字段>)
[ON DELETE CASCADE|DELETE SET NULL|DELETE NO ACTION]

同样,可以将上面的例子用表级约束的方式来定义,其格式为

CONSTRAINT stu_fig FOREIGN KEY (s_no) REFERENCES student(s_no)ON DELETE CAS-CADE

上面的命令中定义字段 s_no 为表级外键约束,约束名为 stu_fig。在一般情况下,FOREIGN 类型的约束均定义为字段级约束。

注意:由于一个表的外键约束不唯一,所以必须为每个外键约束标明不同的名称。

③ 定义 CHECK 类型的约束

(a) 定义 CHECK 类型的字段级约束时,需要在字段后面标明检查约束。检查约束的定义格式为

CHECK(<约束表达式>)

例如,某个表要求字段 s_no 的取值范围为“00010”～“00100”,可以在字段 s_no 上定义 CHECK 类型的字段级约束。字段级检查约束的定义格式如下:

s_no CHAR(6) CHECK(s_no BETWEEN '00010' AND '00100')

例如,某个表要求字段 s_score 的值必须大于 500,其字段级检查约束的定义格式如下:

s_score NUMBER(5,2) CHECK(s_score>500)

(b) 定义 CHECK 类型的表级约束时,其格式为

CONSTRAINT <约束名> CHECK <约束表达式>)

例如,某个表要求 s_score 和 s_addf 字段值之和必须大于 600,由于检查约束作用于 2 个字段上,因而只能将检查约束定义成表级约束,其格式为

CONSTRAINT ck_1 CHECK(s_score+s_addf>600)

上面的命令定义表级检查约束,其约束名为 ck_1。

注意:由于一个表的检查约束不唯一,所以必须为每个检查约束标明不同的名称。

④ 定义 UNIQUE 类型的约束

（a）定义 UNIQUE 类型的字段级约束时，在相应字段后面标明 UNIQUE 即可。

例如，某个表要求字段 s_name 的值不能重复，则将 s_name 定义为字段级约束，其格式为

s_name CHAR(6)UNIQUE

（b）定义 UNIQUE 类型的表级约束时，其格式为

CONSTRAINT ＜约束名＞ UNIQUE（＜字段列表＞）

字段列表中的各字段之间用符号","分隔。

例如，某个表要求字段 s_name、s_sex 的值不能重复，由于唯一性约束作用于2个字段上，因而只能将唯一性约束定义成表级约束，其格式为

CONSTRAINT ut UNIQUE(s_name,s_sex)

上面的命令定义表级唯一性约束，约束名为 ut。

注意：由于一个表的唯一性约束不唯一，所以必须为每个唯一性约束标明不同的名称。

⑤ 非空约束一般定义成字段级约束。定义字段级非空约束时，在字段后面直接标明 NOT NULL 即可。

例如，某个表要求字段 s_name 必须给定一个确切的值，不能为空值，那么定义格式如下：

s_name CHAR(8)NOT NULL

⑥ 默认值一般定义成字段级约束。定义字段的默认值时在字段后面标明 DEFAULT ＜默认值＞即可。

例如，某个表要求设置字段 s_score 的默认值为 50.00，定义格式如下：

s_score NUMBER(5,2) DEFAULT 50.00

此时所给出的默认值应与此字段的数据类型一致。

下面定义学生选课系统中的"学生"表（student）、"课程"表（course）和"课程选修"表（sc）。

【例3.1】 在数据库中定义学生选课系统中的"学生"表（student），写出其 SQL 命令，基本要求如表 3.7 所示。

表 3.7 学生选课系统中"学生"表基本要求

属性名	属性代码	数据类型	长度	小数位数	约束类型
学号	s_no	CHAR	6		主键约束
姓名	s_name	CHAR	8		非空约束
性别	s_sex	CHAR	2		取值仅限于"男"、"女"
出生日期	s_birthday	DATE			
入学成绩	s_score	NUMBER	5	2	默认值为 500.00
附加分	s_addf	NUMBER	3	1	
班级编号	class_no	CHAR	4		

```
CREATE TABLE student
(s_no CHAR(6) PRIMARY KEY,
s_name CHAR(8) NOT NULL,
s_sex CHAR(2) CHECK(s_sex IN('男','女')),
```

```
s_birthday DATE,
s_score NUMBER(5,2) DEFAULT 500.00,
s_addf NUMBER(3,1),
class_no CHAR(4));
```

本例中所使用的约束都是字段级约束,这是因为主键约束只作用于"学号"一个字段上,检查约束只作用于"性别"一个字段上,默认值只是"入学成绩"单个字段的默认值。也可以将字段级约束定义成表级约束,相应的命令如下:

```
CREATE TABLE student
(s_no CHAR(6),
s_name CHAR(8) NOT NULL,
s_sex CHAR(2),
s_birthday DATE,
s_score NUMBER(5,2) DEFAULT 500.00,
s_addf NUMBER(3,1),
class_no CHAR(4),
PRIMARY KEY(s_no),
CONSTRAINT ck_1 CHECK(s_sex IN('男','女')));
```

此命令执行后,在数据库中创建一个名为 student 的数据表,其字段信息、约束信息存储于 Oracle 系统表中。

【例 3.2】 在数据库中定义学生选课系统中的"课程"表(course),写出其 SQL 命令,基本要求如表 3.8 所示。

表 3.8 学生选课系统中"课程"表基本要求

属性名	属性代码	数据类型	长度	小数位数	约束类型
课程编号	c_no	CHAR	4		主键约束
课程名称	c_name	CHAR	20		非空约束
学分	c_fen	NUMBER	3	1	

```
CREATE TABLE course
(c_no CHAR(4),
c_name CHAR(20) NOT NULL,
c_fen NUMBER(3,1),
PRIMARY KEY(c_no));
```

同理,也可以将表级主键约束定义成字段级约束,相应的命令如下:

```
CREATE TABLE course
(c_no CHAR(4) PRIMARY KEY,
c_name CHAR(20) NOT NULL,
c_fen NUMBER(3,1));
```

同样,此命令执行后,在数据库中创建一个名为 course 的数据表,其字段信息、约束信息存储于 Oracle 系统表中。

【**例 3.3**】　在数据库中定义学生选课系统中的"课程选修"表(sc),写出其 SQL 命令,基本要求如表3.9 所示。

表 3.9　学生选课系统中"课程选修"表基本要求

属性名	属性代码	数据类型	长度	小数位数	约束类型
课程编号	c_no	CHAR	4		与"学号"字段联合作主键,与"课程"表的"课程编号"外键关联
学号	s_no	CHAR	6		与"课程编号"字段联合作主键,与"学生"表的"学号"外键关联,且级联删除
成绩	score	NUMBER	3	1	

```
CREATE TABLE sc
(s_no CHAR(6) REFERENCES student(s_no) ON DELETE CASCADE,
c_no CHAR(4) REFERENCES course(c_no),
score NUMBER(3,1),
PRIMARY KEY(s_no,c_no));
```

由于主键约束作用于"学号"、"课程编号"两个字段上,因此,主键约束只能定义成表级约束而不能定义成字段级约束。由于两个外键约束作用于单个字段上,因此外键约束也可以定义成表级约束,相应的命令如下:

```
CREATE TABLE sc
(s_no CHAR(6),
c_no CHAR(4),
score NUMBER(3,1),
PRIMARY KEY(s_no,c_no),
CONSTRAINT fk_1 FOREIGN KEY(s_no) REFERENCES student(s_no) ON DELETE
CASCADE,
CONSTRAINT fk_2 FOREIGN KEY(c_no)REFERENCES course(c_no));
```

同样,此命令执行后,在数据库中创建一个名为 sc 的数据表,其字段信息、约束信息存储于 Oracle 系统表中。

注意:在定义表时通常先定义无外键关联的独立的表,如果某个表存在外键关系,则必须先定义主表,再定义从表。在学生选课系统中,必须先定义 student 表和 course 表,再定义 sc 表,因为 sc 表外键关联 student 表和 course 表。

上面的例子中定义了学生选课系统中的"学生"表、"课程"表和"课程选修"表,涉及 Oracle 系统表的主键约束、外键约束、检查约束、唯一性约束、非空约束和表的字段级约束、表级约束的定义方法。学生选课系统中的其他表的定义方法与此类似,请读者自行练习。

2. 查看表

在学生选课系统的开发过程中,特别是在开发和调试程序时,经常需要查看数据表的结构信息。在 Oracle 数据库中,一旦表的定义成功执行,表的相关信息就被存储在 Oracle 数据库的多个系统表中,具体的系统表如表 3.10 所示。

表 3.10　表信息所存储的系统表

系统表名	存储参数
DBA_TABLES	存储表的表空间、存储参数、块空间管理参数、事务处理参数等信息
DBA_TAB_COLUMNS	存储表的字段信息
DBA_CONSTRAINTS	存储表的约束信息
DBA_CONS_COLUMNS	存储字段的约束信息

使用 DESC 命令可以查看系统表的结构。

【例 3.4】　用 DESC 命令查看系统表 DBA_TAB_COLUMNS 的结构。

DESC DBA_TAB_COLUMNS;

此命令的执行结果如下。

名称	是否为空	数据类型
OWNER	NOT NULL	VARCHAR2(30)
TABLE_NAME	NOT NULL	VARCHAR2(30)
COLUMN_NAME	NOT NULL	VARCHAR2(30)
DATA_TYPE		VARCHAR2(106)
DATA_TYPE_MOD		VARCHAR2(3)
DATA_TYPE_OWNER		VARCHAR2(30)
DATA_LENGTH	NOT NULL	NUMBER
DATA_PRECISION		NUMBER
DATA_SCALE		NUMBER
...		

由于字段太多,在此不逐一罗列。从本例可以看出,DBA_TAB_COLUMNS 系统表中存储着表名(TABLE_NAME)、字段名(COLUMN_NAME)、数据类型(DATA_TYPE)等信息。

可以用 SELECT 命令从表 3.10 所示的各个系统表中查询所需要的信息,SELECT 命令的具体使用方法将在 3.4 节介绍。

【例 3.5】　查看学生选课系统中"学生"表(student)的字段名、数据类型、字段长度等信息,写出相应的 SQL 命令。

要实现题目要求的功能,可以利用 DBA_TAB_COLUMNS 系统表查看 student 表。其 SQL 命令如下:

SELECT COLUMN_NAME,DATA_TYPE,DATA_LENGTH

FROM DBA_TAB_COLUMNS WHERE TABLE_NAME ='STUDENT';

此命令的执行结果如下。

COLUMN_NAME	DATA_TYPE	DATA_LENGTH
S_NO	CHAR	6
S_NAME	CHAR	8
S_SEX	CHAR	2
S_BIRTHDAY	DATE	7
S_SCORE	NUMBER	22
S_ADDF	NUMBER	22
CLASS_NO	CHAR	4

注意: 在 Oracle 数据库中查看系统表时,*所有方案下的* student *表都显示出来,此时可以在* WHERE 条件中增加"AND OWNER ='用户名'"来限定只显示某用户下的 student 表结构。

也可以用 DESC 命令直接调用表名以查看表的字段信息,此命令的一般格式如下:

DESC <表名>;

例如,用 DESC 命令查看 student 表的字段信息,相应的命令如下:

```
DESC student;
```

执行结果为

名称	是否为空	数据类型
S_NO	NOT NULL	CHAR(6)
S_NAME	NOT NULL	CHAR(8)
S_SEX		CHAR(2)
S_BIRTHDAY		DATE
S_SCORE		NUMBER(5,2)
S_ADDF		NUMBER(3,1)
CLASS_NO		CHAR(4)

此执行结果与利用 SELECT 的结果大体相同,只不过 DBA_TAB_COLUMNS 系统表中的信息比利用 DESC <表名>命令所得到的信息更多。

3. 修改表

当发现表名、字段名、字段数据类型、长度或约束条件的定义错误时,需要修改表中的相关内容。修改表的相关操作包括修改表名和表结构两部分。

(1) 修改表名

在学生选课系统中的表的定义过程中,如果表名的定义不合适,可以修改表名。

修改表名的命令的一般格式为

RENAME ＜旧表名＞ TO ＜新表名＞;

其中 RENAME 是表名重命名关键字。

【例3.6】 将表 student 重命名为 student_sql,写出其 SQL 命令。

```
RENAME student TO student_sql;
```

此命令执行后,Oracle 数据库中将不再有 student 表,而只有 student_sql 表了。

（2）修改表结构

在学生选课系统中的表的定义过程中,如果字段数据类型及约束条件的定义不妥,则需要修改表结构。

修改表结构的命令的一般格式为

ALTER TABLE ＜表名＞

［ ADD（＜字段名＞ ＜数据类型（长度）＞［＜字段级约束＞］［,＜字段名＞ ＜数据类型（长度）＞［＜字段级约束＞］…］）］

［DROP［COLUMN ＜字段名＞］|（＜字段名＞［,＜字段名＞…］）］

［MODIFY（＜字段名＞ ＜字段数据类型＞［DEFAULT ＜值＞ |NOT NULL|NULL］

［,＜字段名＞＜字段数据类型＞［DEFAULT ＜值＞ |NOT NULL|NULL］］）］;

其中,ALTER 是修改操作的关键字,ADD 子句向表中添加字段,DROP 子句从表中删除字段,MODIFY 子句修改表中已有字段。

下面以学生选课系统中的"学生"表（student）为例介绍表中的字段及约束条件的修改方法。

【例3.7】 向表 student 添加 age INT、salary NUMBER(5,2)、salary_add NUMBER(3,1)这3个字段,写出其 SQL 命令。

题目要求向表 student 添加字段,可以使用 ALTER TABLE 命令中的 ADD 子句加以实现。

```
ALTER TABLE student
ADD (age INT,salary NUMBER(5,2),salary_add NUMBER(3,1));
```

此命令执行后,使用 DESC 命令查看 student 表的结构,执行结果如下。

名称	是否为空	数据类型
S_NO	NOT NULL	CHAR(6)
S_NAME	NOT NULL	CHAR(8)
S_SEX		CHAR(2)
S_BIRTHDAY		DATE
S_SCORE		NUMBER(5,2)
S_ADDF		NUMBER(3,1)
CLASS_NO		CHAR(4)
AGE		INT
SALARY		NUMBER(5,2)
SALARY_ADD		NUMBER(3,1)

从执行结果可以看出,表 student 增加了 age、salary、salary_add 这3个字段。

【例 3.8】 从表 student 中删除字段 age,写出其 SQL 命令。

题目要求从表 student 中删除一个字段,可以使用 ALTER TABLE 命令中的 DROP 子句加以实现。

ALTER TABLE student DROP COLUMN age;

此命令执行后,使用 DESC 命令查看 student 表的结构,执行结果如下。

名称	是否为空	数据类型
S_NO	NOT NULL	CHAR(6)
S_NAME	NOT NULL	CHAR(8)
S_SEX		CHAR(2)
S_BIRTHDAY		DATE
S_SCORE		NUMBER(5,2)
S_ADDF		NUMBER(3,1)
CLASS_NO		CHAR(4)
SALARY		NUMBER(5,2)
SALARY_ADD		NUMBER(3,1)

从执行结果中可以看出,student 表中删除了一个字段 age。

【例 3.9】 从表 student 中删除两个字段 salary、salary_add,写出其 SQL 命令。

ALTER TABLE student DROP(salary,salary_add);

此命令执行后,使用 DESC 命令查看 student 表的结构,执行结果如下。

名称	是否为空	数据类型
S_NO	NOT NULL	CHAR(6)
S_NAME	NOT NULL	CHAR(8)
S_SEX		CHAR(2)
S_BIRTHDAY		DATE
S_SCORE		NUMBER(5,2)
S_ADDF		NUMBER(3,1)
CLASS_NO		CHAR(4)

从执行结果可以看出,表 student 中删除了 salary、salary_add 两个字段。

注意:删除一个字段和删除多个字段的命令格式是不同的。在一般情况下,非空属性字段是不能删除的;如果某字段的所有记录值均为空,则可删除此字段。

【例 3.10】 将 student 表的 s_name 字段的长度改为 10,且为 s_addf 字段增加默认值为 50.0 的约束条件,写出其 SQL 命令。

题目要求修改表 student 中的字段长度,可以使用 ALTER TABLE 命令中的 MODIFY 子句加以实现。

```
ALTER TABLE student
   MODIFY(s_name CHAR(10), s_addf DEFAULT 50.0);
```

此命令执行后,使用 DESC 命令查看 student 表的结构,执行结果如下。

名称	是否为空	数据类型
S_NO	NOT NULL	CHAR(6)
S_NAME	NOT NULL	CHAR(10)
S_SEX		CHAR(2)
S_BIRTHDAY		DATE
S_SCORE		NUMBER(5,2)
S_ADDF		NUMBER(3,1)
CLASS_NO		CHAR(4)

从执行结果可以看出,修改后的 student 表中的 s_name 字段长度为 10,如果查看 DBA_CONS_COLUMNS 系统表,可以看到为 s_addf 字段增加了默认值为 50.0 的约束条件。

注意:要改变表中字段的数据类型或缩短字段长度,此字段的所有记录值必须为空。如果此字段存在某些记录值,则字段长度只能加长,不能缩短。

4. 删除表

一旦在数据库中成功定义表之后,表会一直存储在数据库中。但对于某些表,有时会不再需要,此时应删除此表,以释放其所占用的存储空间。

删除表的命令的一般格式如下:

DROP TABLE <表名>;

其中 DROP 为删除操作的关键字。

假设学生选课系统中不再需要"课程选修"表(sc),此时就应该将其删除。

【例 3.11】 删除表 sc,写出其 SQL 命令。

```
DROP TABLE sc;
```

此命令执行后,数据库中将不再有 sc 表了。

注意:表成功定义后,删除存在外键关联的表的顺序与定义表的顺序正好相反,应先删除从表,再删除主表,否则会出现"表中的唯一/主键被外部关键字引用"错误,所以在学生选课系统中应先删除 sc 表,再删除 student、course 表。

3.2.2 索引的定义、查看与删除

在学生选课系统中,当 student、course、sc 表中的数据量达到一定的值之后(比如,达到几万

条记录),数据查询的速度会大大降低,直接影响应用系统的性能。为了解决查询速度问题,需要在针对数据表的查询字段上定义索引。索引提供了一种直接、快速访问记录的方式,可以大大提高数据查询速度。

一个表可以拥有任意多个索引,可以索引一列,也可以索引多列,在一个索引中最多可包含 16 列。索引必须先定义,然后由数据库管理系统在执行数据查询时自动调用。

1. 定义索引

定义索引的命令的一般格式如下:

CREATE [UNIQUE] INDEX ＜索引名＞

ON ＜表名＞(＜字段＞＜次序＞[,＜字段＞＜次序＞]…);

其中 CREATE 是用于定义的关键字,INDEX 是索引关键字,UNIQUE 表示索引类型是唯一的,即索引列的值不重复,"次序"指索引值的排列顺序,ASC 表示升序,DESC 表示降序,其默认值为升序。

在学生选课系统中,经常需要按照学生姓名来查询学生信息,为了提高查询速度,应该在 student 表的"姓名"(s_name)字段上定义索引。

【例 3.12】 在"学生"表的"姓名"(s_name)字段上定义升序索引,写出其 SQL 命令。

```
CREATE INDEX student_sname_index ON student(s_name);
```

此命令执行后,在数据库中创建了一个按照学生姓名升序排列、名为 student_sname_index 的索引,此索引信息存储在 Oracle 系统表中。

在学生选课系统中,经常需要按照课程名称来查询课程信息,为了提高查询速度,也应该在 course 表的"课程名称"(c_name)字段上定义索引。

【例 3.13】 在"课程"表的"课程名称"(c_name)字段上定义唯一性降序索引,写出其 SQL 命令。

```
CREATE UNIQUE INDEX course_cname_index ON course(c_name DESC);
```

本例利用关键字 UNIQUE 定义唯一性索引,利用 DESC 定义降序索引。同样,此命令执行后,在数据库中创建一个名为 course_cname_index 的索引,此索引具有降序唯一性的特点,其信息存储在 Oracle 系统表中。

注意: Oracle 自动为表的主键定义升序索引。如果删除表的主键约束,则定义在此主键上的索引会自动被删除。

2. 查看索引

索引成功定义之后,索引信息存储于系统表 DBA_INDEXES 中。

【例 3.14】 用 DESC 命令查看系统表 DBA_INDEXES 的结构。

```
DESC DBA_INDEXES;
```

执行结果如下。

名称	是否为空	数据类型
OWNER	NOT NULL	VARCHAR2(30)

INDEX_NAME	NOT NULL	VARCHAR2(30)
INDEX_TYPE		VARCHAR2(27)
TABLE_OWNER	NOT NULL	VARCHAR2(30)
TABLE_NAME	NOT NULL	VARCHAR2(30)
TABLE_TYPE		VARCHAR2(11)
...		

由于字段太多,在此不逐一罗列。从本例可以看出,DBA_INDEXES 系统表中存储着索引的名称(INDEX_NAME)、索引的类型(INDEX_TYPE)、索引所依附的表(TABLE_NAME)等信息。

可以用 SELECT 命令查看 DBA_INDEXES 中所存储的索引信息。

【例 3.15】 查看学生选课系统中"课程"(course)表的索引信息,写出其 SQL 命令。

```
SELECT INDEX_NAME, INDEX_TYPE, TABLE_NAME FROM DBA_INDEXES
WHERE TABLE_NAME ='COURSE';
```

执行结果如下。

INDEX_NAME	INDEX_TYPE	TABLE_NAME
SYS_C003009	NORMAL	COURSE
COURSE_CNAME_INDEX	NORMAL	COURSE

由执行结果可以看出,course 表中存在两个索引,一个是例 3.13 中所定义的索引,二是定义 course 表时 Oracle 系统自动为主键所创建的索引。

3. 删除索引

当应用系统中的查询条件发生变化时,查询不再涉及某字段,因此在此字段上所定义的索引也就不再需要了,此时应该删除索引,以释放其所占用的存储空间。

删除索引的命令的一般格式如下:

DROP INDEX <索引名 >;

假设在学生选课系统中,查询条件不再涉及学生的姓名,此时,可以删除基于"姓名"字段所建立的索引。

【例 3.16】 删除 student_sname_index 索引,写出其 SQL 命令。

DROP INDEX student_sname_index;

此命令执行后,数据库中就不再存在 student_sname_index 索引了。

注意: 主键索引是不能被删除的。如果删除表的主键约束,主键索引会自动被删除。

3.3 数 据 更 新

学生选课系统中的数据表定义完成后,就需要向表中插入数据。如果数据输入有误,则需要修改数据。如果不再需要某些数据,则需要删除数据。数据的插入、修改、删除统称为数据更新。

3.3.1 插入数据

一般地,SQL 提供 3 种插入数据方法。

(1) 单行:INSERT 命令向表中插入一条新记录。这种方法在日常应用中最为常用。

(2) 多行:INSERT 命令从数据库的其他对象中选取多行数据并将其添加至表中。

(3) 表间数据复制:从一个数据表中选择所需要的数据并将其插入新表中。这种方法经常用于初始装载数据库或者插入由其他计算机系统下载而来的或从某些结点收集来的数据。

1. 单行插入命令

INSERT 命令可以向数据库表中插入一行数据。单行 INSERT 命令的格式如下:

INSERT INTO <表名>[(<字段列表>)]VALUES(<数值列表>);

其中,INSERT 是用于插入的关键字,INTO 子句指定接收新数据的表和字段,VALUES 子句指定其数值。"字段列表"和"数值列表"指定哪些数据进入哪些字段,且数值列表应与字段列表一一对应,列表各项之间用符号","分隔。如果是向表中的所有字段插入数据,那么字段列表可以省略。如果是向表中的部分字段插入数据,那么字段列表就不可省略。如果某字段的值未知,可以使用关键字 NULL 将其设置为空值。但是,如果在表定义中将此字段设置为 NOT NULL,则不能使用空值插入。对于数值型字段,可以直接输入值;字符型字段值要添加西文单引号;日期型字段值要添加西文单引号,其输入顺序为"日 – 月 – 年",如"20 – 12 月 – 2003"表示 2003 年 12 月 20 日。

【例 3.17】 向 student 表中插入一条新记录,学号为 010203,姓名为孙明,性别为男,出生日期为 1980 年 6 月 7 日,入学成绩为 560 分,附加分为 40 分,班级编号为 0102,写出其 SQL 命令。

题目要求向 student 表中插入一条记录,使用 INSERT 命令如下:

```
INSERT INTO student(s_no,s_name,s_sex,s_birthday,s_score,s_addf,
class_no)
    VALUES('010203','孙明','男','7-6月-1980',560,40,'0102');
```

此命令执行后,将向 student 表中插入一条记录,且为所有的字段赋值。

由于本例需向 student 表中的所有字段插入值,所以执行此操作的命令也可写成:

```
INSERT INTO student VALUES('010203','孙明','男','7-6月-1980',560,40,
'0102');
```

【例 3.18】 向 student 表中插入一条新记录,学号为 010203,姓名为张仪,性别为男,班级编号为 0102,其他字段信息不确定,写出其 SQL 命令。

题目要求向 student 表的部分字段插入数据,所以表名后面的字段列表不能省略,命令如下:

INSERT INTO student(s_no,s_name,s_sex,class_no)VALUES('010203','张仪', '男','0102');

此命令执行后,将向 student 表中插入一条记录,且只为"学号"、"姓名"、"性别"和"班级编号"字段赋值。

注意:在向表中插入数据时,所插入的数据应满足定义表时的约束条件。如果再次向 student 表中插入学号为 010203 的学生记录的话,系统就会给出错误提示信息,违反了主键约束。

另外,存在外键关联的主从表之间的数据插入顺序是,先插入主表数据,再插入从表数据。例如,在学生选课系统中,先在 student 表中插入某学号学生的记录,然后才能在 sc 表中插入这名学生的课程选修记录。

2. 多行插入命令

如果某表中已有数据,需要将这些数据插入另外一个表中,此时可以使用多行插入命令。多行插入命令的格式如下:

INSERT INTO <表名>[(<字段列表>)]SELECT 子句;

此命令将多行数据插入目标表中。在这种形式的 INSERT 命令中,未明确地在命令中指定新行的数据,新行的数据源是 SELECT 子句的查询结果。这是从一个表向另一个表复制多行记录的典型方法。

【例 3.19】 将 student_bak 表中的数据插入 student 表中。student_bak 表的定义与 student 表的定义一样,此表中装入部分学生的记录,而且这些学生的信息在 student 表中尚未插入,写出其 SQL 命令。

题目要求将 student_bak 表中的数据插入 student 表中。student_bak 表中可能有多条记录,采用多行插入命令如下:

INSERT INTO student SELECT * FROM student_bak;

此命令执行后,student_bak 表中的数据就插入 student 表中。如果两个表的记录数据中有重复的学号,则在数据插入过程中会出现错误,因为主键的值必须是唯一的。关于 SELECT 命令将在 3.4 节详细介绍。

3. 表间数据复制

被插入数据库的数据通常是从其他计算机系统中下载,或是从其他站点搜集,或是存储于数据文件中的数据。为了将数据装载到表中,可以设计程序采用循环方式读出数据文件中的每条记录,然后用单行 INSERT 命令将其插入表中,但是这样做会很费时。为此,要想快速地从一个表向一个新表复制数据,可以使用 CREATE TABLE 命令来定义此表,并将 SELECT 命令的执行结果复制到新表中。其格式如下:

CREATE TABLE <表名>AS SELECT 子句;

【例 3.20】 定义一个新表 student_new,同时将 student 表中的"学号"、"姓名"、"性别"这 3 个字段的值复制到 student_new 表中,写出其 SQL 命令。

题目要求在定义新表的基础上将已有表中的数据插入新表中,其间会用到表间数据复制命令如下：

```
CREATE TABLE student_new
AS SELECT s_no,s_name,s_sex FROM student;
```

此命令执行后,将定义新表 student_new,同时将 student 表中所指定字段的所有记录复制到新表 student_new 中。可以用 DESC 命令查看 student_new 表的结构,用 SELECT 命令查看其数据。关于 SELECT 命令将在 3.4 节详细介绍。

3.3.2 修改数据

如果表中的数据出现错误,可以利用 UPDATE 命令进行修改。一般地,SQL 提供两种修改数据的方法。

(1)直接赋值修改：UPDATE 命令直接将表中的数据修改为确定值。这种方法在日常应用中最为常用。

(2)嵌套修改：UPDATE 命令将表中数据修改为从数据库的其他对象中所选取的数据。

1. 直接赋值修改

UPDATE 命令可以修改单个表所选行的一个或多个字段的值。UPDATE 命令的格式如下：
UPDATE < 表名 > SET < 字段名 > = < 表达式 > [, < 字段名 > = < 表达式 > …]
[WHERE < 条件 >];
其中,UPDATE 是用于修改的关键字,表名是被修改的目标表,WHERE 子句指定被修改表中的记录,SET 子句指定所修改的字段并对其赋予新值,赋值表达式之间用符号“,”分隔。

【例 3.21】 将 student 表中王蕾同学的学号改为“010204”,将班级编号改为“0102”,写出其 SQL 命令。

题目要求修改指定学生的数据,使用 UPDATE 命令如下：

```
UPDATE student
SET s_no ='010204', class_no ='0102'
WHERE s_name ='王蕾';
```

此命令执行后,王蕾同学的学号改为“010204”,其班级编号改为“0102”。

2. 嵌套修改

与 INSERT 命令一样,UPDATE 命令也可以使用 SELECT 子句的查询结果进行修改。

【例 3.22】 将 student 表中王蕾同学的班级编号改为马力同学的班级编号,写出其 SQL 命令。

题目要求将 student 表中王蕾同学的班级编号改为马力同学的班级编号,应首先查询马力同学的班级编号,再将王蕾同学的班级编号修改为此值。需要用到嵌套查询,命令如下：

```
UPDATE student
SET class_no =
  (SELECT class_no FROM student WHERE s_name ='马力')
WHERE s_name ='王蕾';
```

此命令执行后,王蕾同学的班级编号修改为马力同学的班级编号"0202"。关于 SELECT 命令将在 3.4 节详细介绍。

注意: 在修改表中的数据时,修改后的数据应满足定义表时设定的约束条件,否则系统就会给出错误提示信息。例如,如果将某学生的姓名修改为空值,就违反了表定义时对于"姓名"字段的非空约束。

3.3.3 删除数据

如果不再需要学生选课系统中的某些数据,此时应删除此数据,以释放其所占用的存储空间。一般地,SQL 提供两种删除数据的方法。

(1) 删除所选行数据:DELETE 命令可以从数据表中删除所选行的数据。这种方法在日常应用中最为常用。

(2) 整表数据删除:TRUNCATE 命令可以删除整个数据表中的数据。整表数据删除操作只删除数据,表定义仍然存在。

1. 删除所选行数据

DELETE 命令可以从数据表中删除所选行的数据。DELETE 命令的格式如下:

DELETE FROM < 表名 > [WHERE < 条件 >];

其中,DELETE 是用于删除的关键字,FROM 子句指定目标表,WHERE 子句指定被删除的行。如果未指定条件,则将删除表中的所有数据。

【**例 3.23**】 将 student 表中姓名为王蕾的学生的记录删除,写出其 SQL 命令。

DELETE FROM student WHERE s_name ='王蕾';

此命令执行后,王蕾同学的记录将从 student 表中删除。

注意: 在删除表中的数据时,应满足定义表时设定的约束条件,否则系统会给出错误提示信息。例如,如果 sc 表中仍存在某门课程的选修信息,此时如果想在"课程"表中删除这一门课程就会出现错误,因为外键关联的表的数据删除顺序是先删除从表中的数据,再删除主表中的数据。

2. 整表数据删除

使用 DELETE 命令删除一个大型表中的所有记录需要很长的时间,因为需要把这些数据存储在系统回滚段中,以备数据恢复时使用。Oracle 数据库提供快速地删除一个表中全部记录的命令 TRUNCATE。这个命令所做的修改不能回滚,对于已经删除的表数据不能恢复,即所做的删除是永久删除。其格式为

TRUNCATE TABLE < 表名 >;

其中,TRUNCATE 是用于永久删除数据的关键字。

假设要删除例 3.20 中所定义的表 student_new 中的所有数据,而且不再恢复,需要利用整表数据删除的方法。

【**例 3.24**】 永久删除 student_new 表中的全部记录,写出其 SQL 命令。

TRUNCATE TABLE student_new;

此命令执行后,student_new 表中的记录为空,但 student_new 表仍然存在。

注意: 在对数据库表中的数据执行操作后使用 COMMIT 命令,此命令将对数据库所做的修改都变成永久性的。如果想撤销对数据库所做的修改,则使用 ROLLBACK 命令。

3.4 数据查询

当学生选课系统中的数据表在数据库中已建立并向其输入数据之后,接下来就要考虑如何查询数据表中的数据了。查询数据的方法主要涉及 SQL 中的 SELECT 命令。SELECT 命令可以从数据库中查询数据,并将查询结果进行排序、分组、统计等。

SELECT 命令的一般格式如下:

SELECT [ALL | DISTINCT] <显示列表项> | *

FROM <数据来源项>

[WHERE <条件表达式>]

[GROUP BY <分组选项> [HAVING <组条件表达式>]]

[ORDER BY <排序选项> [ASC | DESC]];

其中:

(1) SELECT 是用于查询的关键字。

(2) ALL | DISTINCT 表示 ALL 和 DISTINCT 可以任选其一。ALL 表示筛选出数据库表中满足条件的所有记录,一般情况下省略不写。DISTINCT 表示输出结果中无重复记录。

(3) "显示列表项"指定查询结果中所显示的项,既可以是数据库表中的字段、字段表达式,也可以是 SQL 常量,各项之间用逗号分隔。字段表达式可以是 SQL 函数表达式,也可以是 SQL 操作符所连接的表达式。如果"显示列表项"包含表中的所有字段,可以用符号"*"代替。

(4) "数据来源项"指定显示列表中显示项的来源,可以是数据库中的一个或多个表、视图,各项之间用逗号分隔。

(5) WHERE <条件表达式>指定查询条件。查询条件中会涉及 SQL 函数和 SQL 操作符。

(6) GROUP BY <分组选项>表示在查询时,可以按照某个或某些字段分组汇总,各分组选项之间用逗号分隔。HAVING <组条件表达式>表示在分组汇总时,可以根据组条件表达式筛选出满足条件的组记录。

(7) ORDER BY <排序选项>表示在显示结果时,可以按照指定字段进行排序,各选项之间用逗号分隔。ASC 表示升序,DESC 表示降序,系统默认为升序。

SELECT 命令的含义是,根据 WHERE 子句的条件表达式,从 FROM 子句所指定的表或视图中查找满足条件的记录,再将显示列表项中的显示项的值列举出来。在这种固定模式中,可以不要 WHERE 子句,但是必须有关键字 SELECT 和 FROM。

注意: 将 SELECT 命令与第 2 章关系代数中所介绍的选择、投影、连接操作做对比学习,可以加快对 SELECT 命令的理解与掌握。

3.4.1 单表查询

单表查询是指所有的显示列表项来源于同一个表,此时,SELECT 命令中的 FROM 子句只涉及一个表。

在学生选课系统中,"学生"表(student)中的字段数据类型较丰富,下面以"学生"表为例介绍单表查询方法。

【例 3.25】 查询 student 表中所有学生的全部信息,写出其 SQL 命令。

题目要求查询所有学生的全部信息,这一查询所涉及的表很容易找到,就是 student 表。查询所有学生的全部信息,意味着不带任何查询条件,命令如下:

```
SELECT s_no,s_name,s_sex,s_birthday,s_score,s_addf,class_no FROM
student;
```

执行结果如下。

S_NO	S_NAME	S_	S_BIRTHDAY	S_SCORE	S_ADDF	CLAS
010101	赵明	男	06 –11 月 –80	560	50	0101
010201	赵以	男	24 –8 月 –78	500	40	0102
010102	马水	男	06 –3 月 –79	520	20	0101
020101	杨仪	女	24 –4 月 –80	550	30	0201
020102	王蕾	女	06 –11 月 –80	560	50	0201
020201	牛可	男	06 –6 月 –81	580	50	0202
020202	马力	女	07 –7 月 –81	510	20	0202

查询所有学生的全部信息,意味着显示列表项中包含 student 表的所有字段,可以逐一写出字段名,也可以用" * "代替,命令可以写成:

```
SELECT * FROM student;
```

注意:命令执行结果中的表头就是显示项字段名的字符,表头的显示长度是根据字段数据长度来确定的。例如,"性别"的表头本来应该为 S_SEX,但是由于"性别"字段的长度为 2 位,所以"性别"的表头仅显示"S_";"班级编号"的表头本来应该为 CLASS_NO,但是由于"班级编号"字段的长度只有 4 位,所以"班级编号"的表头仅显示"CLAS"。

另外,如果使用 SELECT 命令未查找到满足条件的数据,结果将显示信息"未选定行"。

【例 3.26】 查询 student 表中所有学生的姓名、出生日期、入学成绩信息,写出其 SQL 命令,注意将其与例 2.7 进行比较。

题目要求查询 student 表中所有学生的姓名、出生日期、入学成绩信息,"姓名"、"出生日期"、"入学成绩"字段均来源于 student 表,查询数据库表的部分字段信息时,"显示列表项"中必须逐一写出字段名,命令如下:

```
SELECT s_name,s_birthday,s_score FROM student;
```

执行结果如下。

S_NAME	S_BIRTHDAY	S_SCORE
赵明	06 - 11 月 - 80	560
赵以	24 - 8 月 - 78	500
马水	06 - 3 月 - 79	520
杨仪	24 - 4 月 - 80	550
王蕾	06 - 11 月 - 80	560
牛可	06 - 6 月 - 81	580
马力	07 - 7 月 - 81	510

【例 3.27】 查询 student 表中学生所属班级的信息,写出其 SQL 命令。

题目的要求很简单,班级信息来源于 student 表,命令如下:

```
SELECT class_no FROM student;
```

执行结果如左下表所示。

CLAS
0101
0102
0101
0201
0201
0202
0202

CLAS
0101
0102
0201
0202

从执行结果可以看出,输出结果中存在重复的字段值,这是因为一个班级中可以有多名学生,一个班级中含有多少名学生,班级编号在查询结果中就出现几次。如果要使得结果中无重复记录,可将命令修改为

```
SELECT DISTINCT class_no FROM student;
```

执行结果如右上表所示。

对比上述两个命令的执行结果,"DISTINCT"确保查询结果中无重复记录。

【例 3.28】 查询 student 表中入学成绩大于 520 分的学生的信息,写出其 SQL 命令,注意将其与例 2.5 进行比较。

题目要求查询入学成绩大于 520 分的学生的信息,需要设定一个查询条件。执行带条件的查询时须用 WHERE 子句,命令如下:

```
SELECT * FROM student WHERE s_score >520;
```

执行结果如下。

S_NO	S_NAME	S_	S_BIRTHDAY	S_SCORE	S_ADDF	CLAS
010101	赵明	男	06－11 月－80	560	50	0101
020101	杨仪	女	24－4 月－80	550	30	0201
020102	王蕾	女	06－11 月－80	560	50	0201
020201	牛可	男	06－6 月－81	580	50	0202

【例 3.29】 查询 student 表中入学成绩大于 520 分的女生的姓名、性别、出生日期和入学成绩,写出其 SQL 命令。

题目要求查询入学成绩大于 520 分的女生的相关字段信息,需要设定两个查询条件。执行组合条件查询须用 WHERE 子句,且由于查询条件是"既为女生且入学成绩大于 520 分",所以WHERE 子句中有逻辑运算操作符 AND,命令如下:

SELECT s_name,s_sex,s_birthday,s_score FROM student WHERE s_score > 520 AND s_sex ='女';

执行结果如下。

S_NAME	S_	S_BIRTHDAY	S_SCORE
杨仪	女	24－4 月－80	550
王蕾	女	06－11 月－80	560

【例 3.30】 查询 student 表中学号前 4 位为"0201"的女生的全部信息,写出其 SQL 命令。

题目要求查询 student 表中学号前 4 位为"0201"的女生的全部信息,这就需要得到学号的前4 位信息,要用到 SQL 函数。利用函数 SUBSTR(s_no,1,4)可以得到学号的前 4 位,命令如下:

SELECT * FROM student WHERE SUBSTR(s_no,1,4) = '0201' AND s_sex ='女';

执行结果如下。

S_NO	S_NAME	S_	S_BIRTHDAY	S_SCORE	S_ADDF	CLAS
020101	杨仪	女	24－4 月－80	550	30	0201
020102	王蕾	女	06－11 月－80	560	50	0201

注意: 关于 SQL 函数的内容请参见附录 D。

【例 3.31】 查询 student 表中所有学生的学号、姓名、出生日期信息,且将出生日期以"yyyy/mm/dd"格式输出,写出其 SQL 命令。

题目要求改变出生日期的输出格式,这就要用到 SQL 函数。利用函数 TO_CHAR(s_birthday,'yyyy/mm/dd')可以控制出生日期的输出格式,命令如下:

SELECT s_no,s_name,TO_CHAR(s_birthday,'yyyy/mm/dd') FROM student;

执行结果如下。

S_NO	S_NAME	TO_CHAR(S_
010101	赵明	1980 /11 /06
010201	赵以	1978 /08 /24
010102	马水	1979 /03 /06
020101	杨仪	1980 /04 /24
020102	王蕾	1980 /11 /06
020201	牛可	1981 /06 /06
020202	马力	1981 /07 /07

从上面两例可以看出,SQL 函数既可以用在显示列表项中,也可以用在查询条件中。

【例 3.32】 查询 student 表中所有学生的学号、姓名、入学总分信息,其中入学总分为入学成绩和附加分之和,写出其 SQL 命令。

题目要求查询学生的学号、姓名、入学总分,利用 s_score + s_addf 可以得到学生的入学总分,命令如下:

```
SELECT s_no,s_name,s_score + s_addf FROM student;
```

执行结果如下。

S_NO	S_NAME	S_SCORE + S_ADDF
010101	赵明	610
010201	赵以	540
010102	马水	540
020101	杨仪	580
020102	王蕾	610
020201	牛可	630
020202	马力	530

注意: 关于 SQL 操作符的内容请参见附录 D。

【例 3.33】 查询 student 表中入学总分大于 550 分的学生的学号、姓名、入学总分信息,写出其 SQL 命令。

```
SELECT s_no,s_name,s_score + s_addf FROM student WHERE ( s_score + s_ad-
df ) >550;
```

执行结果如下。

S_NO	S_NAME	S_SCORE + S_ADDF
010101	赵明	610
020101	杨仪	580
020102	王蕾	610
020201	牛可	630

从上面两例可以看出,SQL 操作符既可以用在显示列表项中,也可以用在查询条件中。

【例 3.34】 查询 student 表中入学总分在 520~550 分之间的学生的学号、姓名、入学总分信息,写出其 SQL 命令。

题目要求查询入学总分在 520~550 分之间的学生信息,可以利用谓词 BETWEEN…AND 定义一个集合作为查询条件,命令如下:

SELECT s_no,s_name,s_score + s_addf FROM student WHERE (s_score + s_ad-df) BETWEEN 520 AND 550;

执行结果如下。

S_NO	S_NAME	S_SCORE + S_ADDF
010201	赵以	540
010102	马水	540
020202	马力	530

注意:关于谓词的内容请参见附录 D。

【例 3.35】 查询 student 表中所有赵姓学生的学号、姓名、入学总分信息,写出其 SQL 命令。

题目要求查询赵姓学生的学号、姓名、入学总分信息,可以利用谓词 LIKE 定义一个集合作为查询条件。"s_name LIKE '赵%'"表示学生"姓名"字段 s_name 中只要第 1 个字为"赵",那么这个表达式就成立,即此表达式可以找出姓赵的所有学生,命令如下:

SELECT s_no,s_name,s_score + s_addf FROM student WHERE s_name LIKE '赵%';

执行结果如下。

S_NO	S_NAME	S_SCORE + S_ADDF
010101	赵明	610
010201	赵以	540

【例 3.36】 查询 student 表中"班级编号"字段值为"0101"和"0201"的学生的全部信息,写出其 SQL 命令。

题目要求查询"班级编号"字段值为"0101"和"0201"的学生的全部信息,可以利用谓词 IN 定义一个集合作为查询条件,命令如下:

SELECT * FROM student WHERE class_no IN('0101','0201');

执行结果如下。

S_NO	S_NAME	S_	S_BIRTHDAY	S_SCORE	S_ADDF	CLAS
010101	赵明	男	06 - 11 月 - 80	560	50	0101
010102	马水	男	06 - 3 月 - 79	520	20	0101
020101	杨仪	女	24 - 4 月 - 80	550	30	0201
020102	王蕾	女	06 - 11 月 - 80	560	50	0201

【例 3.37】 查询 student 表中所有学生的全部信息,并将显示结果按照学生入学成绩的降序排列,写出其 SQL 命令。

题目要求将显示结果按照学生入学成绩的降序排列,利用 ORDER BY 子句可以对查询结果进行排序,命令如下:

SELECT * FROM student ORDER BY s_score DESC;

执行结果如下。

S_NO	S_NAME	S_	S_BIRTHDAY	S_SCORE	S_ADDF	CLAS
020201	牛可	男	06-6 月-81	580	50	0202
010101	赵明	男	06-11 月-80	560	50	0101
020102	王蕾	女	06-11 月-80	560	50	0201
020101	杨仪	女	24-4 月-80	550	30	0201
010102	马水	男	06-3 月-79	520	20	0101
020202	马力	女	07-7 月-81	510	20	0202
010201	赵以	男	24-8 月-78	500	40	0102

从本例可以看出,利用 ORDER BY 子句可以对查询结果进行排序,使结果的显示遵循一定的规律,便于查找数据。

【例 3.38】 查询 student 表中所有学生的全部信息,并将显示结果按照入学成绩降序、班级编号降序排列,写出其 SQL 命令。

题目要求将显示结果按照入学成绩降序、班级编号降序排列,需要用到两个排序条件,命令如下:

SELECT * FROM student ORDER BY s_score DESC,class_no DESC;

执行结果如下。

S_NO	S_NAME	S_	S_BIRTHDAY	S_SCORE	S_ADDF	CLAS
020201	牛可	男	06-6 月-81	580	50	0202
020102	王蕾	女	06-11 月-80	560	50	0201
010101	赵明	男	06-11 月-80	560	50	0101
020101	杨仪	女	24-4 月-80	550	30	0201
010102	马水	男	06-3 月-79	520	20	0101
020202	马力	女	07-7 月-81	510	20	0202
010201	赵以	男	24-8 月-78	500	40	0102

从本例可以看出,对多个字段进行排序时,依次按照指定字段的指定排序方式进行排序。本例首先按第 1 个指定字段"入学成绩"的降序排序,入学成绩相同的则按第 2 个指定字段"班级编号"的降序排序。

【例 3.39】 按"班级编号"分组统计 student 表中各班的学生人数和入学总分的平均分,写出其 SQL 命令。

题目要求按班级分别统计学生信息,一个班级为一组,为分组查询,可以利用 GROUP BY 子句对查询结果进行分组,命令如下:

SELECT class_no,COUNT(s_no),AVG(s_score + s_addf) FROM student GROUP

```
BY class_no;
```
执行结果如下。

CLAS	COUNT(S_NO)	AVG(S_SCORE + S_ADDF)
0101	2	575
0102	1	540
0201	2	595
0202	2	580

从本例可以看出,利用 GROUP BY 子句可对查询结果进行分组统计。从命令执行结果可以看出,结果是按照"班级编号"字段值进行分组的,每个分组利用 COUNT() 函数对各班的学号计数(统计本班学生人数),利用 AVG() 函数求各班学生的入学总分平均分。COUNT() 函数和 AVG() 函数均为聚集函数。

注意:

(1) 关于聚集函数的内容请参见附录 D。

(2) 分组查询的显示列表项中只能出现分组字段和利用聚集函数所得到的统计结果,如果上例中的 SQL 命令如下:

```
SELECT class_no,s_no, COUNT(s_no) FROM student GROUP BY class_no;
```
则会出现错误,提示非分组信息即 s_no"不是 GROUP BY 表达式"。

【例 3.40】 按"班级编号"分组统计 student 表中各班入学总分平均分高于 550 分的班级学生人数,写出其 SQL 命令。

题目要求按班级进行统计,为分组查询,且要求只输出各班入学总分平均分高于 550 分的分组,所以应利用 HAVING 子句指定分组查询条件,命令如下:

```
SELECT class_no,COUNT(s_no) FROM student GROUP BY class_no HAVING AVG
(s_score + s_addf) >550;
```
执行结果如下。

CLAS	COUNT(S_NO)	AVG(S_SCORE + S_ADDF)
0101	2	575
0201	2	595
0202	2	580

从本例可以看出,利用 HAVING 子句可以指定分组查询条件,此时,只有满足条件的分组记录才会显示出来。

【例 3.41】 查询 student 表中的 s_no 和 s_name 字段,要求输出结果的表头为学号、姓名,写出其 SQL 命令。

题目要求输出结果的表头为学生学号、姓名,利用字段名后面加空格再加别名的方式可以改变输出表头的显示方式,即为指定字段定义别名,命令如下:

```
SELECT s_no 学号,s_name 姓名 FROM student;
```

执行结果如下。

学号	姓名
010101	赵明
010201	赵以
010102	马水
020101	杨仪
020102	王蕾
020201	牛可
020202	马力

从本例可以看出,利用字段名后面加空格再加别名的方式可以改变输出表头的显示方式,即为指定字段定义别名。同样,可以利用字段名后面加"AS"或双引号的方式为指定字段定义别名,命令如下:

```
SELECT s_no AS 学号,s_name AS 姓名 FROM student;
```

或

```
SELECT s_no "学号",s_name "姓名" FROM student;
```

【例 3.42】 查询 student 表中的 s_no 和 s_name 字段,要求输出结果的表头为学号、姓名,而且在学号和姓名之间添加空格和"学生的"3 个汉字,写出其 SQL 命令。

题目特别要求在学号和姓名之间添加空格和"学生的"3 个汉字,这是字符串常量,可以直接将其写在显示列表项中,命令如下:

```
SELECT s_no 学号,' ','学生的',s_name 姓名 FROM student;
```

执行结果如下。

学号	'学生的'	'姓名'
010101	学生的	赵明
010201	学生的	赵以
010102	学生的	马水
020101	学生的	杨仪
020102	学生的	王蕾
020201	学生的	牛可
020202	学生的	马力

从本例可以看出,在显示列表项中可以含有空格或字符串等常量,这些常量将直接输出到结果中。

【例 3.43】 查询选修成绩为 NULL 的学生学号、课程编号、成绩,写出其 SQL 命令。所谓成绩为 NULL,即选修某门课程但尚未参加考试,或考试未能通过而没有得到此门课程的成绩。

题目要求查询选修成绩为 NULL 的学生相关信息,字段值是否为空使用"IS NULL"来判断,命令如下:

```
SELECT s_no,c_no,score FROM sc WHERE score IS NULL;
```

执行结果如下。

S_NO	C_NO	SCORE
010101	0002	
010201	0001	
020202	0001	
020202	0002	

3.4.2 多表查询

相对于单表查询,多表查询是指 SELECT 命令中的显示列表项来源于多个数据表。在日常的查询中,单表查询是很少的,多数查询涉及多个表的信息。例如,在学生选课系统中要查询某学生的成绩,结果中应至少包含学生姓名和成绩,但学生姓名存储于"学生"表、成绩存储于"课程选修"表,此查询将涉及两个表。

多表查询 SELECT 命令中的 FROM 子句包含多个表,表间用符号",",分隔,而且在显示列表项中,如果某个字段名在多个表中重复出现,此字段前面必须加"表名."作为前缀。

进行多表查询时,WHERE 子句中必须带有表间连接条件,最常用的是自然连接。

在单表查询中应用的所有 SQL 函数、运算操作等均能用于多表查询。

SELECT 中最难的是确定数据来源,也就是通常所说的查询中涉及的多个表。下面介绍确定全部表的基本步骤。

第一步,将显示列表项中所涉及的字段罗列出来。如果显示列表项是字段表达式或函数表达式,则将此表达式所涉及的字段也罗列出来。根据列举的所有字段确定显示列表项所涉及的所有表;

第二步,将 WHERE 或 HAVING 子句所涉及的字段罗列出来,如果设定条件是字段表达式或函数表达式,则将此表达式中涉及的字段也罗列出来,根据列举的所有字段确定条件所涉及的所有表;

第三步,查看前两步确定的表是否能通过某些字段建立自然连接,通常是通过表间的外键关联。如果可以,则确定了 SELECT 语句中的数据来源;如果不可以,则应新增将前两步所确定的表连接起来的中间表,将这些表加入数据来源中。

经过上述 3 个步骤,一个 SELECT 语句所涉及的数据来源就确定下来了。

下面以学生选课系统中的"学生"表、"课程"表和"课程选修"表为例介绍多表查询方法。

【例 3.44】 查询选修课程的学生学号、姓名、课程编号、课程名称、成绩,写出其 SQL 命令。

题目要求查询选修课程的学生学号、姓名、课程编号、课程名称、成绩,由于"学号"、"姓名"字段在 student 表中,"课程编号"、"课程名称"字段在 course 表中,"成绩"字段在 sc 表中,属于多表查询,而且 student 表通过 s_no 与 sc 表连接,course 表通过 c_no 与 sc 表连接,这 3 个表无需其他表就已经连接起来了,所以多表查询中的 FROM 子句会涉及 student 表、course 表、sc 表。

由于此查询涉及 student 表、course 表、sc 表 3 个表,而且 s_no 字段在 student 和 sc 两个表中均存在,所以在显示列表项的字段名 s_no 前面必须加表名。同理,c_no 字段在 course 和 sc 两个表中均存在,所以在显示列表项的字段名 c_no 前面必须加表名。

由于是多表查询,为了保证查询结果的正确性,需要添加表间自然连接条件,相应的命令如下:

SELECT student.s_no,s_name,course.c_no,c_name,score FROM student,
course,sc

WHERE student.s_no = sc.s_no AND course.c_no = sc.c_no;

执行结果如下。

S_NO	S_NAME	C_NO	C_NAME	SCORE
010101	赵明	0001	C 语言	90
010101	赵明	0002	Java 语言	
010101	赵明	0003	C ++ 语言	70
010101	赵明	0004	VB 语言	50
010102	马水	0001	C 语言	95
010201	赵以	0002	Java 语言	90
010201	赵以	0001	C 语言	
020202	马力	0001	C 语言	
020202	马力	0002	Java 语言	

本例的执行过程为:首先进行 student 表、course 表、sc 表的自然连接运算,连接条件即为 SE-LECT 语句的 WHERE 子句中的条件,然后进行投影运算,仅保留显示列表项中所需要的字段。

由于 student 表和 sc 表中都有 s_no 字段,course 表和 sc 表中都有 c_no 字段,所以命令也可以写成:

SELECT sc.s_no,s_name,sc.c_no,c_name,score FROM student,course,sc

WHERE student.s_no = sc.s_no AND course.c_no = sc.c_no;

【例 3.45】   查询选修课程的学生姓名、课程名称,写出其 SQL 命令。

题目要求查询选修课程的学生姓名、课程名称,由于学生"姓名"字段在 student 表中,"课程名称"字段在 course 表中,属于多表查询,但 student 表与 course 表之间不存在直接的关联,必须通过 sc 表实现,因此 sc 表将作为连接表,所以多表查询的 FROM 子句会涉及 student 表、course 表、sc 表这 3 个表,命令如下:

SELECT s_name, c_name FROM student,course,sc

WHERE student.s_no = sc.s_no AND course.c_no = sc.c_no;

执行结果如下。

S_NAME	C_NAME
赵明	C 语言
赵明	Java 语言
赵明	C ++ 语言
赵明	VB 语言
马水	C 语言
赵以	Java 语言

赵以	C 语言
马力	C 语言
马力	Java 语言

【例 3.46】 查询选修课程成绩及格的学生学号、姓名、课程编号、课程名称、成绩,写出其 SQL 命令。

题目要求查询选修课程成绩及格的学生信息,本例在例 3.44 的基础上增设成绩及格这一条件,所以应在 WHERE 子句中添加条件"score > =60",命令如下:

```
SELECT student.s_no,s_name,course.c_no,c_name,score FROM student,
course,sc
  WHERE student.s_no = sc.s_no AND course.c_no = sc.c_no AND score > =60;
```

执行结果如下。

S_NO	S_NAME	C_NO	C_NAME	SCORE
010101	赵明	0001	C 语言	90
010101	赵明	0003	C ++ 语言	70
010102	马水	0001	C 语言	95
010201	赵以	0002	Java 语言	90

本例的执行过程为:首先进行 student 表、course 表、sc 表的自然连接运算,连接条件即为 SE-LECT 语句的 WHERE 子句的前 2 个条件;然后进行选择运算,选择成绩及格的学生记录;接着再进行投影运算,仅保留显示列表项中所需要的字段。

【例 3.47】 查询选修 Java 语言的学生的学号、姓名、课程编号、课程名称、成绩,写出其 SQL 命令,注意与例 2.13 进行比较。

题目要求查询选修 Java 语言的学生信息,本例在例 3.44 的基础上增设课程名称为 Java 语言这一条件,所以应在 WHERE 子句中添加条件"c_name ='Java 语言'",命令如下:

```
SELECT student.s_no,s_name,course.c_no,c_name,score FROM student,
course,sc
  WHERE student.s_no = sc.s_no AND course.c_no = sc.c_no AND c_name ='Java
语言';
```

执行结果如下。

S_NO	S_NAME	C_NO	C_NAME	SCORE
010101	赵明	0002	Java 语言	
010201	赵以	0002	Java 语言	90
020202	马力	0002	Java 语言	

【例 3.48】 查询所有学生选修课程的情况,要求包含未选修任何课程的学生的信息,显示结果中包含学生学号、姓名、课程编号、成绩,写出其 SQL 命令。

题目要求查询所有学生选修课程的情况,特别要求包含未选修任何课程的学生的信息,这和例 3.44 的查询要求有所不同。首先观察例 3.44 的查询结果。

S_NO	S_NAME	C_NO	C_NAME	SCORE
010101	赵明	0001	C 语言	90
010101	赵明	0002	Java 语言	
010101	赵明	0003	C ++ 语言	70
010101	赵明	0004	VB 语言	50
010102	马水	0001	C 语言	95
010201	赵以	0002	Java 语言	90
010201	赵以	0001	C 语言	
020202	马力	0001	C 语言	
020202	马力	0002	Java 语言	

　　例 3.44 中的连接均为自然连接,只有满足条件的记录才能在查询结果中出现,而未选修任何课程的学生在 sc 表中并无相关记录,所以作自然连接时所得结果中就没有此学生的记录。要想查询所有学生选修课程的记录,就要用到外连接。

　　所谓外连接,是指在带有外连接一侧的表中添加一个万能行,此行所有字段的值均为 NULL,当此表中不存在满足条件的记录时,利用这个万能行可以与其他表进行连接。

　　在 Oracle 数据库中,外连接用符号" + "表示,外连接可分为左连接和右连接。" + "位于连接条件表达式的等号左边的为左连接," + "位于连接条件表达式的等号右边的为右连接。

　　本例要求查询所有学生的选修信息,特别包含未选修任何课程的学生的信息,所以 sc 表中需要添加一个所有字段的值均为 NULL 的万能行,应在 sc 表一侧增设符号" + ",命令如下:

```
SELECT student.s_no,s_name,course.c_no,score FROM student,sc
WHERE student.s_no = sc.s_no( + );
```

　　执行结果如下。

S_NO	S_NAME	C_NO	SCORE
010101	赵明	0001	90
010101	赵明	0002	
010101	赵明	0003	70
010101	赵明	0004	50
010201	赵以	0001	
010201	赵以	0002	90
010102	马水	0001	95
020101	杨仪		
020102	王蕾		
020201	牛可		
020202	马力	0001	
020202	马力	0002	

　　将本例的执行结果与例 3.44 的执行结果进行比较之后可以看出,进行表间的外连接时未选修课程的学生数据也查询出来了。例如杨仪、王蕾和牛可同学均未选修课程,在不建立外连接时

就不能查询出来。

3.4.3 嵌套查询

存在这样的实际查询,它以某一查询的执行结果作为其他查询的条件。例如,在学生选课系统中查询与王蕾在同一班级学习的学生姓名,执行此查询应首先查询王蕾所在班级的班级编号,在此基础上再查询此班级编号对应的学生姓名,这就需要使用嵌套查询。

在 SELECT 查询语句中嵌入 SELECT 查询语句,这种查询称为嵌套查询。被嵌入的 SELECT 查询语句称为子查询,包含子查询的查询称为父查询。

在嵌套查询中,要对子查询添加括号,子查询的格式与 SELECT 语句格式稍有不同,子查询和 SELECT 语句之间的几点区别如下。

(1)子查询最为常见的用法是必须生成单字段数据作为其查询结果,即必须是一个确定的项。如果查询结果是一个集合,则需要使用附录 D 中介绍的谓词操作符。

(2)ORDER BY 子句不能用于子查询,子查询结果只是在主查询内部使用,对用户而言是不可见的,所以对其所做的任何排序操作都是没有意义的。

嵌套查询常用的求解方法是由内向外进行处理,即先执行子查询,将子查询的结果作为父查询的查询条件。

【例 3.49】 查询入学总分高于平均总分的学生的学号、姓名及总分信息,并将显示结果按照班级编号、学号的升序排列,写出其 SQL 命令。

题目要求查询入学总分高于平均总分的学生信息,首先需要得到学生入学总分的平均值,然后才能查询高于此平均总分的学生的信息,所以查询条件中要用到嵌套查询,命令如下:

```
SELECT s_no,s_name,s_score + s_addf FROM student
WHERE (s_score + s_addf) > (SELECT AVG(s_score + s_addf) FROM student)
ORDER BY class_no,s_no;
```

执行结果如下。

S_NO	S_NAME	S_SCORE + S_ADDF
010101	赵明	610
020101	杨仪	580
020102	王蕾	610
020201	牛可	630

本例的执行过程为:先执行子查询"SELECT AVG(s_score + s_addf) FROM student"以获得学生的平均总分 578 分,再执行父查询"SELECT s_no,s_name,s_score + s_addf FROM student WHERE (s_score + s_addf) > 578"获得入学总分高于平均总分的学生的部分信息,接着将查询结果按照 class_no、s_no 的升序排列。

【例 3.50】 查询选修"0001"号课程成绩高于这门课程平均分的学生的学号、姓名、成绩,并将显示结果按照班级编号、学号的升序排列,写出其 SQL 命令。

题目要求查询选修"0001"号课程成绩高于这门课程平均分的学生信息,需要先查询"0001"号课程平均分,再查询高于此平均分的学生有关这门课程的选修信息,同样要用到嵌套查询,命令如下：

```
SELECT student.s_no,s_name,score FROM student,sc
WHERE score > (SELECT AVG(score) FROM sc WHERE c_no = '0001')
AND c_no = '0001' AND student.s_no = sc.s_no ORDER BY class_no,s_no;
```

执行结果如下。

S_NO	S_NAME	SCORE
010102	马水	95

3.5　视　图

在学生选课系统中经常需要查询学生的选修信息，假设包含学号、姓名、班级编号、课程编号、课程名称、成绩等，但不想将 student 表、course 表和 sc 表的结构信息向无关人员透露，为了保证系统的安全性，需要将所定义的基本表信息隐藏起来，此时就可以采用视图技术。

视图是为了确保数据表的安全性、提高数据的隐蔽性而从一个或多个表中或其他视图中使用 SELECT 语句所导出的虚表。数据库中仅存放视图的定义，而不存放视图所对应的数据，数据仍然存放在基础表中，对视图中数据所做的更新实际上仍然是对组成视图的基础表的更新。换句话说，视图相当于在基础表上增设一层保护膜，通过使用视图，基础表中的数据能够以各种不同的方式提供给用户，以加强数据库的安全性。

视图应先行定义，再加以使用。

3.5.1　定义视图

定义视图命令的一般格式如下：

CREATE［OR REPLACE］VIEW　< 视图名 >［（列名列表）］

AS 子查询

［WITH READ ONLY｜WITH CHECK OPTION］

其中：

VIEW 是视图关键字，OR REPLACE 选项表示将覆盖视图中原有的内容，仅在修改时使用；WITH READ ONLY｜WITH CHECK OPTION 说明视图的性质，前者表示视图的属性是只读的，不能进行插入、修改、删除操作，后者则表示当向视图中插入、修改、删除数据时，数据必须满足视图定义中子查询的 WHERE 条件，默认状态为只读。

视图中的"列名列表"要么全部省略，要么全部指定。当省略它时，列名是子查询中的显示列表项。在以下 3 种情况下必须指出组成视图的所有列名。

（1）某个目标列不是单纯的属性名，而是聚集函数或列表达式；

（2）进行多表连接时，SELECT 语句中有若干同名列作为视图的字段；

（3）需要在视图中为某个列启用新的更合适的名字。

【例 3.51】　定义选修课程成绩及格的只读视图 sc_view，要求视图中包含学号、姓名、班级编号、课程编号、课程名称、成绩,写出其 SQL 命令。

```
CREATE VIEW sc_view(s_no,s_name,class_no,c_no,c_name,score)
AS
SELECT student.s_no,s_name,class_no,course.c_no,c_name,score FROM
student,course,sc
WHERE student.s_no = sc.s_no AND course.c_no = sc.c_no AND score > = 60
WITH READ ONLY;
```

本例中的 s_no 字段在 student 表和 sc 表中均存在,c_no 字段在 course 表和 sc 表中均存在,所以视图列名必须明确指定;由于是"只读"视图,所以带有 WITH READ ONLY 参数。

此命令执行后,在数据库中创建一个名为 sc_view 的视图,其信息存储于 Oracle 系统数据表中。

【例 3.52】 定义班级编号为"0101"的检查视图 student_view,要求视图中包含学号、姓名、入学成绩,班级编号,写出其 SQL 命令。

```
CREATE VIEW student_view
AS
SELECT s_no,s_name,s_score,class_no
FROM student
WHERE class_no = '0101'
WITH CHECK OPTION;
```

本例中的字段只来源于 student 表,检查视图带有 WITH CHECK OPTION 子句。

同样,此命令执行后,在数据库中创建一个名为 student_view 的视图,其信息存储于 Oracle 系统数据表中。

3.5.2 查询视图

视图定义成功之后,视图信息存储于系统数据表 DBA_VIEWS 中,通过使用查询命令 DESC 可以得到存储在 DBA_VIEWS 中的视图信息。

【例 3.53】 用 DESC 命令查看 DBA_VIEWS 的结构。

```
DESC DBA_VIEWS;
```

执行结果如下。

名称	是否为空	数据类型
OWNER	NOT NULL	VARCHAR2(30)
VIEW_NAME	NOT NULL	VARCHAR2(30)
TEXT_LENGTH		NUMBER
TEXT		LONG
TYPE_TEXT_LENGTH		NUMBER
TYPE_TEXT		VARCHAR2(4000)
OID_TEXT_LENGTH		NUMBER

OID_TEXT	VARCHAR2(4000)
VIEW_TYPE_OWNER	VARCHAR2(30)
VIEW_TYPE	VARCHAR2(30)
SUPERVIEW_NAME	VARCHAR2(30)

从本例可以看出,DBA_VIEWS 系统数据表中存储着视图名称(VIEW_NAME)、视图的子查询语句(TEXT)及其长度(TEXT_LENGTH)等信息。可以使用 SELECT 命令查询所需的结果。

【例 3.54】　利用 DBA_VIEWS 系统数据表查看视图 sc_view 的内容、长度信息,写出其 SQL 命令。

```
SELECT TEXT,TEXT_LENGTH FROM DBA_VIEWS
WHERE VIEW_NAME ='SC_VIEW';
```

执行结果如下。

TEXT	TEXT_LENGTH
SELECT student.s_no,s_name,class_no,course.c_no,c_name,score FROM student,course	163

从本例可以看出,sc_view 子查询的长度为 163,由于对查询结果的显示有所限制,子查询语句没有全部显示出来。

3.5.3　基于视图的数据查询与更新

视图是从多表所导出的虚表,具有表的基本特性,可以基于视图作数据查询和更新。

1. 基于视图的数据查询

基于视图的数据查询与基于基本表的数据查询一样使用 SELECT 语句,查询视图的基本方法与查询基本表一致,只不过数据来源为视图。

【例 3.55】　查询选修课程成绩及格的学生的学号、姓名、课程编号、课程名称和成绩,写出其 SQL 命令。

例 3.51 中所定义的视图 sc_view 就包含了本例所要查询的信息,可以基于 sc_view 进行查询,命令如下:

```
SELECT s_no,s_name,c_no,c_name,score FROM sc_view;
```

由于视图是建立于基本表基础之上的虚表,所以基于视图的查询和更新最终都要转化为基于基本表的查询和更新,这个过程称为视图消解过程。视图消解过程分三步进行,第一步对视图进行有效性检查,第二步将视图转换成等价的对基本表的查询语句,第三步执行经转换后得到的查询语句。

例 3.55 中基于视图 sc_view 的查询首先要转化成基于组成视图 sc_view 的基本表 student、sc 和 course 的查询,查询语句如下:

```
SELECT student.s_no,s_name,course.c_no,c_name,score FROM student,
```

```
course,sc
    WHERE student.s_no = sc.s_no AND course.c_no = sc.c_no AND score > =60;
```

比较两种查询可知：

（1）视图能够简化用户的操作，可以将复杂的查询定义成视图，然后基于视图执行查询操作，这样能够简化用户的操作。

（2）可以基于相同的基本表定义不同的视图，视图的组成属性可以不同，使用户能够从多种角度分析同一数据。

（3）视图能够通过定义视图的 WHERE 条件来过滤数据，对机密数据提供安全保护。

（4）视图隐藏了基本表的信息，提供系统的安全性。

【例 3.56】 查询选修"0001"号课程的成绩及格的学生的学号、姓名，写出其 SQL 命令。

```
SELECT s_no,s_name FROM sc_view WHERE c_no ='0001';
```

2. 基于视图的数据更新

在一般情况下，只能基于行列子集视图进行数据更新。所谓行列子集视图即若一个视图是从单个基本表导出的，并且只是去除基本表的某些行和列，但保留主键，则称这类视图为行列子集视图。

注意： 基于视图的更新实际上仍然是修改基本表中的数据。

【例 3.57】 向 student_view 视图中插入一条记录，学号为"010103"，姓名为"张三"，入学成绩为 560 分，写出其 SQL 命令。

```
INSERT INTO student_view VALUES('010103','张三',560,'0101');
```

此命令执行后，利用 SELECT 语句查询 student 表中的数据，可以发现这一行数据已插入 student 表。可见，基于视图的数据更新隐藏了数据库基本表的信息，使得数据库更加安全。

注意： 基于视图作数据更新时，一定要满足定义视图时查询子句中的 WHERE 条件，本例中的班级编号应为"0101"。如果"班级编号"字段值不是"0101"，则插入操作就会失败。

3.5.4 删除视图

一旦视图在数据库中定义成功，会一直存储于数据库中，但有时会发现不再需要某个视图，此时应删除此视图，以释放其所占用的存储空间。

删除视图命令的一般格式如下：

DROP VIEW [<方案名 >.] <视图名 >;

假设在学生选课系统中不再需要视图 sc_view，此时，可以将视图 sc_view 删除。

【例 3.58】 删除视图 sc_view，写出其 SQL 命令。

```
DROP VIEW sc_view;
```

此命令执行后，数据库中就不再有 sc_view 视图了。

3.6 小 结

本章对 SQL 进行概述,重点介绍了 SQL 的概念、特点及 SQL 中的数据定义、数据查询和数据操纵功能及基本命令格式。通过本章内容的学习,读者应该了解:

(1) SQL 称为结构化查询语言,在许多关系数据库管理系统中均可使用,其功能并非仅局限于查询,它集数据定义、数据查询、数据操纵、数据控制功能于一体。

(2) 通过 SQL 定义对象的方法是使用 CREATE 命令,通过 SQL 修改对象的方法是使用 ALTER 命令,通过 SQL 删除对象的方法是使用 DROP 命令。在数据定义命令中,表的关键字为 TABLE,索引的关键字为 INDEX,视图的关键字为 VIEW。

(3) 通过 SQL 查询数据的方法是使用 SELECT 命令。

(4) 通过 SQL 插入数据的方法是使用 INSERT 命令,通过 SQL 修改数据的方法是使用 UPDATE 命令,通过 SQL 删除数据的方法是使用 DELETE 命令。

思考题与习题

1. 简述 SQL 的发展历程。
2. 什么是视图,它与表有何不同?
3. 表级约束和列级约束有何不同?
4. 简述 Oracle 系统中表的约束类型及定义方法。
5. 写出 SQL 的 9 个动词。
6. UNIQUE 和 PRIMARY KEY 约束之间的区别是什么?
7. 写出视图定义中 WITH CHECK OPTION 约束的含义。
8. 写出索引的作用。
9. 基于哪种视图可以进行数据更新?

实 训

一、实训目标

熟练掌握 SQL 的数据定义、数据查询和数据更新命令。

二、实训学时

建议实训参考学时为 6 或 8 学时。

三、实训准备

熟悉附录 A 中 SQL Plus 或 SQL Plus Worksheet 环境,掌握常用命令的使用方法。

四、实训内容

针对学生选课系统,执行下述操作,记录执行命令和操作过程中所遇到的问题及相应的解决方法,注意从原理上查找原因。

1. 定义学生选课系统中的"学生"表 student、"课程"表 course、"课程选修"表 sc,其中各表的表名设置为给定表名＋班级名称缩写＋学号。下面以"计算 05102 号"学生为例，student 表的表名为"studentjs05102"，course 表的表名为"coursejs05102"，sc 表的表名为"scjs05102"。student 表如表 3.7 所示，course 表如表 3.8 所示，sc 表如表 3.9 所示。

2. 查看"学生"表的结构信息。

3. 在"学生"表的"姓名"字段上定义降序索引 student_sname_index。

4. 在"课程"表的"课程名称"字段上定义升序索引 course_cname_index。

5. 在"课程选修"表的"成绩"字段上定义升序索引 sc_grade_index。

6. 查看"学生"表的索引信息。

7. 查看"课程"表的索引信息。

8. 删除"课程选修"表"成绩"字段上的索引。

9. 向学生选课系统的 3 个表中各插入 5 条记录，记录插入数据过程中所遇到的问题及相应的解决方法，注意体会约束对于数据所产生的影响。

10. 定义"学生"表 2(studentjs051022)，向此表中插入 5 条不同的记录，注意必须与"学生"表中的数据有所不同，主要体现在主键"学号"上。执行下述操作。

(1) 采用多行数据插入的方法，将"学生"表 2 中的数据插入"学生"表，观察执行此操作的结果。

(2) 将命令再执行一次，观察所得的结果，分析产生错误的原因。

11. 修改"学生"表 2(studentjs051022)的结构，添加"家庭地址"(f_address char(50))、"家庭收入"(f_salary number(5,1))和"家庭人数"(f_num number(2))这 3 个字段。

12. 修改"学生"表 2(studentjs051022)的结构，删除"家庭地址"(f_address char(50))字段。

13. 修改"学生"表 2(studentjs051022)的结构，删除"家庭收入"(f_salary number(5,1))和"家庭人数"(f_num number(2))这 2 个字段。

14. 修改"学生"表 2(studentjs051022)的结构，将"姓名"(s_name)字段的长度修改为 6，记录修改结果。

15. 修改"学生"表 2(studentjs051022)的结构，将"姓名"(s_name)字段的长度修改为 10，记录修改结果。

16. 采用表间数据复制的方法定义"学生"表 3(studentjs051023)，将 student 表中全部字段的值复制到"学生"表 3，查看"学生"表 3 的内容，体会表间数据复制的含义；采用表间数据复制的方法定义"学生"表 4(studentjs051024)，将 student 表中部分字段的值复制到"学生"表 4，查看"学生"表 4 的内容，比较"学生"表 3 和"学生"表 4 中数据的不同，进一步体会表间数据复制的含义。

17. 修改"学生"表中某名学生的学号，能否成功，记录结果，并解释成功或失败的原因。

18. 修改"课程选修"表中某名学生的学号，能否成功，记录结果，并解释成功或失败的原因。

19. 删除"学生"表 3 中的所有数据，然后删除"学生"表 3，注意体会删除数据与删除表之间的不同。

20. 永久删除"学生"表 2 中的数据，然后删除"学生"表 2。

21. 定义"只读"视图 sc_view，要求显示所有学生的学号、姓名、课程编号、课程名称和成绩。

22. 查看视图 sc_view 的基本信息。

23. 定义检查视图 student_view，要求显示学生的学号、姓名、班级编号、入学成绩。

24. 基于视图 student_view，向"学生"表插入记录、修改记录、删除记录，观察"学生"表数据的变化。

25. 基于学生选课系统进行下述数据查询练习。

(1) 基于视图 sc_view 查询选修课程编号为"0001"课程的学生的学号、姓名、成绩。

(2) 查询所有学生的全部情况。

(3) 查询男生的学号、姓名、出生日期。

(4) 查询选修课程成绩在 60 分以上的学生的姓名、课程名称和成绩。

(5) 查询赵以同学所学课程成绩低于 60 分的课程名称。

（6）将"Java 语言"课程成绩低于 60 分的学生的成绩改为 60 分。

（7）查询全部赵姓学生的所有信息。

（8）统计学生数据库中选修课程成绩在 80~90 分之间的学生人数。

（9）计算"0101"班学生数据库选修课程的平均分。

（10）按班级分别统计学生入学总分在平均分之上的学生人数。

（11）按班级对学生的入学成绩从高到低进行排序。

（12）按班级统计各班学生的入学总分。

（13）分组统计选修各门课程的学生人数。

（14）基于视图 sc_view 查询所有选修课程成绩及格的学生的学号、姓名、课程名称、成绩。

（15）基于视图 sc_view 查询张三同学所学课程的课程编号、课程名称、成绩。

第 **4** 章

数 据 库 设 计

学 习 目 标

- 掌握规范化理论、范式的概念以及判断关系模式的范式等级的方法。
- 了解数据库的设计方法和设计步骤以及各个阶段的作用和任务。
- 掌握需求分析阶段数据字典的形成方法和表示方法。
- 掌握逻辑结构设计阶段 E－R 图转换成关系模式的转换内容与转换原则，并能熟练地进行转换。

内 容 框 架

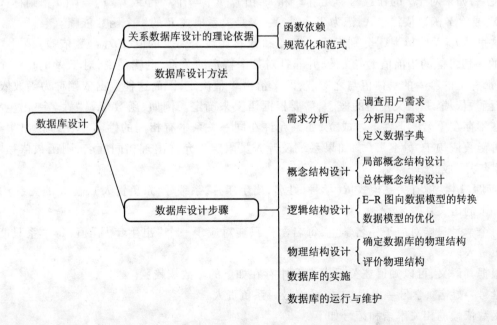

    对于任何管理信息系统的应用软件开发而言,其核心技术都要涉及数据库设计方面的知识,学生选课系统也不例外。数据库设计是一项涉及多学科的综合性技术,要设计出一个性能良好

的数据库应用系统并非一件简单的工作。本章将首先介绍关系数据库设计的理论依据、设计原则,然后介绍数据库应用系统中数据库的设计方法、设计步骤以及详细设计中的关键技术。

4.1　关系数据库设计的理论依据

关系数据库是由一组关系所组成的。那么针对一个具体问题,应该如何构造适合它的数据模式,即构造几个关系,每个关系由哪些属性组成呢? 这是关系数据库的逻辑设计问题。例如,在学生选课系统中,为什么要涉及学生、课程、选修、班级等一系列相关联的关系呢? 这些关系中的属性构成是否合理呢? 关于关系的个数设计、关系中的属性构成设计等这些问题就是学生选课系统中所要解决的问题,这些问题的解决必须在数据库设计理论的指导下才能得以实现。

4.1.1　函数依赖

数据依赖是通过一个关系中属性值是否相等而体现出来的数据之间的相互关系,它是现实世界属性间联系的一种抽象,是数据的内在性质,是语义的体现。现在人们已经提出多种类型的数据依赖,其中最重要的数据依赖是函数依赖(functional dependence,FD)和多值依赖(multivalued dependence,MVD)。本节将只介绍函数依赖,这是设计数据库模式的最基本依据。

1. 函数依赖的定义

定义 4.1　设 $R(U)$ 是属性集 U 上的关系模式,X 和 Y 是 U 的子集,r 是关系模式 R 的任一具体关系,如果对于 r 的任意两个元组 t_1 和 t_2,由 $t_1[X] = t_2[X]$ 导致 $t_1[Y] = t_2[Y]$,则称 X 函数决定 Y,或称 Y 函数依赖于 X,记为 $X \rightarrow Y$。$X \rightarrow Y$ 是关系模式 R 的一个函数依赖。

这里 $t_1[X]$ 和 $t_2[X]$ 分别表示元组 t_1 和 t_2 在属性集 X 上的值,FD(函数依赖)是对关系模式 R 的一切可能的当前值 r 定义的,并非针对某个特定的关系,也就是说,对于 X 的每一个具体的值,都有 Y 的唯一的具体值与之对应,即 Y 值由 X 值决定,因而这种数据依赖称为函数依赖。

"函数依赖"是语义范畴的概念,需要根据语义来确定。例如,函数依赖"姓名→出生年月"只有在不存在重名的条件下才成立,如果允许在同一关系中有相同的姓名存在,则"出生年月"就不再函数依赖于"姓名"了。如果系统设计人员限定不允许出现相同姓名,则函数依赖"姓名→出生年月"成立。

【例 4.1】　设有关系模式 R(学号,姓名,出生年月,系编号,系负责人),在 R 的关系 r 中,存在着如下的语义:

每个学号只能对应于一名学生,每名学生只能对应于一个"出生年月"值,每个系只能有一名系负责人。

根据其语义,可以知道在关系模式 R 中存在如下的函数依赖:

学号→姓名 ,学号→出生年月,系编号→系负责人

函数依赖的相关术语和记号如下:

(1) 若 $X \rightarrow Y$,则称 X 为决定因素。

(2) 若 $X \rightarrow Y$,$Y \rightarrow X$,则记作 $X \leftrightarrow Y$。

（3）若 Y 不函数依赖于 X，则记作 $X \not\rightarrow Y$。

2. 函数依赖的分类

"函数依赖"可分为"完全函数依赖"、"部分函数依赖"和"传递函数依赖"3 类。

定义 4.2 在关系模式 $R(U)$ 中，如果 $X \rightarrow Y$，并且对于 X 的任何一个真子集 X'，都有 $X' \not\rightarrow Y$，则称 Y 对 X 完全函数依赖，记作 $X \xrightarrow{F} Y$。

【例 4.2】 设有关系模式 S（学号，姓名，系名称，出生年月），存在如下的语义：

每个学号只能出现在一个系中，每名学生只能对应于一个"出生年月"值，每名学生必须有唯一的姓名。

根据其语义，可以知道在关系模式 S 中存在如下的完全函数依赖（本例中的真子集 X' 为空集，总有 $X' \not\rightarrow Y$）：

$$学号 \xrightarrow{F} 系名称，学号 \xrightarrow{F} 出生年月，学号 \xrightarrow{F} 姓名$$

通常记为

$$学号 \rightarrow 系名称，学号 \rightarrow 出生年月，学号 \rightarrow 姓名$$

若姓名无重名，还存在函数依赖"姓名决定学号"，此时，学号与姓名之间存在函数依赖"学号↔姓名"。

可见，在关系模式 S 中"学号"是主码（又称主键），其完全函数依赖的图形法表示如图 4.1 所示。

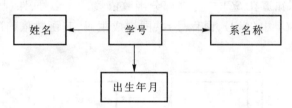

图 4.1 关系模式 S 的完全函数依赖的图形法表示

【例 4.3】 设有关系模式 SC（学号，课程号，成绩），存在如下的语义：

只有当学生选修课程之后才能有成绩，即成绩必须同时依赖于学号和课程号。换句话说，学号和课程号决定了成绩，而学号或课程号这两个属性之一都不能决定成绩。可将关系模式 SC 的属性分为 $X = \{学号，课程号\}$，$Y = \{成绩\}$。根据语义，SC 中存在如下的函数依赖：

$$（学号，课程号）\rightarrow 成绩（相当于 X \rightarrow Y）$$
$$学号 \not\rightarrow 成绩（X' \not\rightarrow Y）$$
$$课程号 \not\rightarrow 成绩（X' \not\rightarrow Y）$$

根据定义可以知道 SC 中存在的"（学号，课程号）$\rightarrow$ 成绩"是完全函数依赖。

可见，在关系模式 SC 中（学号，课程号）是主码，其完全函数依赖的图形法表示如图 4.2 所示。

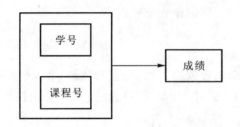

图 4.2 关系模式 SC 的完全函数依赖的图形法表示

定义 4.3 在 $R(U)$ 中,如果 $X \rightarrow Y$,并且对于 X 的某个真子集 X',有 $X' \rightarrow Y$,则称 Y 对 X 部分函数依赖,记作 $X \xrightarrow{P} Y$。

【**例 4.4**】 设有关系模式 $SC1$(学号,课程号,成绩,教师编号),存在如下的语义:

只有当学生选修课程之后才能有成绩,同样地才知道授课教师的教师编号;一旦决定课程后就知道授课教师是谁。

根据其语义,可以知道在关系模式 $SC1$ 中存在如下的函数依赖:

$$（学号,课程号）\xrightarrow{F} 成绩$$
$$（学号,课程号）\rightarrow 教师编号（相当于 X \rightarrow Y）$$
$$课程号 \rightarrow 教师编号（相当于 X' \rightarrow Y）$$

因此,根据定义可以知道在 $SC1$ 中存在部分函数依赖,即（学号,课程号）$\xrightarrow{P}$ 教师编号。

可见,在关系模式 $SC1$ 中（学号,课程号）共同构成主码,其函数依赖的图形法表示如图 4.3 所示。

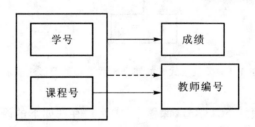

图 4.3 关系模式 SC1 的函数依赖的图形法表示

图 4.3 中的虚线表示"教师编号"部分函数依赖于"学号"和"课程号"。

定义 4.4 在 $R(U)$ 中,如果 $X \rightarrow Y(Y \nsubseteq X)$,$Y \nrightarrow X$,$Y \rightarrow Z$,则称 Z 对 X 传递函数依赖,记作 $X \xrightarrow{T} Z$。

【**例 4.5**】 在例 4.1 的关系模式 R(学号,姓名,出生年月,系编号,系负责人)中,存在如下的函数依赖:

$$学号 \rightarrow 系编号（相当于 X \rightarrow Y）$$
$$系编号 \nrightarrow 学号（相当于 Y \nrightarrow X）$$

$$系编号→系负责人(相当于 Y→Z)$$

因此,在 R 中存在传递函数依赖"学号$\xrightarrow{\text{T}}$系负责人"。

传递函数依赖的图形法表示如图 4.4 所示。

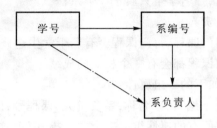

图 4.4 传递函数依赖的图形法表示

图 4.4 中的点画线表示"系负责人"传递函数依赖于"学号"。

3. 用函数依赖定义码

在前面的章节中已经形象地介绍了码是唯一标识实体的属性集,这是关于码的直观定义,在此用函数依赖的概念来定义它。

定义 4.5   设 K 为 $R(U)$ 中的属性或属性组合,若 $K\xrightarrow{\text{F}}U$,则称 K 为 R 的候选码(candidate key);若候选码多于一个,则选定其中之一作为主码(primary key);当只存在一个候选码时,这个候选码即是主码,也就是前面章节中所提到的码。

包含在任何一个候选码中的属性称为主属性(prime attribute)。不包含在任何码中的属性称为非主属性(nonprime attribute)。

主码可以是单个属性,也可以是属性组。在特殊情况下,主码可以由关系的整个属性组成,称为全码(all-key)。例如,在关系模式 S(学号,姓名,系名称,出生年月)中,"学号"是主码,而在关系模式 SC(学号,课程号,成绩,教师编号)中,属性组合(学号,课程号)是主码。下面举一个全码的例子。

对于关系模式 A(作者,书籍,读者),存在这样一些事实:一位作者可以编著多本书,某一本书可由多位作者编著,读者可以阅读不同作者编写的不同书籍。那么,这个关系模式的主码为(作者,书籍,读者)。

4.1.2 规范化和范式

关系数据库设计是指在关系模式的多种组合中选取一个合适的或者性能好的关系模式集合作为数据库模式,因而关系模式的质量会直接影响到整个数据库系统。所以,应用系统开发人员通常要花很大工夫进行关系模式的设计。那么,什么样的关系模式是好的或较好的呢? 人们一般依照规范化理论来进行判别。

1. 关系模式的存储异常问题

下面通过实例来说明采用不同的数据库模式将产生不同的设计效果,从而评价数据库模式设计的优劣。

某学校要建立一个数据库以描述学生的一些情况,由现实世界的已知事实可以得到如下的对应关系:

(1) 一个系有若干名学生,一名学生只属于一个系;

(2) 一个系只有一位系负责人;

(3) 一名学生可以选修多门课程,每门课程会有若干学生选修;

(4) 每名学生学习每一门课程都会有一个相应的成绩。

根据上述情况,可以找出如下的一组属性:

$$U = \{学号,姓名,系编号,系名称,系负责人,课程号,课程名称,成绩\}$$

最简单的设计方法就是把所有的属性组成一个关系模式,即这个描述学生情况的数据库模式是只有一个关系模式的集合。其形式如下:

SA(学号,姓名,系编号,系名称,系负责人,课程号,课程名称,成绩)

在这个关系模式中,存在如下的一些函数依赖:

(学号,课程号)→姓名;(学号,课程号)→系编号

(学号,课程号)→系名称;(学号,课程号)→系负责人

(学号,课程号)→课程名称;(学号,课程号)→成绩

由码的定义可知(学号,课程号)是主码,即"学号"和"课程号"属性可以唯一地确定一个元组。分析此关系模式,它可能会带来以下问题:

(1) 数据冗余

每一位系负责人的姓名要与本系每一名学生所选修的每一门课程的成绩出现的次数一样多,也就是说,系负责人的姓名将被重复保存,这种重复保存是毫无意义的,是数据冗余。这种数据冗余一方面会浪费存储器资源,另一方面 DBMS 要付出很大的代价来维护数据库的完整性。如果某系负责人被更换,就必须逐一修改相关的各个元组。

(2) 修改异常或潜在的不一致性

当更新某些属性(如学生所在的系)时,由于数据冗余,可能有一部分相关的元组被修改,而另一部分相关元组却未被修改,这就造成了数据的不一致性(同一名学生可能对应着两个系名)。

(3) 插入异常

如果学校新成立一个系,尚未招生,或者已有学生,但尚未安排课程,那么就无法把这个系的信息及系负责人的姓名存入数据库。这是因为在关系模式 SA 中,主码为(学号,课程号),而关系模型的实体完整性规则要求主码值不能为空值,因此在新系尚未分配学生或者学生尚未选修课程之前,无法插入相应的元组。

(4) 删除异常

如果某个系的学生全部毕业了,在删除此系全体学生信息的同时,将把这个系的信息及系负责人的姓名也一并删去,丢失了应该保留的信息。

由于存在上述几个问题,此学生数据库模式的设计不是一个好的设计。一个好的数据库模式应该不会发生插入异常或删除异常,数据冗余应尽可能地少。

插入异常和删除异常统称为存储异常。现在的问题是:为什么会产生存储异常呢?这是因

为上述关系模式中的函数依赖对于关系模式而言,存在一些不好的性质,这一点将在后面加以介绍。

一个关系模式的函数依赖会存在哪些不好的性质,如何改造一个不好的关系模式,这就是规范化理论所要讨论的内容。

2. 关系的规范化

在关系模式的设计中,函数依赖起着重要的作用,关系模式设计的好坏取决于它的函数依赖是否满足特定的要求。满足特定要求的模式称为范式(normal form)。满足不同程度要求的模式为不同范式。

关系模型的奠基人 E. F. Codd 在 1971~1972 年期间系统地提出了第一范式(简称 1NF)、第二范式(简称 2NF)和第三范式(简称 3NF)的概念,讨论了规范化问题。1974 年,E. F. Codd 和 Boyce 又共同提出了一个新范式,即 BCNF(Boyce-Codd normal form,修正的第三范式)。1976 年,Fagin 提出第四范式(简称 4NF),后来又有人提出了第五范式(简称 5NF)。

所谓"第几范式"是表示关系模式的某种级别,因此,"范式"这个概念可以理解成符合某种级别的关系模式的集合。一般地,如果 R 属于第几范式,可将其写成 $R \in x\text{NF}$。

对于各种范式之间的联系,有 $5\text{NF} \subset 4\text{NF} \subset 3\text{NF} \subset 2\text{NF} \subset 1\text{NF}$ 成立。

通过模式分解,一个低一级范式的关系模式可以转换为若干高一级范式的关系模式的集合,这种过程称为规范化。

3. 第一范式

定义 4.6 设 R 是一个关系模式,如果 R 中每个属性的值域中的每一个值都是不可分解的,则称 R 属于第一范式,记作 $R \in 1\text{NF}$。

【例 4.6】 设关系模式 $SC1$(学号,课程)表示学生选修课程的情况,假设选修记录如表 4.1 所示。

表 4.1 学生选修课程的记录

学号	课程
010101	{程序设计,操作系统,数据库}
010201	{电工学,继电保护}

从表 4.1 可以看出,"课程"属性值是可以分解的,因此 $SC1 \notin 1\text{NF}$。

关系模式 $SC1$ 存在以下两个问题。

(1) 更新操作困难

如果学号为 010101 的学生想将其选修课程改为{电工学,继电保护},且学号为 010201 的学生想将其选修课程改为{程序设计,操作系统,数据库},则 DBMS 在处理上将面临二义性问题:是修改元组的"课程"属性值呢,还是修改元组的"学号"属性值。

(2) 新增属性存在问题

若新增一个属性"成绩",那么此属性的值所表达的含义模糊不清。

如何解决关系模式 *SC*1 中的问题呢? 解决的方法是:将"课程"属性的属性值拆开,形成关系模式 *SC*2(学号,课程),其记录形式如表 4.2 所示。

表 4.2 解决关系模式 *SC*1 中问题的方案

学号	课程
010101	程序设计
010101	操作系统
010101	数据库
010201	电工学
010201	继电保护

显然,$SC2 \in 1NF$。

4. 第二范式

定义 4.7 如果 $R \in 1NF$,且每一个非主属性完全函数依赖于主码,则 $R \in 2NF$。

【例 4.7】 设关系模式 *SGD*(学号,姓名,系名称,系负责人,课程号,成绩)中存在以下函数依赖:

$$(学号,课程号) \xrightarrow{F} 成绩$$

$$学号 \rightarrow 姓名;(学号,课程号) \xrightarrow{P} 姓名$$

$$学号 \rightarrow 系名称;(学号,课程号) \xrightarrow{P} 系名称$$

$$学号 \rightarrow 系负责人;(学号,课程号) \xrightarrow{P} 系负责人$$

$$系名称 \rightarrow 系负责人$$

函数依赖的图形法表示如图 4.5 所示。

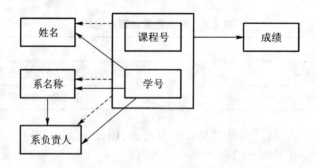

图 4.5 例 4.7 函数依赖的图形法表示

通过分析及由主码的定义可知,*SGD* 中的主码为(学号,课程号),因此,"姓名"、"系名称"、"系负责人"、"成绩"均是非主属性,而非主属性中只有"成绩"是完全函数依赖于主码的,其他属性部分函数依赖于主码,因此,关系模式 *SGD* 不符合 2NF 的定义,即 $SGD \notin 2NF$。

一个关系模式 *R* 不属于 2NF,就会产生以下几点问题。

（1）插入异常

如果要插入一个元组，这个元组对应的学生即使除了未选修课程（即"课程号"属性值为空值）之外，其他信息均已知，那么根据关系完整性规则的要求，主码值不应为空值，也无法插入这个元组。

（2）删除异常

假设某名学生只选修了一门课程，如学生 010101 只选修 A001 号课程，那么在关系模式 *SGD* 中，学生 010101 只有一个相关的元组，现在 010101 号学生对 A001 号课程也失去了兴趣，不打算选修了，那么在 *SGD* 关系中就要删除 A001 号课程。因为 A001 是主属性值，一旦删除 A001，整个元组就不能存在，也必须随之删除，也就删除了 010101 号学生的其他信息，从而使 010101 号学生的全部信息在 *SGD* 关系中不存在，引发删除异常，即不应被删除的信息也删除了。

（3）修改复杂

如果某名学生想从一个系转至另一个系，并且他已选修了若干门课程，那么修改这名学生的所属信息就变得相当复杂。不仅要无一遗漏地重复修改系名称，而且还要无一遗漏地重复修改系负责人，这既增加了修改难度，又增大了数据存储冗余度。

分析上面的例子，问题在于非主属性有两种。一种对主码完全函数依赖，比如"成绩"属性；另一种对主码部分函数依赖，比如属性"姓名"、"系名称"和"系负责人"。对于第二种情况，如果能消除非主属性对主码的部分函数依赖，就可以解决关系模式 *SGD* 中存在的 3 个问题。

将 *SGD* 分解为以下两个关系模式，其函数依赖保持不变：

SG（学号，课程号，成绩）

SD（学号，姓名，系名称，系负责人）

SG 的主码是（学号，课程号），*SD* 的主码是"学号"。关系模式 *SG* 和 *SD* 的函数依赖如图 4.6、图 4.7 所示。

图 4.6　*SG* 函数依赖　　　　　　　　图 4.7　*SD* 函数依赖

图 4.6、图 4.7 中已经不存在非主属性对主码的部分函数依赖了，关系模式 *SG* 和 *SD* 的非主属性对主码都是完全函数依赖，因此，$SG \in 2NF$，$SD \in 2NF$。

5. 第三范式

定义 4.8　如果 $R \in 2NF$，且每一个非主属性不传递函数依赖于主码，则 $R \in 3NF$。

【例 4.8】　继续考察例 4.7 中的两个关系模式 *SG* 和 *SD*。从图 4.6 中不难看出，*SG* 中不存在传递函数依赖，因此，$SG \in 3NF$。图 4.7 的 *SD* 中存在这样的函数依赖：

$$学号 \rightarrow 系名称, 系名称 \nrightarrow 学号, 系名称 \rightarrow 系负责人$$

由传递函数依赖的定义可得：

$$学号 \xrightarrow{\ T\ } 系负责人$$

因此，$SD \notin 3NF$。

一个关系模式 R 不属于 3NF，同样会产生类似于上一节的问题。

（1）插入异常

当新成立一个系，此系尚未招收任何学生时，相关信息就无法插入 SD 表中。因为主码"学号"值不能为空值。

（2）删除异常

若某个系的全部学生均已毕业，则在删除学生信息时，同时也会删除系和系负责人的信息。

（3）修改复杂

若一个系有 1 000 名学生，则系和系负责人的信息就要重复存储 1 000 次。进一步假设，若此系更换了系负责人，则系统必须毫无遗漏地修改 1 000 个元组中的"系负责人"信息，从而造成修改的复杂化。

解决上述问题的方法就是消除关系模式 SD 中存在的传递函数依赖，将关系模式 SD 分解为如下的两个关系模式：

SDN（学号，姓名，系名称）

DM（系名称，系负责人）

SDN 的主码是"学号"，DM 的主码是"系名称"。关系模式 SDN 和 DM 的函数依赖如图 4.8、图 4.9 所示。

图 4.8　SDN 函数依赖　　　　　　　图 4.9　DM 函数依赖

图 4.8、图 4.9 的两个关系模式中既不存在部分函数依赖，也不存在传递函数依赖，因此 $SDN \in 3NF, DM \in 3NF$。

规范化的基本思想是，逐步消除数据依赖中不合适的部分，使各关系模式更趋于合理，使数据库模式更趋于完美。有关更高一级范式的内容请读者查阅相关资料。

在关系数据库中，对关系模式的基本要求是满足第一范式，这样的关系模式就是合法的、允许的。但是，根据实际情况，人们可以将关系模式逐步分解以达到更高一级的范式。在实际数据库模式设计中并不是关系模式所满足的范式越高越好，因为那样会产生较多的关系模式，从而使数据库中的数据表的数量较多，这将给编程人员和 DBA 带来许多麻烦。所以，在设计数据库模式时，关系模式能达到第三范式就认为此数据库模式设计是比较好的。

4.2　数据库设计方法

　　数据库设计方法包括科学的数据库设计理论和具体的设计准则。采用合理的设计方法,可以确保数据库系统的设计质量,降低系统运行后的维护代价。目前常用的数据库设计方法都属于规范设计方法,包括基于 E－R 模型的数据库设计方法、基于 3NF(第三范式)的设计方法、基于抽象语法规范的设计方法等,它们都是在数据库设计的不同阶段中所支持的具体技术和方法。这些规范设计方法都是运用软件工程的思想和方法,根据数据库设计的特点,提出了各种设计准则与设计规程。这种工程化的规范设计方法也是在目前技术条件下设计数据库的最实用方法。

　　在规范设计方法中,数据库设计的核心与关键是概念数据库设计和逻辑数据库设计。逻辑数据库设计是指根据用户要求和特定数据库管理系统的特点,以数据库设计理论为依据,设计数据库的全局逻辑结构及其他实现细节。

　　规范设计方法在具体的使用中又可以分为两类:手工设计和计算机辅助数据库设计。按照规范设计方法的工程原则与步骤,手工设计数据库的工作量较大,设计者的经验与认知在很大程度上决定了数据库设计的质量。计算机辅助数据库设计可以减轻数据库设计的工作强度,加快数据库设计速度,提高数据库设计质量,但目前计算机辅助数据库设计还仅限于在数据库设计的某段过程中模拟某一规范设计方法,并以人的认知或经验为主导,通过人机交互实现设计中的某些部分。

4.3　数据库设计步骤

　　一般地,数据库设计可以分为 6 个阶段,如图 4.10 所示。数据库系统的三级模式结构与这样的设计过程是对应的。

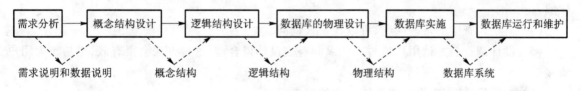

图 4.10　数据库设计步骤

4.4　需求分析

　　需求分析是数据库设计的第一阶段,是整个设计过程的基础,也是最为困难、最耗费时间的一个阶段。需求分析的结果是否能够准确地反映用户的实际要求,将直接影响到后面各个阶段的设计,并决定了设计结果是否合理和实用。

这一阶段的主要任务是通过详细调查所要处理的对象,包括某个组织、某个部门、某个企业的业务管理等,充分了解原手工或原计算机系统的工作状况以及工作流程,明确用户的各种需求,生成业务流程图和数据流图,然后在此基础上确定新系统的功能,并撰写系统说明书。新系统必须充分考虑今后可能发生的扩充和改变,不能囿于当前应用需求来设计数据库。

4.4.1 调查用户需求

需求分析的重点是调查、收集与分析用户在数据管理中的信息要求、处理要求、安全性与完整性要求。信息要求是指用户需要从数据库获得信息的内容与性质,由用户的信息要求可以导出数据要求,即在数据库中需要存储哪些数据及其类型。处理要求是指用户要求完成何种处理功能,对处理的响应时间有何要求,处理方式是采用批处理还是联机处理。新系统的功能必须能够满足用户的多种需求。

调查、收集用户要求的具体做法如下。

(1)了解组织机构情况

调查这个组织由哪些部门组成,各部门担当的职责是什么。

(2)了解各部门的业务活动情况

调查各部门所需输入和使用的数据,如何加工、处理这些数据,输出何种信息,输出至何部门,输出结果的格式,等等。

(3)确定新系统的边界

确定哪些功能由计算机完成或将来准备让计算机完成,哪些功能由人工完成。

在调查过程中,可以根据不同的问题和条件,使用不同的调查方法。常用的方法有以下几种。

(1)跟班作业,通过亲身参加具体工作来了解业务活动情况。通过这种方法可以比较准确地了解用户的需求,但较耗费时间。

(2)召开调查会,通过与用户座谈的方式来了解业务活动情况及用户需求。座谈时,参加者之间可以相互启发。

(3)通过专人介绍的方式来了解业务活动情况。采用这种方法时,最好能邀请熟悉业务的权威人士。

(4)对于调查中的某些问题,可以找专人询问。

(5)设计调查表并请用户填写。如果调查表设计得合理,这种方法会很有效,也易于为用户所接受。

(6)查阅记录,即查询与原系统有关的数据记录。

执行需求调查时,往往需要同时采用多种方法,但无论使用何种调查方法,都必须有用户的积极参与和配合,否则新系统是不会研制成功的。

4.4.2 分析用户需求

通过调查方式了解用户的需求之后,还需要进一步分析和表达用户的需求。分析和表达用户需求的方法主要包括自顶向下和自底向上这两种方法。其中,自顶向下的结构化分析(structured analysis,SA)方法是一种简单、实用并得以普遍推广的方法。结构化分析方法从最上层的系统组织机构入手,采用逐层分解的方式分析系统,并用数据流图和数据字典描述系统。例如,某个学校的管理系统的功能如图 4.11 所示。再以教务管理子系统中的学生选修课程管理为例,逐层分解功能可得到图 4.12。

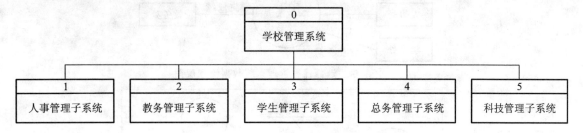

图 4.11　某校管理系统的顶层功能图

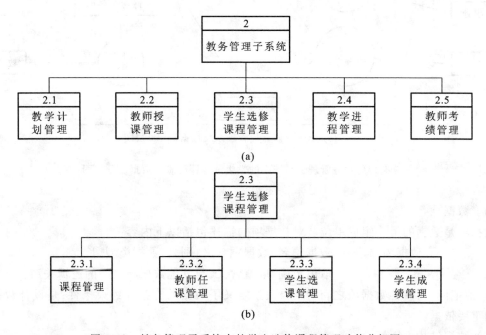

图 4.12　教务管理子系统中的学生选修课程管理功能分解图

对于图 4.12(b)中的功能图,通过调查分析,可以得到对应的数据流分解图 4.13,这是一个较粗略的数据流图。在绘制数据流图时,必须保证下一层数据流图中的输入输出流与上一层数据流相匹配。例如,图 4.13(a)中的"学生选课管理系统"有 3 个输入流和 1 个输出流,正好与图 4.13(b)中矩形框部分的输入输出流相匹配。一个系统中的数据流图应该分为多少层,视具体情况而定。

4.4.3　定义数据字典

在调查和收集资料之后,一方面要确定数据流图,另一方面还需确定数据字典。数据字典是进行详细的数据收集和数据分析所获得的主要结果,是各类数据描述的集合,一般由以下 5 个部分组成。

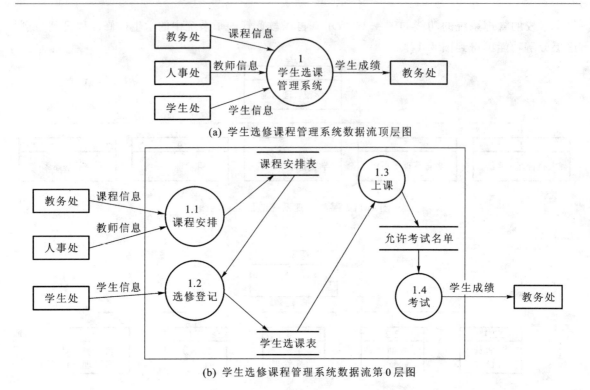

(a) 学生选修课程管理系统数据流顶层图

(b) 学生选修课程管理系统数据流第 0 层图

图 4.13　教务管理子系统中的学生选修课程管理数据流分解图

（1）数据项

数据项是数据的最小组成单位。对数据项的描述包括以下内容：

数据项描述 = ｛数据项名,数据项含义,别名,数据类型,长度,

取值范围,取值含义,与其他数据项之间的逻辑关系｝

其中,取值范围、与其他数据项之间的逻辑关系定义了数据的完整性约束条件,是设计数据检验功能的重要依据。

（2）数据结构

数据结构反映了数据之间的组合关系。一个数据结构可以由若干数据项组成,也可以由若干数据结构组成,或由若干数据项和数据结构混合而成。对数据结构的描述包括以下内容：

数据结构描述 = ｛数据结构名,说明,组成:｛数据项或数据结构｝｝

（3）数据流

数据流是数据结构在系统内传输的路径。对数据流的描述包括以下内容：

数据流描述 = ｛数据流名,说明,数据流来源,数据流去向,组成:｛数据结构｝,平均流量,高峰期流量｝

其中,数据流来源用于说明此数据流来自哪个过程;数据流去向用于说明此数据流将到哪个过程去;平均流量是指单位时间内的传输次数;高峰期流量则是指在高峰时期的数据流量。

（4）数据存储

数据存储是数据结构停留或保存的地方,也是数据流的来源和去向之一。对数据存储的描

述包括以下内容：

  数据存储描述＝{数据存储名,说明,编号,流入的数据流,流出的数据流,组成:{数据结
    构},数据量,存取方式}

其中,数据量是指每次存取多少数据,每天(或每小时、每周等)存取几次等信息。存取方法包括
是批处理还是联机处理;是检索还是更新;是顺序检索还是随机检索,等等。另外,对于流入的数
据流,要指出其来源;对于流出的数据流,要指出其去向。

  (5)处理过程

  处理过程的具体处理逻辑通常用判定表或判定树来描述。数据字典中只需描述处理过程的
说明性信息,它包括以下内容：

  处理过程描述＝{处理过程名,说明,输入:{数据流},输出:{数据流},处理:{简要说明}}

其中,简要说明中主要说明此处理过程的功能及处理要求。功能是指此处理过程用来做什么;处
理要求包括处理频度要求,如单位时间内处理多少事务、多少数据量,及响应时间要求等。这些
处理要求是后面进行物理设计时的输入及性能评价的标准。

  数据字典是关于数据库中数据的描述,而不是数据本身。数据将存放于物理数据库中,由数
据库管理系统进行管理。数据字典有助于对这些数据进一步管理和控制,为设计人员和数据库
管理员在数据库设计、实现和运行阶段控制有关数据提供一定的依据。

  需要说明的是,在数据字典描述中,某些项是可以为空的。以学生选课管理系统为例,表
4.3和表4.4分别说明了数据字典中的数据结构、数据项的定义方法。

表 4.3　数据结构定义示例

数据结构名	说明	组成
学生	定义学生的有关信息	学号,姓名,性别,出生年月,入学成绩,…
教师	定义教师的有关信息	职工号,姓名,性别,出生日期,职称,…
课程	定义课程的有关信息	课程号,课程名称,学分
班级	定义班级的有关信息	班级号,班级名称,所属专业,组成日期,系别,…

表 4.4　数据项定义示例

数据项名称	含义	别名	数据类型	长度	取值范围	取值含义	与其他数据项之间的逻辑关系
学号	标识学生的唯一标志	学生编号	字符型	8	00000000～99999999	前两位代表年级,后6位表示序号	—
姓名	中文名		字符型	8	任何字母和数字		—
性别			字符型	2	男,女		—
出生年月	学生出生日期	出生日期	日期型	10	录取日之前的任何日期		—
入学成绩	学生高考成绩		数值型	5(1)	000.0～999.9		—
…	…	…	…	…	…	…	…

当需求分析完成后,应形成系统说明书,其内容包括:能表达用户需求的系统功能说明书、业务流程图、数据流图和数据字典等。然后,让用户认真阅读系统说明书,充分核实将要构建的系统是否符合用户的需求,这个过程需要反复进行,直到用户满意方可进入下一阶段的设计。

4.5　概念结构设计

概念结构设计是整个数据库设计的关键,其主要任务是通过对用户需求进行综合、归纳与抽象,形成一个独立于数据库逻辑结构、独立于具体的 DBMS 的概念模型,它是各种数据模型的基础。描述概念结构的工具是 E－R 方法。采用此方法进行概念结构设计,可以按照局部结构设计和总体结构设计两步进行。

4.5.1　局部概念结构设计

在需求分析阶段,已对应用环境和用户要求进行详尽的调查分析,并用多层数据流图和数据字典描述整个系统。如果系统的规模十分庞大,所涉及的部门又多,那么首先需进行局部概念结构设计,这一步的任务就是根据系统的具体情况,在多层的数据流图中选择一个适当层次的数据流图,让这组图中的每一部分对应于一个局部应用,即可从此层次的数据流图出发,设计局部 E－R图。这里的关键点在于,首先要确定实体和属性,即决定在某个应用中包括哪些实体,每个实体中又包括哪些属性。以图 4.13(b)中的课程安排为例,可以把教师和课程确定为实体,前者包括"职工号"、"姓名"、"性别"、"出生日期"、"职称"属性,后者包括"课程号"、"课程名称"、"学分"属性。在这两个实体之间,教师通过"讲授"关系与课程发生联系,故把"讲授"确定为联系。根据 E－R 设计方法,可以得到教师任课情况的局部 E－R 模型,如图 4.14 所示,此 E－R图对应着查询教师任课情况的应用。

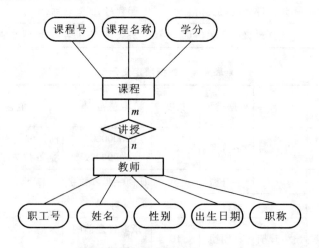

图 4.14　教师任课情况 E－R 图

采用类似的方法,可以建立学生选修(课程)登记的 E－R 模型,如图 4.15 所示,此 E－R 图对应着查询学生选课情况的应用。

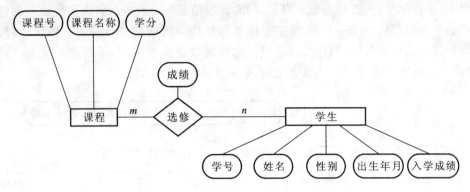

图 4.15 学生选课登记 E-R 图

局部 E-R 图建立好之后,应对照每一个应用进行检查,确保模型能满足数据流图对于数据处理的需要。

4.5.2 总体概念结构设计

总体概念结构设计实质上是把所有的局部概念结构设计出的局部概念模型统一起来,形成一个完整的系统模型。由于局部概念结构设计通常所面对的问题不同,且由不同的设计人员进行设计,这样会导致各个局部 E-R 图之间存在许多不一致的地方,因此不能简单地将各个局部 E-R 图拼接到一起,而必须首先消除各个局部 E-R 图中的不一致,以形成一个能为全系统中所有用户共同理解和接受的、统一的概念模型。总体结构设计应尽可能地消除属性冲突、命名冲突和结构冲突等问题。

所谓属性冲突包括属性的数据类型不同、取值范围不同及取值单位不同等。例如,一些部门把学号定义为数值型,而另一些部门则把学号定义为字符型;有的部门对产值以万元为单位,有的部门则对产值以元为单位等。对于属性冲突,通常采用讨论、协商等行政手段加以解决。

所谓命名冲突包括同名异义和异名同义。例如,有的部门把出生时间称为出生日期,有的部门则把出生时间称为出生年月等。命名冲突可能发生在实体、联系一级,也可能发生在属性级上,其中属性的命名冲突更为常见。对于命名冲突,通常也像处理属性冲突一样,通过讨论、协商等行政手段加以解决。

所谓结构冲突包含 3 个方面的问题。一方面,同一对象在不同的应用中具有不同的定义,例如,在有些应用中把课程定义为实体,有些应用则将其定义为属性;另一方面,同一实体在不同的局部模型中所包含的属性不完全相同,或者属性的排列次序不完全相同,例如,有的局部应用对某个实体包含 4 个属性,有的局部应用对此实体则包含 6 个属性,这是因为不同的应用所关心的是实体的不同侧面;再一方面,实体之间的联系在不同的局部模型中呈现不同的类型。

对于结构冲突,根据不同的情况可以采用不同的解决方法。对于第 1 种情况,通常把属性变换为实体或把实体变换为属性,使同一对象具有相同的定义;对于第 2 种情况,通常取各局部 E-R 图中同一实体属性的并集;对于第 3 种情况,会根据局部应用的语义对实体联系的类型进行综合或调整。

现以教学情况管理系统为例,说明总体概念设计的方法。在这个例子中,涉及多个部门的信息。学生信息来自学生处,教师信息来自人事处,课程信息来自教务处。为了保证数据的完整性和一致性,必须将局部应用统一起来,建立总体概念结构。所以在进行总体结构设计时,应该规定,如果数据涉及其他部门的信息时,应选用信息源的数据作为标准,不得随意定义。通过分析得到学校教学情况管理系统的总体概念结构,如图 4.16 所示。

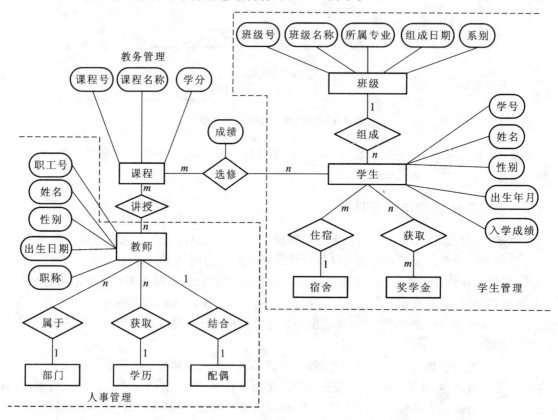

图 4.16　学校教学情况管理系统的总体概念结构

4.6　逻辑结构设计

概念结构设计独立于任何一种数据模型,它比数据模型更加稳定。而逻辑结构设计的任务是把概念结构转化为 DBMS 所支持的某种数据模型。通常逻辑结构设计分两步进行。第一步按照 E－R 图向数据模型转换的规则,将概念结构转化为 DBMS 所支持的数据模型。第二步则对数据模型进行优化,以提高系统执行效率。

4.6.1　E－R 图向数据模型的转换

由于新设计的数据库应用系统普遍采用支持关系模型的 DBMS,所以在此只介绍 E－R 图向关系数据模型的转换原则和方法。

关系数据模型的逻辑结构是一组关系模式的集合。将 E‐R 图转换为关系模型实际上就是将实体和联系都表示为关系模式,这种转换遵循以下一些原则。

1. 实体→关系模式

E‐R 图中的每一个实体都可以转换为一个关系模式,实体的属性就是关系的属性,实体的主码就是关系的主码。

例如,在如图 4.16 所示的概念结构中,包含学生、课程、班级和教师等实体,将这些实体表示为关系模式如下:

学生(学号,姓名,性别,出生年月,入学成绩)

课程(课程号,课程名称,学分)

班级(班级号,班级名称,所属专业,组成日期,系别)

教师(职工号,姓名,性别,出生日期,职称)

2. 多对多的联系→关系模式

E‐R 图中的每一个 $m:n$ 联系可以转换为一个关系模式,与此联系相连的各实体的码以及联系本身的属性均转换为关系的属性,而关系的码是各实体码的组合,也称为联合主码。

例如,在如图 4.16 所示的概念结构中,$m:n$ 的联系有"讲授"和"选修",将这些联系表示为关系模式如下:

讲授(职工号,课程号)

选修(学号,课程号,成绩)

3. 一对多的联系→关系模式

E‐R 图中的每一个 $1:n$ 联系可以转换为一个独立的关系模式,也可以与 n 端实体所对应的关系模式合并。如果转换为一个独立的关系模式,则与此联系相连的各实体的码以及联系本身的属性均转换为关系的属性,而关系的码是 n 端实体的码。如果转换为与 n 端实体所对应的关系模式合并,这时 1 端实体的码应转换为 n 端实体所对应的关系模式中的一个属性。

例如,在如图 4.16 所示的概念结构中,"组成"是 $1:n$ 的联系,将此联系表示为独立的关系模式如下:

组成(学号,班级号)

若将其转换为与 n 端实体所对应的关系合并,这时学生关系模式改变如下:

学生(学号,姓名,性别,出生年月,入学成绩,班级号)

在实际设计的转换过程中,通常更倾向于后面一种转换方法,它可以减少关系的个数。

4. 一对一的联系→关系模式

E‐R 图中的每一个 $1:1$ 联系可以转换为一个独立的关系模式,也可以与任意一端实体所对应的关系模式合并。如果转换为一个独立的关系模式,则与此联系相连的各实体的码以及联系本身的属性均转换为关系的属性,每个实体的码均是此关系的候选码。如果转换为与某一端实体所对应的关系模式合并,则需要在这一端关系模式的属性中加入另一个关系模式的码和联系本身的属性。

例如,在如图 4.16 所示的概念结构中,"结合"是 1∶1 的联系。假如配偶实体的码为配偶代号,则将此联系表示为独立的关系模式如下:

结合(职工号,配偶代号)

或

结合(职工号,配偶代号)

"结合"联系也可以与教师或配偶关系模式合并,表示成如下的教师或配偶关系模式:

教师(职工号,姓名,性别,出生日期,职称,配偶代号)

或

配偶(配偶代号,职工号,…)

在实际设计的转换过程中,通常倾向于采用后面一种转换方法,它可以减少关系的个数,至于与哪一端进行合并,视具体情况而定。

E - R 图向数据模型的转换是逻辑结构设计过程中十分重要的一个环节,转换的优劣直接影响到数据库模式的性质。按照上述转换原则,由图 4.16 可以转换得到以下 6 个主要关系模式:

班级(班级号,班级名称,所属专业,组成日期,系别)

教师(职工号,姓名,性别,出生日期,职称)

课程(课程号,课程名称,学分)

学生(学号,姓名,性别,出生年月,入学成绩,班级号)

讲授(职工号,课程号)

选修(学号,课程号,成绩)

这也是本书所涉及的几个主要关系。

4.6.2　数据模型的优化

数据库逻辑结构设计的结果不是唯一的。为了进一步提高数据库应用的性能,还应进行数据模型的优化。所谓数据模型的优化就是对已建立的数据模型进行适当的修改和调整。关系数据模型的优化通常以规范化理论为指导,按照以下方法进行。

(1) 确定数据依赖,即根据需求分析阶段所得到的语义,分别写出关系模式内部各属性之间的数据依赖以及不同关系模式属性之间的数据依赖。

(2) 对于各个关系模式之间的数据依赖进行极小化处理,消除冗余的联系。

(3) 按照数据依赖的理论对关系模式逐一进行分析,考察是否存在部分函数依赖、传递函数依赖、多值依赖等,确定各关系模式分别属于第几范式。

(4) 按照需求分析阶段所得到的各种应用对数据处理的要求,分析对于具体的应用环境,这些关系模式是否合适,确定是否要对其进行合并或分解。

(5) 对关系模式进行必要的分解或合并。

规范化理论为数据库设计人员判断关系模式的优劣提供了理论标准,可用来预测关系模式可能出现的问题,使数据库设计工作有了严格的理论基础。

4.7 物理结构设计

数据库的物理结构设计是指为逻辑数据模型选取一个最适合应用环境的物理结构(包括存储结构和存取方法),它完全依赖于给定的计算机系统。物理设计可分两步进行。第一步是分析所得到的各种数据模型,依据在实际执行时可能产生的数据容量以及各种数据模型之间的相互依赖程度等,确定数据库的物理结构;第二步则要根据某种方法对所设计的物理结构进行评价,评价的重点是时间和空间的效率。如果评价结果满足原设计要求,则转向物理实施;否则,重新设计或修改物理结构,有时甚至要返回逻辑结构设计阶段修改数据模型。

4.7.1 确定数据库的物理结构

设计人员在进行物理设计时,必须了解以下几方面的知识。

(1) 全面了解给定的 DBMS 的功能。通常需要了解 DBMS 提供的物理环境和工具,特别是存储结构和存取方法以及系统提供的设计变量的范围。

(2) 了解应用环境,包括操作系统的类型以及各种应用所要求的处理频率、响应时间等。

(3) 了解存储设备的特性,包括外存储器分块原则、块因子大小的规定、设备的 I/O 能力等。

数据库物理结构设计的主要内容包括以下几点。

(1) 确定数据的存储结构

确定存储结构的主要因素是存取时间、存储空间利用率和维护代价这 3 个方面,设计者经常要对这些因素进行权衡。应该尽量寻找优化方法,使这 3 个方面的性能都较好。

(2) 确定存取路径

数据库必须支持多个用户的多种应用,因此,必须提供对数据库的多个存取入口,即对同一数据存储要提供多条存取路径。设计者应该进行定量的分析,根据计算结果确定存取路径。

(3) 确定数据存放位置

一般地,应把数据的易变部分和稳定部分分开,把经常存取和不常存取的数据分开。

(4) 确定存储分布

许多 DBMS 提供一些存储分配的参数供设计者进行物理结构设计优化。这些参数的大小将影响存取时间和存取空间的分配。

4.7.2 评价物理结构

物理结构设计过程需要对时间、空间效率、维护代价和各种用户要求进行权衡,其结果可以产生多种方案。在实施数据库系统之前对这些方案进行细致的评价以选择一个较优方案是十分必要的。

评价的方法依赖于具体的 DBMS。评价的内容包括存储空间和时间的估算两个方面。通过对存储空间的计算及时间的估算,就可以选取较优的一种物理结构。如果这个物理结构满足用户的需要,则可转向下一个阶段。

4.8 数据库的实施

对数据库的物理结构设计完成初步评价后,就可以开始建立数据库了。数据库实施的主要任务包括设计人员运用 DBMS 提供的数据定义语言及其宿主语言,根据逻辑结构设计和物理结构设计的结果建立数据库,编制并调试应用程序,组织数据入库,进行试运行。

1. 定义数据库结构

确定数据库的逻辑结构与物理结构之后,就可以使用 DBMS 所提供的数据定义语言(DDL)来严格描述及建立数据库结构。

2. 数据载入

建立数据库结构之后,就可以向数据库中载入数据了。组织数据入库是数据库实施阶段的主要工作。

对于数据量不大的小型数据库系统,可以采用人工方法完成数据的入库,其步骤如下。

(1)筛选数据

需要载入数据库中的数据通常都分散在各个部门的数据文件或原始凭证中,所以必须先把需要入库的数据筛选出来。

(2)转换数据格式

所筛选出来的需要入库的数据,其格式往往不符合数据库系统设计要求,还需要对其进行转换。

(3)输入数据

将转换好的数据输入计算机。

(4)校验数据

检查所输入的数据是否有误。

对于中大型数据库系统,由于数据量很大,用人工方法组织数据入库将耗费大量的人力和物力,而且难以保证数据的正确性,因此应该设计一个数据输入子系统,由计算机辅助完成数据的入库工作,其步骤如下。

(1)筛选数据

(2)输入数据

录入员通过数据输入子系统直接将数据输入计算机。

(3)校验数据

数据输入子系统采用多种校验技术检查输入数据的有效性。

(4)转换数据

由数据输入子系统完成数据转换。

(5)综合数据

数据输入子系统对已转换好的数据根据统一要求进一步综合成最终数据。

3. 编制与调试应用程序

在数据库实施阶段,当数据库结构建好之后,就可以开始编制与调试数据库应用程序。编制与调试应用程序是与组织数据入库同步进行的。调试应用程序时,由于数据入库工作尚未完成,通常可先使用模拟数据。

4. 数据库试运行

应用程序调试完成且已有一些数据入库后,就可以开始数据库的试运行工作。其主要工作包括:功能测试和性能测试。前者是指运行应用程序,执行对数据库的各种操作,测试应用程序的各项功能。后者是指测量系统的性能指标,分析其是否符合设计目标。

在数据库试运行阶段,由于系统尚不稳定,随时都可能发生软硬件故障。而系统的操作人员对新系统还不熟悉,误操作不可避免。因此,必须做好数据库的转储和恢复工作,尽量减少对数据库的破坏。

4.9 数据库的运行与维护

数据库应用系统经过试运行后,即可投入正式运行。数据库投入正式运行标志着开发任务的基本完成和维护工作的开始,但这并不意味着设计过程的结束。由于应用环境在不断地变化,数据库运行过程中的物理存储也在不断变化,因此在数据库系统运行过程中必须不断地对其进行评价、调整与修改,这是一项长期的任务。

在数据库运行阶段,对数据库的经常性的维护工作主要由 DBA 完成,它包括以下几项内容。

1. 数据库的转储和恢复

数据库的转储和恢复是系统正式运行后最为重要的维护工作之一。针对不同的应用要求,DBA 要指定不同的转储计划,定期对数据库和日志文件进行备份,以保证一旦发生故障,能利用数据库备份及日志文件备份功能尽快将数据库恢复到某种一致性状态,并尽可能地减少对数据库的破坏。

2. 数据库的安全性和完整性控制

DBA 必须对数据库的安全性和完整性控制承担责任。安全性是评价数据库系统的一个重要指标,它标志着程序和数据等信息的安全程度。一个良好的数据库系统应能防止非法用户访问或使用数据库系统中的程序和数据。数据安全性是指防止因用户非法使用数据库而造成数据的泄密、更改和破坏。安全性环节一般包括用户标识和鉴定、数据库对象的存取控制以及操作系统本身的安全控制等,这种层层设防的安全措施可以保证数据库的安全性。在实际运行的过程中,DBA 根据用户的需要对其授予不同的操作权限。如果应用环境发生变化,对安全性的要求也会发生变化。同样,由于应用环境的变化,数据库的完整性约束条件也会产生变化,需要 DBA 不断修正,以满足用户要求。

3. 数据库性能的监督、分析和改进

DBA 必须监督数据库系统运行,对监测数据进行分析,找出改进系统性能的方法。目前许多 DBMS 产品都提供监测系统性能参数的工具,DBA 利用这些工具可以方便地得到系统运行过程中的一系列性能参数值。DBA 应该仔细分析这些数据,判断当前系统是否处于最佳运行状态,如果不是,则需要通过调整某些参数来改进数据库系统性能。

4. 数据库的重组与重构

当数据库运行一段时间后,由于记录数据的不断变化,会使数据库的物理存储状况不佳,从而降低数据库存储空间的利用率和数据的存取效率,使得数据库的性能下降。这时 DBA 就要对数据库进行重组织。重组织是指按原设计要求重新安排存储位置,回收垃圾信息,减少指针链,提高系统性能,这并不会改变原设计的数据逻辑结构和物理结构。DBMS 通常提供了供重组织数据库所使用的实用程序,帮助 DBA 重新组织数据库。

数据库的重构造是指当数据库应用环境发生变化时,会导致实体及实体间的联系也发生相应的变化,使原有的数据库设计不能很好地满足新的需求,从而不得不适当地调整数据库的模式和内模式。例如,添加新的数据项、改变数据项的数据类型、改变数据库的容量等都属于数据库重构造的范畴。DBMS 一般都提供了修改数据库结构的功能。重构造数据库的程度是有限的。若应用环境的设置变化得太大,已无法通过重构造数据库来满足新的需要,或重构的代价太大,则表明现有数据库应用系统的生命周期已经终结,应该重新设计数据库应用系统,启动新数据库应用系统的生命周期。

4.10 小 结

本章对关系数据库的设计进行概述。首先,重点介绍关系数据库设计的理论依据,介绍关系规范化理论。接着,介绍数据库的设计方法和设计步骤以及每一阶段的作用、任务和方法。通过本章内容的学习,读者应该了解:

(1) 规范化理论、范式的概念以及判断关系模式的范式等级的方法。

(2) 需求分析阶段数据字典的形成方法及表示方法。

(3) 概念结构设计阶段的任务、作用和方法。

(4) 逻辑结构设计阶段 E-R 图转换成关系模型的转换内容、转换原则。

(5) 物理结构设计、数据库实施、数据库运行与维护阶段的任务。

思考题与习题

1. 名词解释

函数依赖;完全函数依赖;部分函数依赖;传递函数依赖;候选码;主码;外码;全码;1NF;2NF;3NF。

2. 为什么要研究规范化理论?

3. 设有关系模式 $R(A,B,C,D,E)$，$F=\{AB\rightarrow C,B\rightarrow D,D\rightarrow E,C\rightarrow B\}$，请回答下列问题。

(1) 求出 R 的所有候选码，并说明此模式是哪一类范式。

(2) 将 R 分解为 $\{R_1(A,B,C),R_2(B,D,E)\}$，问此分解是否保持函数依赖？

(3) R_1 和 R_2 分别是哪一类范式？为什么？

4. 设有关系模式 $W(I,J,K,X,Y)$，$F=\{I\rightarrow J,I\rightarrow K,K\rightarrow X,X\rightarrow Y\}$，如果将 W 分解为 $W_1(I,J,K)$ 和 $W_2(K,X,Y)$，请确定 W_1 和 W_2 的范式等级。

5. 设有关系模式 $R(S\#,C\#,GRADE,TNAME,ADDR)$，其属性分别表示学生"学号"、选修课程的"课程编号"、"成绩"、任课教师"姓名"、教师"地址"。

有关的语义如下：每名学生选修一门课程只有一个成绩；每门课程只有一位教师任教；每位教师只有一个地址（教师不重名）。

(1) 请写出关系模式 R 基本的函数依赖和候选码。

(2) 请把 R 分解为 2NF，并说明理由。

(3) 请把 R 分解为 3NF，并说明理由。

6. 已知关系模式 $B(A\#,NAME,DEPT,B\#,DATE)$，其属性分别表示"借书证号"、借阅者"姓名"、所在系的"系名"、"书号"、"借书日期"。有关的语义如下：

一个借书证号只对应一名学生；一个借书证号可借出多本书，并且可在不同的日期借阅同一本书；一名学生只能属于一个系。

(1) 请写出关系模式 B 基本的函数依赖。

(2) 此关系模式是第几范式，为什么？

(3) 将其分解成 3NF 的关系模式。

7. 简述数据库设计的基本步骤。

8. 需求分析阶段的任务和方法是什么？数据字典的内容和作用是什么？

9. 概念结构设计的主要特点是什么？

10. 什么是数据库的逻辑结构设计？简述其设计步骤。

11. 试述将 E-R 图转换为关系模型的一般规则。

12. 利用转换原则将第 1 章习题 9 所对应的 E-R 图转换成相应的数据库逻辑结构。

13. 试述数据库物理结构设计的内容和步骤。

14. 数据库实施阶段的主要工作有哪些？

15. 数据库的日常维护工作主要有哪些？

实 训

一、实训目标

1. 熟练掌握数据库设计中建立概念模型和物理模型的方法。

2. 掌握数据库设计过程中概念结构设计与逻辑结构设计之间的转换原则。

二、实训学时

建议实训参考学时为 2 或 4 学时。

三、实训准备

熟悉附录 B 中的数据库设计工具的应用环境，掌握其使用方法。

四、实训内容

1. 题目

设计某出版社图书编著管理系统。假设此系统中有作者(author)、图书(book)、出版社(publisher)、书店(bookstore)这 4 个实体,其属性分别列出如下:

"作者"的属性为:作者标识(authorid NUMBER(5)),作者姓名(aname CHAR(8)),出生日期(birth DATE),职称(techtitle CHAR(10)),联系地址(aaddr CHAR(20)),工作单位(unit CHAR(20))

"图书"的属性为:书号(no CHAR(40)),书名(book title CHAR(30)),价格(price NUMBER(6,2)),内容简介(content VARCHAR2(200)),出版日期(bdate DATE)

"出版社"的属性为:出版社编号(pid CHAR(6)),出版社名称(pname CHAR(20)),出版社地址(paddr CHAR(20)),出版社联系电话(pphone CHAR(20))

"书店"的属性为:书店编号(bid CHAR(6)),书店名称(bname CHAR(20)),书店地址(baddr CHAR(20)),书店联系电话(bphone CHAR(20))

作者、图书、出版社及书店之间存在着这样的联系:作者和图书之间存在"编著(write)"的多对多联系;出版社和图书之间存在"出版"的一对多联系;书店和图书之间存在"出售(sale)"的多对多联系。其中"出售"本身的属性有:出售日期(saledate DATE)、出售数量(saleamount NUMBER(6))。

2. 任务

使用数据库建模工具实现以下内容。

(1)建立所给题目的概念数据模型(CDM)。

(2)对于已建好的概念数据模型,生成对应的物理数据模型(PDM)。

(3)通过建好的物理数据模型自动生成创建此数据库系统的 SQL 语句,并记录相应的命令。

五、实训结果分析

完成本实训后,在指定数据库中将生成"图书订购数据库应用系统"的一系列数据表及各种约束。请从概念结构设计到逻辑结构设计的转换原则入手,分析此系统逻辑结构产生的原因。

注意:对于本实训所设计的图书编著管理系统,在后续章节的实训中,将陆续对其相关内容进行扩充。

第**5**章
Oracle 数据库和表空间

学 习 目 标

- 了解创建 Oracle 数据库的方法。
- 掌握查看数据库信息的方法,特别是以命令行方式查看数据库及重要文件的方法。
- 掌握启动和关闭数据库的方法。
- 掌握表空间的概念,掌握通过企业管理控制台和命令行两种方式管理表空间和数据文件的方法,包括创建、修改、删除操作。

内 容 框 架

```
                          ┌─ 数据库→基本操作 (包括创建、查看、启动、关闭)
Oracle 数据库和表空间 ──┤
                          └─ 表空间和数据文件→基本操作(包括创建、修改、删除)
```

当学生选修课程系统中的基本数据模型设计完成后,应该在特定的 RDBMS 环境中予以实现。Oracle 数据库中的所有对象均存储在具体的数据库和表空间内,本章将介绍在 Oracle 环境下创建学生选修课程系统的数据库和表空间的方法。

5.1　创建 Oracle 数据库

Oracle 数据库是由一系列操作系统文件组成的,这些文件主要包括数据文件、控制文件和日志文件等。创建数据库的过程,就是按照特定规则在 Oracle 所基于的操作系统上建立这些文件,使得 Oracle 数据库服务器可以利用这些文件来存储和管理数据。在 Oracle 环境中创建数据库主要通过使用数据库配置助手和使用命令方式这两种方式。

假设学生选修课程系统的数据库名为"xk",本节将以此数据库名介绍创建数据库的方法。

注意:在安装 Oracle 系统的过程中已经创建一个数据库(见附录 C),一般情况下在同一台服务器上只创建一个 Oracle 数据库,否则系统的执行速度会非常慢。

5.1.1 使用数据库配置助手创建数据库

Oracle 数据库配置助手(Database Configuration Assistant,DBCA)的智能向导能够帮助用户逐步完成对新数据库的设置。用户可以只对一些必要的参数进行设置或修改,其他参数都由 Oracle 系统自动设置,从而节省决定如何最佳地设置数据库的参数或结构的时间。下面介绍使用 DBCA 创建数据库的操作过程。

依次选择"开始"→"程序"→"Oracle – OraHome92"→"Configuration and Migration Tools"→ "Database Configuration Assistant",出现"欢迎使用"窗口,如图 5.1 所示。

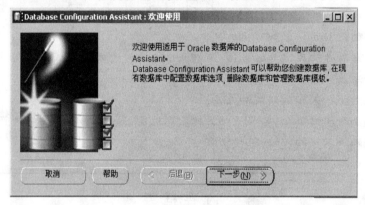

图 5.1 DBCA 的"欢迎使用"窗口

单击"下一步"按钮,将出现"选择希望执行的操作"窗口,如图 5.2 所示。

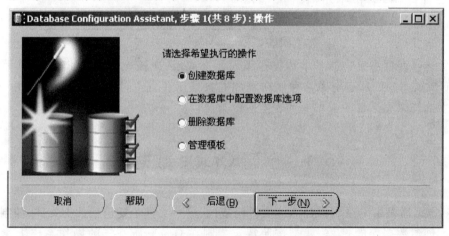

图 5.2 DBCA 的"选择希望执行的操作"窗口

此窗口包括 4 个单选按钮如下。

（1）创建数据库：创建一个新的 Oracle 数据库。

（2）在数据库中配置数据库选项：对于已经存在的数据库，编辑其配置参数。

（3）删除数据库：删除已存在的数据库及其关联文件。

（4）管理模板：创建、编辑数据库模板。

选中"创建数据库"单选按钮，单击"下一步"按钮，出现"数据库模板"窗口，如图 5.3 所示。

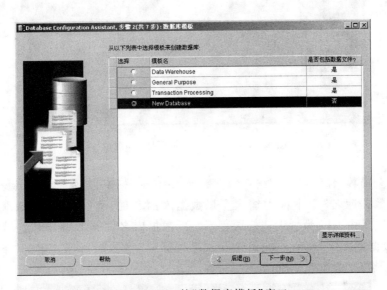

图 5.3　DBCA 的"数据库模板"窗口

Oracle9*i* 的 DBCA 中提供了 4 个标准数据库模板，如表 5.1 所示。

表 5.1　标准数据库模板说明

模板名称	适用环境
Data Warehouse	"数据仓库"模板，适用于数据库处理大量的复杂查询的环境，如基于数据仓库的决策支持系统（DSS）
General Purpose	"通用"模板，适用于同时具有 DSS 和联机事务处理（OLTP）的情形
Transaction Processing	"事务处理"模板，适用于联机事务处理环境
New Database	"新数据库"模板，通过使用此模板，用户可以对数据库的各项参数进行更加灵活的设置

选中"New Database"单选按钮，单击"下一步"按钮，出现"数据库标识"窗口，如图 5.4 所示。

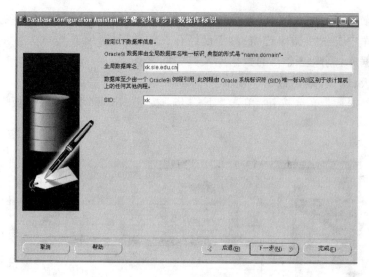

图 5.4 DBCA 的"数据库标识"窗口

窗口中的"全局数据库名"是网络环境下数据库的唯一标识,通常由数据库名和域名两部分组成。在"全局数据库名"文本框中输入全局数据库的名称,例如,学生选修课程系统数据库"xk. sie. edu. cn",其中"xk"为学生选修课程系统的数据库名,"sie. edu. cn"为域名,SID 文本框中会自动出现数据库 SID(System Identification,系统标识符)名称"xk"。单击"下一步"按钮,出现"数据库特性"窗口,如图 5.5 所示。

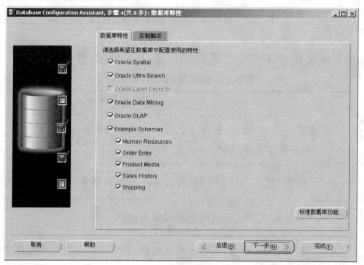

图 5.5 DBCA 的"数据库特性"窗口

"数据库特性"窗口中有两个选项卡。"数据库特性"选项卡列出 Oracle 数据库所使用的数据库功能,"Oracle Spatial"提供一种在 Oracle 系统中存储和检索多维数据的方法;"Oracle Ultra Search"是一个文本管理解决方案,它可以使组织像访问结构化数据一样方便地访问文本信息源;"Oracle Label Security"基于用于政府和防卫机构的标注概念来保护敏感信息并提供数据分离;"Oracle Data Mining"在数据库内部启用数据挖掘以提高性能和可扩展性;"Oracle OLAP"提供开发和部署基于 Internet 的商务智能应用程序的工具,OLAP（on-line analytical processing,联机分析处理）产品提供在多维数据模型内支持复杂的统计、数学和财务计算的服务;"Example Schemas"是 Oracle 所提供的示例数据库。"定制脚本"选项卡可以根据指定脚本来配置数据库。保留默认配置,单击"下一步"按钮,出现"数据库连接选项"窗口,如图 5.6 所示。

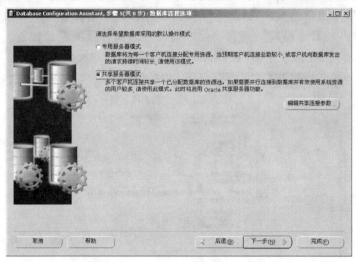

图 5.6　DBCA 的"数据库连接选项"窗口

　　此窗口提供两种数据库服务器为用户进程提供服务的方式:专用服务器模式和共享服务器模式。在专用服务器模式下,Oracle 系统为每一个连接到实例的用户进程提供一个专门的服务进程,各个专用服务进程之间是完全独立的;在共享服务器模式下,Oracle 系统在创建实例时,启动一定数目的服务进程,在一个调度进程的协调下,这些服务进程可以为大量的用户进程提供服务。用户可以根据实际需要选择服务器模式。在此选中"共享服务器模式"单选按钮,单击"下一步"按钮,出现"初始化参数"窗口,如图 5.7 所示。

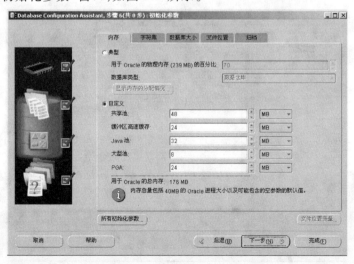

图 5.7　DBCA 的"初始化参数"窗口

　　在此窗口中共有 5 个选项卡。"内存"选项卡设置内存参数,各参数的具体含义请读者查看相关参考资料,一般保留系统提供的默认值;"字符集"选项卡设置新建数据库所采用的字符集信息,Oracle9*i* 数据库字符集通常采用默认值"ZHS16GBK";"数据库大小"选项卡设置排序区的大小,数据排序区的大小会影响数据分类排序的效率;"文件位置"选项卡为新建数据库设置初始化参数文件、跟踪文件的位置,并决定是否采用服务器端初始化参数文件功能;"归档"选项卡设置归档模式,如果采用归档模式,则选中"归档日志模式"复选框,同时"自动归档"项会被自动选中,如果选择了"归档日志模式",还需要设置归档日志文件及其存储位置。保留默认配置,单击"下一步"按钮,出现"数据库存储"窗口,如图 5.8 所示。

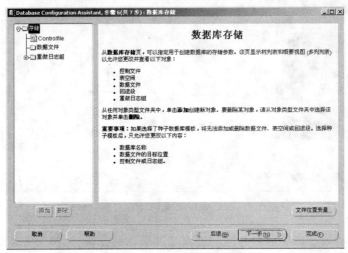

图 5.8　DBCA 的"数据库存储"窗口

　　在此窗口中可以设置数据文件、控制文件和日志组的文件名和存储位置等信息。在此以控制文件为例来说明具体的设置方法。

　　首先在"数据库存储"窗口左侧的树状目录中选中"Controlfile"(控制文件)结点,出现如图5.9 所示的窗口。

图 5.9　控制文件设置"一般信息"选项卡

　　控制文件的"数据库存储"窗口包含两个选项卡。"一般信息"选项卡包括控制文件的文件名和文件目录;"选项"选项卡中包括数据库的最大数据文件个数、最大重做日志组数目、最大日志成员数的设置,这些参数通常无需修改。

　　数据文件和重做日志组的设置与控制文件的设置方法相同。

　　完成设置后,单击"下一步"按钮,出现"创建选项"窗口,如图 5.10 所示。

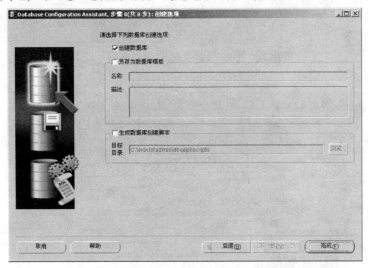

图 5.10　DBCA 的"创建选项"窗口

　　此窗口包含两个复选项。选项"创建数据库"将按照上述配置创建数据库;选项"另存为数据库模板"将上述配置参数存储为模板文件,以备后用,此时要求输入模板文件的名称及对此模板的简单描述。在此选中"创建数据库"复选框,单击"完成"按钮,出现"概要"对话框,如图 5.11 所示。

图 5.11　DBCA 的"概要"对话框

在"概要"对话框中,所有的设置信息以表格的形式列出,所包括的设置主要有公共选项、初始化参数、字符集、数据文件、控制文件和重做日志组。单击"确定"按钮,则启动创建数据库的工作,创建数据库的过程主要包括以下 4 个步骤。

（1）复制数据文件（因为创建数据库时选择了包括数据文件的模板）

（2）初始化数据库

（3）创建并启动例程

（4）创建数据库

数据库的创建完成之后,将出现"更改口令"对话框,如图 5.12 所示。

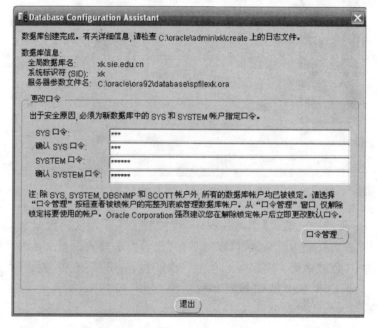

图 5.12   "更改口令"对话框

在此对话框中可以看到新建数据库的全局数据库名、系统标识符、服务器参数文件名等信息,并且要为 SYS 和 SYSTEM 用户设置口令（SYS 和 SYSTEM 是系统安装后自动创建的两个系统用户）。口令设置完成后,单击"退出"按钮,则利用 DBCA 创建数据库的过程成功完成。

5.1.2   使用命令方式创建数据库

在 SQL Plus 或 SQL Plus Worksheet 环境中,使用 CREATE DATABASE 命令可以创建数据库,命令的一般格式如下:

CREATE DATABASE <数据库名>

[CONTROLFILE REUSE]

[MAXINSTANCES n]

［MAXLOGHISTORY n］

［MAXLOGFILES n］

［MAXLOGMEMBERS n］

［MAXDATAFILES n］

［DATAFILE ＜SYSTEM 表空间对应的数据文件名及路径＞ SIZE ＜n K|M＞［REUSE］］

［UNDO TABLESPACE UNDOTBS

［DATAFILE ＜撤销表空间对应的数据文件名及路径＞ SIZE ＜n K|M＞［REUSE］

［AUTOEXTEND ON NEXT ＜n K|M＞ MAXSIZE UNLIMITED］］］

［DEFAULT TEMPORARY TABLESPACE TEMPTBS1］

［CHARACTER SET ＜字符集＞］

［ARCHIVELOG|NOARCHIVELOG］

［LOGFILE GROUP ＜n＞ ＜日志文件名及路径＞ SIZE ＜n K|M＞［，GROUP ＜n＞ ＜日志文件名及路径＞ SIZE ＜n K|M＞…］］；

命令方式中的参数与数据库配置助手中的参数基本对应，对其所做的具体解释如下。

（1）CONTROLFILE

用于指定按照初始化参数文件中"CONTROL_FILES"的值来创建控制文件。初始化参数文件决定着数据库的总体结构，用于设置数据库中的近 200 个系统参数，包括内存中的系统全局区（system global area，SGA）的大小、指定数据库控制文件的名称和路径、数据库配置中的大量的默认值、定义数据库的各种物理属性、定义数据库的各种操作参数等，所以初始化参数文件可以说是数据库的总文件。初始化参数文件的类型是文本文件，允许利用文本编辑器对其进行编辑和修改。REUSE 参数用于说明如果存在同名的控制文件则加以覆盖。

（2）MAXINSTANCES

用于指定在同一时刻此数据库允许被多少实例装载和打开。

（3）MAXDATAFILES

用于指定此数据库最多允许创建多少数据文件。

（4）MAXLOGFILES

用于指定此数据库最多允许创建多少重做日志组。

（5）MAXLOGMEMBERS

用于指定此数据库重做日志组中所包含的成员的最大数目。

（6）DATAFILE

用于指定为 SYSTEM 表空间所创建的一个或多个数据文件的名称和位置。数据库为 SYSTEM 表空间设置的数据文件通常是 system01.dbf，存放于所有数据文件默认存放的统一位置，通常为\ORACLE\ORADATA\＜SID＞\目录。REUSE 参数用于指定如果此数据文件已经存在则需将其覆盖。

（7）UNDO TABLESPACE

用于指定数据库的撤销表空间，在默认情况下，新建的数据库将运行在自动撤销管理模式下。默认情况下的撤销表空间的名称为 UNDOTBS,默认的数据文件为 undotbs01. dbf。

(8) CHARACTER SET

用于指定数据库存储所使用的字符集。默认字符集为 ZHS16GBK,即简体中文字符集。

(9) ARCHIVELOG|NOARCHIVELOG

用于指定数据库是否启用归档模式。NOARCHIVELOG 表示未启用归档模式;ARCHIVELOG 则表示启用归档模式。

(10) LOGFILE

用于指定重做日志组及日志组成员的名称、位置和大小。可以创建多个重做日志组,每个组中可以有多个日志成员。

【例 5.1】 创建学生选修课程系统数据库"xk",具体配置如下。

(1) 最多允许创建 5 个重做日志组。重做日志组中所包含的成员的最大数目为 5 个。在此为数据库创建 3 个重做日志组,每个日志组中有 1 个成员,其大小为 10MB,名称分别为"redo01. log"、"redo02. log"和"redo03. log",存放路径为"C:\oracle\oradata\xk\"。

(2) 最多允许创建 100 个数据文件。

(3) 为 SYSTEM 表空间配置数据文件,其名称为"system01. dbf",存放路径为"C:\oracle\oradata\xk\",大小为 325MB,且如果此数据文件已经存在则将其覆盖。

(4) 建立撤销表空间 undotbs,为 undotbs 表空间配置数据文件,其名称为"undotbs01. dbf",路径为"C:\oracle\oradata\xk\",大小为 25MB。同样的,如果此数据文件已经存在则将其覆盖,且数据文件的大小采用自动扩展方式,下一个存储区的大小为 512KB,对最大尺寸没有任何限制。

(5) 建立临时表空间 temptbs1。

(6) 设置数据库存储所使用的字符集 ZHS16GBK,即简体中文字符集。

(7) 设置数据库采用非归档模式。

根据题目给定的配置说明,创建数据库的具体 SQL 命令如下。

```
CREATE DATABASE xk
MAXLOGFILES 5 -- 最多允许创建 5 个重做日志组
MAXLOGMEMBERS 5 -- 重做日志组中所包含的成员的最大数目为 5 个
MAXDATAFILES 100 -- 最多允许创建 100 个数据文件
DATAFILE -- 设置 SYSTEM 表空间的数据文件的名称和路径
'C:\oracle\oradata\xk\system01.dbf' size 325M
REUSE -- 如果此数据文件已经存在则将其覆盖
UNDO TABLESPACE undotbs -- 撤销表空间为 undotbs
DATAFILE -- 设置撤销表空间的数据文件的名称和路径
'C:\oracle\oradata\xk\undotbs01.dbf' size 25M
REUSE -- 如果此数据文件已经存在则将其覆盖
AUTOEXTEND ON NEXT 512K MAXSIZE UNLIMITED
  -- 采用自动扩展方式,下一个存储区的大小为 512KB,对于最大尺寸无限制
DEFAULT TEMPORARY TABLESPACE temptbs1 -- 默认的临时表空间为 tcmptbs1
```

```
CHARACTER SET ZHS16GBK
NOARCHIVELOG
LOGFILE --创建3个重做日志组,每个日志组有1个成员,其大小为10MB
GROUP 1 ('C:\oracle\oradata\xk\redo01.log') size 10M,
GROUP 2 ('C:\oracle\oradata\xk\redo02.log') size 10M,
GROUP 3 ('C:\oracle\oradata\xk\redo03.log') size 10M;
```

注意: 以命令方式创建数据库时,在使用 CREATE DATABASE 命令之前通常还要做一些准备工作,例如配置系统环境参数、创建初始化参数文件、设置管理员口令验证方式等。使用 CREATE DATABASE 命令之后,通常还要为数据库创建其他表空间及服务器端初始化参数文件等。使用命令方式创建数据库是一项非常复杂的工作,建议初学者使用 DBCA 来创建数据库。

5.2 查看数据库信息

数据库的创建完成之后,可以查看数据库的信息。查看数据库信息可以有企业管理控制台方式和命令行方式这两种方式。

5.2.1 使用企业管理控制台方式查看数据库

依次选择"开始"→"程序"→"Oracle–OraHome92"→"Enterprise Manager Console"(企业管理控制台),出现"Oracle Enterprise Manager Console 登录"对话框,如图 5.13 所示。

图 5.13 "企业管理控制台登录"对话框

选中"独立启动"单选按钮,单击"确定"按钮,出现企业管理控制台,如图 5.14 所示。

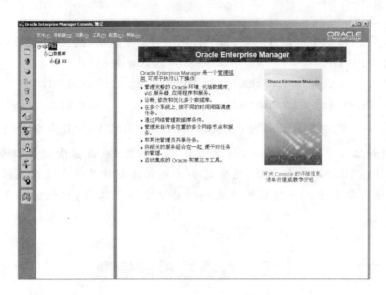

图 5.14 以独立方式启动的企业管理控制台

展开每个结点左侧的"+"符号,出现数据库名"xk",双击它则出现"数据库连接信息"对话框,如图 5.15 所示。

图 5.15 "数据库连接信息"对话框

在此对话框中输入用户名、口令,从下拉列表框中选择连接身份,连接身份分为 SYSDBA、SYSOPER 和 NORMAL 这 3 种,其中 SYSOPER 和 SYSDBA 角色具有数据库管理的最高权限。单击"确定"按钮,连接数据库。如果数据库连接成功,则在左窗格中将展开数据库的相关管理选项,如图 5.16 所示。

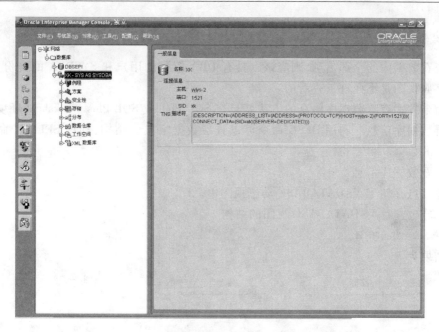

图 5.16 独立方式启动的数据库一般信息窗口

通过在左侧子窗口中选中某一项,在右侧子窗口中将显示详细信息,即可查看数据库的具体配置情况,具体做法见附录 A。

5.2.2 使用命令方式查看数据库

数据库的创建完成之后,数据库的描述参数将被记录在数据字典中,前面章节所提到的系统表就是数据字典。

1. 数据字典

数据字典(data dictionary)是 Oracle 数据库的"信息中心",由一系列的基础表或动态性能视图构成,保存数据库本身以及所有数据库对象的信息,由 Oracle 系统自动维护,无需 DBA 参与。

数据字典中基础表的信息一旦形成,在数据库运行期间通常就是不变的,但动态性能视图依赖于数据库运行时的状态,反映数据库运行的内在信息,所以这类数据字典并非一成不变的,而且这类视图只能被访问不能被修改。动态性能视图是以"V$"开头的视图。

数据字典的基础表主要由表和视图构成,基础表不能被访问,但视图可以被访问。静态数据字典视图分为以下 3 类。

(1) DBA 类视图:前缀为 DBA_*,指数据库管理员所使用的视图,包含了数据库中的所有信息。

(2) ALL 类视图:前缀为 ALL_*,指当前用户能够访问的对象的信息。

(3) USER 类视图:前缀为 USER_*,指当前用户所拥有的各种对象的信息。

2. 查看数据字典

要想查看数据库的全部信息,则应该以具有 DBA 权限的用户和 SYSDBA 的身份登录,否则某些数据字典视图是不允许被查看的。

使用命令方式查看数据库信息的方法就是在 SQL Plus 或 SQL Plus Worksheet 环境下利用操作命令查看数据库信息。利用 DESC 命令可以查看数据字典的结构,利用 SELECT 命令可以查看数据字典的数据。

(1) 查看数据库信息

数据库信息存储于 V$DATABASE 动态视图中。

【例 5.2】 查看 V$DATABASE 视图的结构。

DESC V$DATABASE;

执行结果为

名称	类型
DBID	NUMBER
NAME	VARCHAR2(9)
CREATED	DATE
RESETLOGS_CHANGE#	NUMBER
RESETLOGS_TIME	DATE
PRIOR_RESETLOGS_CHANGE#	NUMBER
PRIOR_RESETLOGS_TIME	DATE
LOG_MODE	VARCHAR2(12)
CHECKPOINT_CHANGE#	NUMBER
ARCHIVE_CHANGE#	NUMBER
CONTROLFILE_TYPE	VARCHAR2(7)
CONTROLFILE_CREATED	DATE
CONTROLFILE_SEQUENCE#	NUMBER
CONTROLFILE_CHANGE#	NUMBER
CONTROLFILE_TIME	DATE
OPEN_RESETLOGS	VARCHAR2(11)
VERSION_TIME	DATE
OPEN_MODE	VARCHAR2(10)
...	

由于所含字段太多,在此不一一罗列。V$DATABASE 视图中存储着数据库的名称

（NAME）、数据库当前检查点号（CHECKPOINT_CHANGE#）、控制文件当前检查点号（CON-TROLFILE_CHANGE#）、归档模式（LOG_MODE）等信息，数据库当前检查点号与数据库的同步有关。

【**例 5.3**】　查看当前数据库"xk"的信息，写出其 SQL 命令。

可以通过 V$DATABASE 系统表，使用 SQL 语句实现。

```
SELECT NAME,CHECKPOINT_CHANGE#,CONTROLFILE_CHANGE#,LOG_MODE
FROM V$DATABASE;
```

执行结果为

NAME	CHECKPOINT_CHANGE#	CONTROLFILE_CHANGE#	LOG_MODE
xk	519244	519244	NOARCHIVELOG

从例 5.3 可以看出，数据库的名称为"xk"，处于非归档模式，控制文件与数据库的当前检查点号一致，数据库处于同步状态。

（2）查看数据文件信息

在创建数据库或表空间时创建数据文件，数据字典中包含数据文件信息的视图主要有 V$DATAFILE、V$DATAFILE_HEADER、DBA_DATA_FILE 等。

【**例 5.4**】　查看 V$DATAFILE 视图的结构。

```
DESC V$DATAFILE;
```

执行结果为

名称	类型
FILE#	NUMBER
CREATION_CHANGE#	NUMBER
CREATION_TIME	DATE
TS#	NUMBER
RFILE#	NUMBER
STATUS	VARCHAR2(7)
ENABLED	VARCHAR2(10)
CHECKPOINT_CHANGE#	NUMBER
CHECKPOINT_TIME	DATE
UNRECOVERABLE_CHANGE#	NUMBER
UNRECOVERABLE_TIME	DATE
LAST_CHANGE#	NUMBER
LAST_TIME	DATE
OFFLINE_CHANGE#	NUMBER

ONLINE_CHANGE#	NUMBER
ONLINE_TIME	DATE
BYTES	NUMBER
BLOCKS	NUMBER
CREATE_BYTES	NUMBER
BLOCK_SIZE	NUMBER
NAME	VARCHAR2(513)
PLUGGED_IN	NUMBER
BLOCK1_OFFSET	NUMBER
AUX_NAME	VARCHAR2(513)

V$DATAFILE 视图中存储着数据文件编号(FILE#)、数据库文件的名称(NAME)、数据文件状态(STATUS)、数据文件当前检查点号(CHECKPOINT_CHANGE#)等信息。

【例 5.5】 查看当前数据库"xk"所包含的数据文件信息,写出其 SQL 命令。

SELECT FILE#,NAME,STATUS,CHECKPOINT_CHANGE# FROM V$DATAFILE;

执行结果为

FILE#	NAME	STATUS	CHECKPOINT_CHANGE#
1	C:\ORACLE\ORADATA\XK\SYSTEM01.DBF	SYSTEM	519244
2	C:\ORACLE\ORADATA\XK\UNDOTBS01.DBF	ONLINE	519244
3	C:\ORACLE\ORADATA\XK\CWMLITE01.DBF	ONLINE	519244
4	C:\ORACLE\ORADATA\XK\DRSYS01.DBF	ONLINE	519244
5	C:\ORACLE\ORADATA\XK\EXAMPLE01.DBF	ONLINE	519244
6	C:\ORACLE\ORADATA\XK\INDX01.DBF	ONLINE	519244
7	C:\ORACLE\ORADATA\XK\ODM01.DBF	ONLINE	519244
8	C:\ORACLE\ORADATA\XK\TOOLS01.DBF	ONLINE	519244
9	C:\ORACLE\ORADATA\XK\USERS01.DBF	ONLINE	519244
10	C:\ORACLE\ORADATA\XK\XDB01.DBF	ONLINE	519244

从例 5.5 可以看出,数据库共含有 10 个数据文件,查询结果中列出了数据文件的存储路径和文件名,"ONLINE"表示数据文件正在被使用,"SYSTEM"表示是系统数据文件,数据文件与数据库的当前检查点号一致,数据库处于同步状态。

(3) 查看日志文件信息

在创建数据库时默认创建 3 个重做日志组,每个组中有一个日志成员。数据字典中包含重做日志文件信息的视图有 V$LOG、V$LOGFILE、V$LOG_HISTORY 等。

【例5.6】 查看 V$LOG 视图的结构。

DESC V$LOG;

执行结果为

名称	类型
GROUP#	NUMBER
THREAD#	NUMBER
SEQUENCE#	NUMBER
BYTES	NUMBER
MEMBERS	NUMBER
ARCHIVED	VARCHAR2(3)
STATUS	VARCHAR2(16)
FIRST_CHANGE#	NUMBER
FIRST_TIME	DATE

V$LOG 视图中存储着日志组编号(GROUP#)、日志组成员数(MEMBERS)、日志组状态(STATUS)、归档模式(ARCHIVED)等信息。

【例5.7】 查看当前数据库"xk"的日志组信息,写出其 SQL 命令。

SELECT GROUP#,MEMBERS,ARCHIVED,STATUS FROM V$LOG;

执行结果为

GROUP#	MEMBERS	ARC	STATUS
1	1	NO	INACTIVE
2	1	NO	CURRENT
3	1	NO	INACTIVE

从例5.7可以看出,数据库中有3个日志组,每个日志组中只有1个成员,3个日志组均处于非归档模式,日志组2处于"CURRENT"即工作状态,其他两个日志组处于"INACTIVE"即非工作状态。

【例5.8】 查看 V$LOGFILE 视图的结构。

DESC V$LOGFILE;

执行结果为

名称	类型
GROUP#	NUMBER
STATUS	VARCHAR2(7)
TYPE	VARCHAR2(7)
MEMBER	

V$LOGFILE 视图中存储着日志组编号(GROUP#)、日志文件状态(STATUS)、类型(TYPE)、日志文件存储路径和文件名(MEMBER)等信息。

【例 5.9】　查看当前数据库"xk"日志文件的信息,写出其 SQL 命令。

SELECT * FROM V$LOGFILE;

执行结果为

GROUP#	STATUS	TYPE	MEMBER
3	STALE	ONLINE	C:\ORACLE \ORADATA \ XK \REDO03.LOG
2		ONLINE	C:\ORACLE \ORADATA \ XK \REDO02.LOG
1	STALE	ONLINE	C:\ORACLE \ORADATA \ XK \REDO01.LOG

从例 5.9 可以看出,数据库中有 3 个日志组,每个日志组中只有 1 个日志文件,日志组 2 的日志文件处于工作状态,其他两个日志文件处于"STALE"即非工作状态,3 个日志文件均在线,而且列出了日志文件的存储路径和文件名。

(4)查看控制文件信息

在创建数据库时默认创建 3 个控制文件,数据字典中包含控制文件信息的视图有 V$CONTROLFILE、V$CONTROLFILE_RECORD_SECTION 等。

【例 5.10】　查看 V$CONTROLFILE 视图的结构。

DESC V$CONTROLFILE;

执行结果为

名称	类型
STATUS	VARCHAR2(7)
NAME	VARCHAR2(513)

V$CONTROLFILE 视图中存储着控制文件的状态(STATUS)、名称(NAME)信息。

【例 5.11】　查看当前数据库"xk"控制文件的详细信息,写出其 SQL 命令。

SELECT * FROM V$CONTROLFILE;

执行结果为

STATUS	NAME
	C:\ORACLE \ORADATA \ XK \CONTROL01.CTL
	C:\ORACLE \ORADATA XK \CONTROL02.CTL
	C:\ORACLE \ORADATA \ XK \CONTROL03.CTL

从例 5.11 可以看出,数据库中含有 3 个控制文件,而且结果中列出了控制文件的存储路径和文件名,3 个控制文件处于镜像状态,所以 3 个控制文件一直处于工作状态。

5.3 启动和关闭数据库

在用户连接并使用数据库之前,必须首先启动数据库;用户使用数据库之后必须关闭数据库,以释放其所占用的资源。

在一般情况下,数据库服务的启动和关闭是自动完成的(具体资料请参见附录 C),但有时由于数据库系统发生故障,系统未能正常启动和关闭,或出于特定维护工作的需要而人为地使数据库处于非正常启动和关闭状态。

5.3.1 启动数据库

在启动数据库时,将首先在内存中创建与此数据库所对应的实例。实例是 Oracle 系统用来管理数据库的一个实体,由服务器中的内存结构和一系列服务进程组成。每一个已启动的数据库至少对应一个实例,一个数据库也可以由多个实例同时访问,而一个实例只能访问一个数据库。

在启动数据库之前,要以具有 SYSDBA 或 SYSOPER 权限的用户身份连接到 Oracle 系统中。

1. 数据库启动步骤

数据库启动的步骤为:启动实例、加载数据库、打开数据库。

(1)启动实例

启动数据库时,首先要创建并启动与数据库对应的实例。启动实例时,将为实例创建一系列后台进程、服务进程和系统全局区(SGA)等内存结构。在启动实例的过程中会用到初始化参数文件,如果初始化参数文件设置有误或者控制文件、数据文件和重做日志组之一或多个不可用,那么在启动实例时会遇到一些问题。

(2)加载数据库

在启动实例之后,由实例加载数据库。主要操作是由实例打开数据库的控制文件,从控制文件中获取数据库名称、数据文件的存储路径和名称等关于数据库物理结构的信息,为打开数据库做好准备。如果控制文件损坏,实例将无法加载数据库。

(3)打开数据库

打开数据库时,实例将打开所有处于联机状态的数据文件和日志文件。如果控制文件中所列出的任何一个数据文件或重做日志组不可用,数据库都将返回出错提示信息。只有成功地打开数据库之后,数据库才能处于正常运行状态,普通用户才能访问数据库。

2. 数据库启动模式

出于管理的需求,DBA 通常根据实际情况以不同的模式来启动数据库,常用的启动模式有以下 3 个。

(1)启动实例加载数据库并打开数据库

这种模式允许任何合法用户连接到数据库并执行有效的数据访问操作。这种模式通常分为受限状态和非受限状态两种。在受限状态下,只有 DBA 才能访问数据库;在非受限状态下,所有用户都可以访问数据库,这是数据库正常启动模式。

(2) 启动实例加载数据库但不打开数据库

在此模式下,只允许执行特定的维护工作,不允许普通用户访问数据库。所能执行的特定维护工作包括重命名数据文件,添加、取消或重命名重做日志组,允许或禁止重做日志归档选项,执行完整的数据库恢复操作,等等。

(3) 仅启动实例

通常只在数据库的创建过程中使用这种模式。

3. 数据库启动方法

启动数据库的方法包括企业管理控制台方式和命令行方式这两种方式。

(1) 企业管理控制台方式

登录企业管理控制台之后,选中所要启动的数据库,在其上单击鼠标右键,在弹出的快捷菜单中选择"启动"项,再选择所需的启动模式即可。

(2) 命令行方式

命令行方式启动数据库的方法是,在 SQL Plus 或 SQL Plus Worksheet 中使用 STARTUP 命令来启动实例和数据库,命令的一般格式为

STARTUP

[NOMOUNT | MOUNT | OPEN]

[PFILE = <初始化参数文件名及存储路径>]

其中:

NOMOUNT 表示启动实例不加载数据库;MOUNT 表示启动实例加载数据库但不打开数据库;OPEN 表示启动实例加载数据库并打开数据库。OPEN 模式是正常启动模式(默认模式),普通数据库用户要对数据库进行操作,数据库必须处于 OPEN 模式。

PFILE 用于指定非默认的初始化参数文件。Oracle 数据库在启动过程中,启动实例时需要读取初始化参数文件,从服务器端初始化参数文件或传统文本初始化参数文件中读取实例配置参数。在启动实例时,Oracle 系统首先读取默认位置的服务器端初始化参数文件(spfile < SID > . ora,例如 spfilexk. ora),如果未找到默认的服务器端初始化参数文件,Oracle 系统将继续查找默认位置的文本初始化参数文件(init < SID > . ora,例如 initxk. ora)。如果初始化参数文件在默认的位置不存在,或者初始化参数文件不使用默认的文件名,在启动数据库时就要用 PFILE 参数指定非默认的初始化参数文件及其所处的位置。

【例 5.12】 使用 NOMOUNT 模式启动当前数据库"xk",写出其 SQL 命令。

STARTUP NOMOUNT;

执行结果为

```
ORACLE 例程已经启动。
Total System GlobalArea 135338868 bytes
Fixed Size 453492 bytes
```

```
Variable Size 109051904 bytes
Database Buffers 25165824 bytes
Redo Buffers 667648 bytes
```

此命令执行后,仅启动数据库实例,并未装载和打开数据库。

【**例 5.13**】 使用 OPEN 模式启动当前数据库"xk",写出其 SQL 命令。

STARTUP OPEN;

执行结果为

```
ORACLE 例程已经启动。
Total System Global Area
                           135338868 bytes
Fixed Size                    453492 bytes
Variable Size             109051904 bytes
Database Buffers           25165824 bytes
Redo Buffers                 667648 bytes
数据库装载完毕。
数据库已经打开。
```

此命令执行后,以数据库正常启动方式打开数据库,数据库处于正常运行状态。

另外,在某些特定的情况下,DBA 可能需要改变数据库的启动模式。在 Oracle9i 中,可以使用 ALTER DATABASE 命令实现数据库在各种启动模式之间的切换,具体命令请读者查阅其他参考资料。

5.3.2 关闭数据库

Oracle 数据库的关闭同样需要具有 SYSDBA 或 SYSOPER 权限的用户来完成。

1. 数据库关闭步骤

关闭数据库的步骤为:关闭数据库、卸载数据库、终止实例。

(1) 关闭数据库

在关闭数据库的过程中,Oracle 系统将重做日志组高速缓存中的内容写入重做日志文件,并且将数据库高速缓存中被改动过的数据写入数据文件,进而关闭所有的数据文件和重做日志文件,但控制文件仍然处于打开状态。此时由于数据库已经关闭,用户将无法访问数据库。

(2) 卸载数据库

关闭数据库之后,实例会卸载数据库,控制文件在此过程中被关闭。

(3) 终止实例

卸载数据库之后就可以终止实例。终止实例时,实例所拥有的所有后台进程和服务进程将被终止,内存中的 SGA 区域被回收。

2. 数据库关闭模式

在 Oracle9*i* 中关闭数据库可以有多种方式,DBA 将根据不同的情况采取不同的方式来关闭数据库。关闭数据库的方式包括正常关闭方式、立即关闭方式、事务关闭方式、终止关闭方式这4 种。

(1)正常关闭方式即 NORMAL 方式

以正常关闭方式关闭数据库时,Oracle 系统并不断开当前用户与数据库的连接,而是等待当前用户主动断开连接,连接的用户甚至还可以创建新的事务,因此关闭数据库的时间完全取决于已连接的用户,有时可能需要较长的时间。以正常关闭方式关闭数据库,在下次启动数据库时无需执行任何恢复操作,如果对关闭数据库的时间未加限制,则可使用正常关闭方式来关闭数据库。

(2)立即关闭方式即 IMMEDIATE 方式

立即关闭方式能够在尽可能短的时间内关闭数据库。在立即关闭方式下,Oracle 系统不仅会立即中断当前用户与数据库的连接,而且会强行终止用户的当前事务,并将未完成的事务回滚。以立即关闭方式关闭数据库之后,在下次启动数据库时也无需执行任何恢复操作。通常在即将启动自动的数据备份操作、即将发生电力供应中断或者当数据库本身或某个数据库应用程序发生异常,并且此时无法与用户取得联系以请求注销操作,或者用户根本无法注销、断开与数据库的连接等情况下使用立即关闭方式来关闭数据库。

(3)事务关闭方式即 TRANSACTIONAL 方式

事务关闭方式的处理模式介于正常关闭方式和立即关闭方式之间,它使用尽可能短的时间来关闭数据库,但允许当前的所有活动事务被提交。以事务关闭方式关闭数据库,在下次启动数据库时也无需执行任何恢复操作。

(4)终止关闭方式即 ABORT 方式

以终止关闭方式关闭数据库实质上是通过终止数据库实例来立即关闭数据库。以终止关闭方式关闭数据库时将丢失一部分数据信息,在下次启动数据库时需要进行恢复。如果不是处于特殊情况,应尽量避免使用终止关闭方式来关闭数据库。通常在数据库本身或某个数据库应用程序发生异常,并且使用其他关闭方式均无效时、出现紧急情况需要立即关闭数据库、在启动数据库实例时出现问题等情况下使用终止关闭方式来关闭数据库。

3. 关闭数据库的方法

关闭数据库的方法包括企业管理控制台方式和命令行方式这两种方式。

(1)企业管理控制台方式

登录企业管理控制台之后,选中要启动的数据库,在其上单击鼠标右键,在弹出的快捷菜单中选择"关闭"项,再选择所需的关闭模式即可。

(2)命令行方式

命令行方式关闭数据库的方法是在 SQL Plus 或 SQL Plus Worksheet 中使用 SHUTDOWN 命令来关闭实例和数据库,命令格式如下:

SHUTDOWN

［NORMAL|IMMEDIATE|TRANSACTIONAL|ABORT］;

方括号中的可选参数用于指定关闭数据库的方式,默认值为 NORMAL。

【例 5.14】 以 IMMEDIATE 方式关闭当前数据库"xk",写出其 SQL 命令。

SHUTDOWN IMMEDIATE;

执行结果为

> 数据库已经关闭。
> 已经卸载数据库。
> ORACLE 例程已经关闭。

此命令执行之后,将以立即关闭方式来关闭数据库,首先关闭数据库,然后卸载数据库,最后关闭实例。

关闭数据库的过程与数据库的启动模式有关,如果数据库以 MOUNT 模式启动,那么关闭数据库的过程是卸载数据库、关闭实例。

5.4 表 空 间

学生选修课程系统数据库"xk"建立之后还不能存储数据表,因为在 Oracle 系统中,数据库仅是最外部的一层逻辑结构,必须在数据库中再建立第二层逻辑结构,方可存储数据表。表空间是 Oracle 数据库内部最高层次的逻辑结构,Oracle 数据库是由一个或多个表空间所组成的,在 Oracle 数据库中,可以将表空间看做一个装载数据库对象的容器,在数据库中创建的所有对象都必须保存在指定的表空间中。在一般情况下,一个应用的所有数据均存储在一个表空间中。

虽然表空间属于数据库逻辑结构的范畴,但是它与数据库物理结构有着十分密切的关系,表空间在物理上是由一个或多个数据文件所组成的。

假设在 xk 数据库中设计一个名为"xk"的表空间,其对应的数据文件名为"xk1. ORA"。本节将以此表空间名介绍表空间的创建方法。数据库名与表空间名可以重名,使用时应注意其区别。

5.4.1 创建表空间

Oracle 数据库中创建表空间的方法包括企业管理控制台方式和命令行方式这两种方式。

1. 企业管理控制台方式

登录至数据库之后,依次选择"存储"→"表空间",单击鼠标右键,在弹出的快捷菜单中选择"创建"项,出现"创建 表空间"窗口,如图 5.17 所示。

"一般信息"选项卡用于定义表空间的一般属性,主要信息如表 5.2 所示。

图 5.17 "创建 表空间"窗口的"一般信息"选项卡

表 5.2 表空间"一般信息"选项卡所包含的项及其说明

项	说明
名称	表空间名
数据文件	表空间所包含的数据文件,一个表空间可包含一个或多个数据文件
状态	表空间的使用状态,分为"脱机"和"联机"两种。"脱机"状态分为"正常脱机"、"临时脱机"、"立即脱机"和"脱机恢复"4 种;在创建模式中,"联机"状态为默认值
类型	分为"永久"、"临时"和"还原"3 种。"永久"指定表空间用于存放永久性数据库对象,此选项为默认值;"临时"指定表空间仅用于存放临时对象(排序段),任何永久性对象都不能驻留于临时的表空间中;"还原"指定此表空间为支持事务处理回退的撤销表空间

图 5.17 中所创建的表空间名为"XK",包含一个数据文件,文件名为"XK1.ora"。

在"一般信息"选项卡的"数据文件"表格中可以编辑数据文件。选中某行最左端的选定标识框,单击鼠标右键,在弹出的快捷菜单中选择"编辑"项则可编辑此数据文件,选择"移去"项则删除此数据文件,也可以通过单击 ✎ 图标编辑所选中的数据文件,单击 🗑 图标删除所选中的数据文件。在空白行添加数据文件名、文件目录、大小则可添加新的数据文件。如果学生选修课程系统中的数据文件已满,则可添加新的数据文件。

如果要编辑某数据文件,则选中此数据文件最左端的选定标识框,单击鼠标右键,在弹出的快捷菜单中选择"编辑"项,或单击 ✎ 图标,将弹出数据文件编辑窗口,数据文件"一般信息"选项卡如图 5.18 所示。

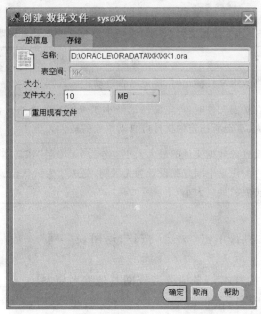

图 5.18　编辑数据文件的"一般信息"选项卡

数据文件"一般信息"选项卡用于定义数据文件的一般属性,主要信息如表 5.3 所示。

表 5.3　数据文件"一般信息"选项卡所包含的项及其说明

项	说明
名称	数据库存储路径及文件名
表空间	数据文件所属的表空间,下拉式列表包含已连接的数据库的所有表空间
大小	指定数据文件的大小
重用现有文件	若存在同名数据文件则替换之

"存储"选项卡如图 5.19 所示。

图 5.19　编辑数据文件的"存储"选项卡

数据文件"存储"选项卡用于定义数据文件的存储特性,主要信息如表 5.4 所示。

表 5.4 数据文件"存储"选项卡所包含的项及其说明

项	说明
数据文件已满后自动扩展	当数据文件溢出时,确定是否自动扩展数据文件
增量	在扩展文件时,确定文件的最小扩展增量的大小。数据文件将按所指定增量增大,直至所指定的文件可自动扩展的最大大小
最大大小	设置此数据文件的最大大小。分为"无限制"和具体值两种。"无限制"将数据文件的磁盘空间分配设置为无限制,此选项为默认值;具体值可以指定文件可自动扩展的最大大小

数据文件的设置完成之后,单击"确定"按钮,返回表空间"一般信息"选项卡设置窗口(图 5.17)。

表空间"存储"选项卡的基本信息请读者查阅其他参考资料。

表空间的信息设置完成之后,单击图 5.17 中的"创建"按钮,Oracle 系统开始创建表空间。在表空间的创建过程中,Oracle 主要完成以下两部分工作。

(1) 在数据字典和控制文件中记录新建表空间的信息。

(2) 在操作系统中,创建指定大小的操作系统文件,作为与表空间对应的数据文件。

2. 命令行方式

命令行方式创建表空间的方法是,在 SQL Plus 或 SQL Plus Worksheet 中使用 CREATE TABLESPACE 命令创建表空间,命令的一般格式如下:

CREATE [TEMPORARY | UNDO] TABLESPACE <表空间名>
TEMPFILE |DATAFILE <数据文件名及存储路径> SIZE <n K|M> [REUSE]
[AUTOEXTEND ON [NEXT <n K|M> MAXSIZE UNLIMITED| <n K|M>]|OFF]
[, <数据文件名及存储路径> SIZE <n K|M> [REUSE]
[AUTOEXTEND ON [NEXT <n K|M> MAXSIZE UNLIMITED| <n K|M>]|OFF]
…]
[EXTENT MANAGEMENT LOCAL [AUTOLOCATE|UNIFORM [SIZE <n K|M>]]]
[LOGGING|NOLOGGING]
[ONLINE|OFFLINE]
[PERMANENT]
[SEGMENT SPACE MANAGEMENT [AUTO|MANUAL]];

其中:

(1) TEMPORARY 表示创建临时表空间,用于保存实例在运行过程中所产生的临时数据;UNDO 表示创建撤销表空间,撤销表空间是特殊的表空间,专门用来在自动撤销管理方式下存储撤销信息,即还原信息。除了撤销段之外,在撤销表空间中不能建立任何其他类型的段。任何数据库用户(包括 DBA)都不能在撤销表空间中创建数据库对象。

（2）DATAFILE 参数用于指定数据文件，TEMPFILE 用于指定临时文件。一个表空间可以指定一个或多个数据文件。对于多个数据文件，每两个数据文件之间用符号"，"分隔。SIZE 参数用于指定数据文件的长度。REUSE 参数用于覆盖已有文件。

注意：一个数据库的所有表空间的数据文件数不能超过建立数据库时所指定的最大数据文件数。

（3）AUTOEXTEND 参数用于指定数据文件是否采用自动扩展方式增加表空间的物理存储空间，ON 参数表示采用自动扩展方式，同时使用 NEXT 参数指定每次扩展物理存储空间的大小，使用 MAXSIZE 参数指定数据文件的最大长度，UNLIMITED 表示无限制；OFF 参数则表示不采用自动扩展方式，如果采用这种方式，在表空间需要增加物理存储空间时就必须手工增加新的数据文件或者手工扩展现有数据文件的长度。默认参数为 OFF。

（4）EXTENT MANAGEMENT LOCAL 参数用于指定新建表空间为本地管理方式的表空间，在 Oracle9.2 版本中，本地管理方式的表空间是系统默认方式。AUTOLOCATE 和 UNIFORM 参数用于指定本地管理表空间中区域的分配管理方式。其中 AUTOLOCATE 为默认值，表示由 Oracle 系统负责对区域的分配进行自动管理，在 AUTOLOCATE 方式下，表空间中的最小区域为 64 KB；UNIFORM 参数表示新建表空间中的所有区域都具有统一的大小，其尺寸由 SIZE 参数指定，如果未指定 SIZE 参数则以 1 MB 为默认值。

（5）LOGGING 参数用于指定表空间中所有的 DDL 操作和直接插入记录操作都应被记录在重做日志组中，这也是默认值。如果使用 NOLOGGING 参数，上述操作都不会被记录在重做日志组中，这可以提高操作的执行速度，但在需要执行数据库恢复操作时，却无法进行数据库的自动恢复。

（6）ONLINE 参数用于指定表空间在创建之后立即处于联机状态，这是默认的设置。如果希望表空间在创建之后处于脱机状态，则可使用 OFFLINE 参数。

（7）PERMANENT 参数用于指定表空间为永久性的表空间，此表空间中所创建的都是永久性的数据库对象。

（8）SEGMENT SPACE MANAGEMENT 参数用于指定本地管理表空间中段的存储管理方式。如果使用 AUTO 参数则表示对段的存储管理采用自动方式，使用 MANUAL 参数则表示采用手工方式实现对段的管理。默认方式为自动方式。

【例 5.15】 创建表空间"xk"，具体配置如下。

（1）表空间"xk"包含 2 个数据文件。第 1 个数据文件为"xk1. ora"，存储路径为"C:\oracle\oradata\xk"，其大小为 1 MB，如果此数据文件已经存在则将其覆盖，数据文件具有自动扩展属性，每次所占空间增量为 128 KB，最大值为 10 MB；第 2 个数据文件为"xk2. ora"，存储路径为"C:\oracle\oradata\xk"，其大小为 5 MB，没有自动扩展属性，自动进行段空间的管理，自动分配存储区。

（2）此表空间中的所有 DDL 操作和直接插入记录操作都应被记录在重做日志组中。

根据题目给定的配置说明，创建表空间的具体命令如下：

```
CREATE TABLESPACE xk
LOGGING -- 启用事件记录,生成重做日志记录
DATAFILE 'C:\oracle\oradata\xk\xk1.ora' SIZE 1M REUSE -- 第 1 个数据文件
```

AUTOEXTEND ON NEXT 128K MAXSIZE 10M

 -- 自动扩展,增量为 128KB,最大值为 10MB

'C:\oracle\oradata\xk\xk2.ora' SIZE 5M -- 第 2 个数据文件,没有自动扩展属性

EXTENT MANAGEMENT LOCAL SEGMENT SPACE -- 自动进行段空间的管理

MANAGEMENT AUTO; -- 自动分配存储区

此命令执行之后,在数据库中创建一个名为"xk"的表空间,在数据字典和控制文件中记录新建表空间"xk"的信息,并且在操作系统中创建指定大小的操作系统文件,作为与表空间对应的数据文件。

5.4.2 修改表空间

表空间的创建完成之后,有时会发现某些参数设置不妥,这就需要修改表空间。修改表空间的方法包括企业管理控制台方式和命令行方式这两种方式。

1. 企业管理控制台方式

在企业管理控制台中,选择所要修改的表空间,双击鼠标左键或单击鼠标右键选中快捷菜单中的"查看"→"编辑详细资料"即可出现修改表空间窗口,其基本操作同创建表空间的方法。单击"显示 SQL"按钮,即可显示系统自动形成的修改表空间的 ALTER TABLESPACE 语句,此语句即为以命令行方式修改序列的命令。

2. 命令行方式

命令行方式修改序列的方法是,在 SQL Plus 或 SQL Plus Worksheet 中使用 ALTER TA-BLESPACE 命令修改表空间,命令的一般格式如下:

ALTER TABLESPACE < 表空间名 >

ADD DATAFILE < 数据文件名及存储路径 > SIZE < *n* K | M > [REUSE]

[AUTOEXTEND ON [NEXT < *n* K | M > MAXSIZE UNLIMITED | < *n* K | M >] | OFF]

[, < 数据文件名及存储路径 > SIZE < *n* K | M > [REUSE]

[AUTOEXTEND ON [NEXT < *n* K | M > MAXSIZE UNLIMITED | < *n* K | M >] | OFF]

…]

[ONLINE | OFFLINE [NORMAL | TEMPORARY | IMMEDIATE | FOR RECOVER]]

[READ ONLY | READ WRITE];

其中:

(1) ADD DATAFILE 参数用于为表空间增加新的数据文件。

(2) AUTOEXTEND 用于指定数据文件是否采用自动扩展方式。

(3) ONLINE 和 OFFLINE 用于指定表空间的可用性,即处于联机或脱机状态。

(4) READ ONLY 和 READ WRITE 用于指定表空间为"只读"或"读写"状态。

【例 5.16】 为表空间"xk"增加数据文件"xk3.ora",其存储路径为"C:\oracle\oradata\xk",大小为 5 MB,且修改表空间为脱机状态。写出其 SQL 命令。

ALTER TABLESPACE xk

```
ADD
    DATAFILE 'C:\oracle\oradata\xk\xk3.ora' SIZE 5M;
ALTER TABLESPACE xk OFFLINE;
```

此命令执行之后,将表空间"xk"修改为脱机状态,且为其增加所指定的数据文件。

5.4.3 删除表空间

一旦在数据库中成功定义表空间之后,表空间会一直存储在数据库中,但有时会发现某些表空间不再需要,此时应删除此表空间,以释放其所占用的存储空间。

删除表空间的方法包括企业管理控制台方式和命令行方式这两种方式。

1. 企业管理控制台方式

在企业管理控制台中,选择所要删除的表空间,单击鼠标右键,在弹出的快捷菜单中选择"移去"项,出现"删除表空间"对话框,如图 5.20 所示。

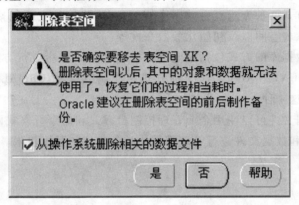

图 5.20 "删除表空间"对话框

选中"从操作系统删除相关的数据文件"复选项,将此表空间所包含的数据文件一并删除,单击"是"按钮即可删除此表空间及相关的数据文件。

2. 命令行方式

命令行方式删除表空间的方法是,在 SQL Plus 或 SQL Plus Worksheet 中使用 DROP TABLESPACE 命令删除表空间,命令的一般格式如下:

DROP TABLESPACE <表空间名>;

[INCLUDING CONTENTS [AND DATAFILES]];

其中:

(1) 如果在所要删除的表空间中包含数据库对象,则需要使用可选参数 INCLUDING CONTENTS。

(2) 如果要在删除表空间的同时删除操作系统中对应的数据文件,则需要使用可选参数 INCLUDING CONTENTS AND DATAFILES。

【例 5.17】 删除表空间"xk",且将其所包含的数据文件从操作系统中删除,写出其 SQL 命令。

```
DROP TABLESPACE xk INCLUDING CONTENTS AND DATAFILES;
```

此命令执行之后,将删除表空间"xk",同时删除其所对应的操作系统文件。

5.5 小 结

本章对数据库和表空间进行介绍,重点介绍了管理数据库和表空间的方法。通过本章内容的学习,读者应该了解:

(1) 在创建数据库之前一定要做好新数据库的规划与准备工作,因为创建数据库时对数据库参数所做的设置将直接影响数据库的性能。在 Oracle9i 中,创建数据库的方式包括使用 DB-CA 数据库配置助手和使用命令方式这两种方式。在数据库的创建完成之后,可以使用企业管理控制台方式和命令行方式两种方式查看数据库的信息,这些信息主要包括用户信息、控制文件、重做日志组、数据文件、表空间以及初始化参数文件等。

(2) 启动和关闭数据库的方式包括企业管理控制台方式和命令行方式这两种方式,数据库可以以 NOMOUNT、MOUNT 和 OPEN 这 3 种方式启动,可以以 NORMAL、IMMEDIATE、TRANS-ACTIONAL 或 ABORT 这 4 种方式关闭。

(3) 表空间和数据文件可以使用企业管理控制台方式和命令行方式两种方式管理。无论使用哪种方式,对表空间和数据文件进行管理都需要具备相应的系统权限。

思考题与习题

1. 在 Oracle9i 中创建数据库有哪几种方法?

2. Oracle 数据库的启动过程是怎样的?

3. Oracle 数据库有哪几种启动模式?

4. Oracle 系统关闭数据库有哪几种方式?

5. 什么是表空间,表空间与数据文件之间的关系是怎样的?

6. 列出 Oracle 数据库安装后的所有默认表空间。

实 训

一、实训目标

1. 掌握数据库的创建方法和步骤。

2. 掌握查看数据库相关信息的方法。

3. 掌握数据库的启动与关闭方法。

4. 掌握表空间的建立、修改、查看、删除操作。

二、实训学时

建议实训参考学时为 2 学时。

三、实训准备

熟悉附录 A 中企业管理控制台、SQL Plus 或 SQL Plus Worksheet 的应用环境,掌握常用命令的使用方法。

四、实训内容

完成第 4 章实训内容之后,得到图书编著管理系统的物理数据模型,为了在数据库中建立对应的数据表,需要先建立数据库和表空间。具体的各项任务如下。

1. 利用数据库配置助手建立图书编著管理系统数据库,将数据库命名为"book",没有域名,其他参数的值选择默认设置。

2. 利用企业管理控制台查看图书编著管理系统数据库 book 的相关信息。

3. 利用 SQL Plus 查看图书编著管理系统数据库 book 的相关信息。

4. 利用企业管理控制台方式和命令行方式两种方式来启动和关闭图书编著管理系统数据库 book。

5. 利用企业管理控制台建立名为"book"的表空间,表空间中包含 2 个数据文件,第 1 个数据文件为"book1. ora",存储路径为"C:\oracle\oradata\book",其大小为 1MB,如果此数据文件已经存在则将其覆盖,数据文件具有自动扩展属性,每次存储空间增量为 128 KB,最大值为 10 MB;第 2 个数据文件为"book2. ora",存储路径为"C:\oracle\oradata\book",大小为 5 MB,没有自动扩展属性,自动进行段空间管理,自动分配存储区;并且此表空间中的所有 DDL 操作和直接插入记录操作都应被记录在重做日志文件中。

6. 修改表空间 book,将其设置为脱机状态。

7. 为表空间 book 添加一个数据文件 book3. dbf,存储路径为"C:\oracle\oradata\book"。

8. 利用命令行方式创建表空间"book1",此表空间包含 1 个数据文件,文件名为"book11. ora",存储路径为"C:\oracle\oradata\book",其大小为 1 MB。

9. 删除表空间 book1,同时删除操作系统中对应的数据文件。

第6章
Oracle 基本对象

学 习 目 标

- 掌握方案的概念、方案与用户之间及方案与方案对象之间的关系,了解 Oracle9i 数据库方案管理器中所管理的数据库对象。

- 掌握表、索引、视图、序列、同义词的概念及其作用。

- 掌握以企业管理控制台方式管理表、索引、视图、序列、同义词的方法,包括创建、查看、修改、删除操作。

内 容 框 架

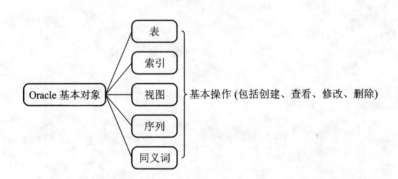

学生选修课程系统的数据库、表空间及数据文件的创建完成之后,就可以开始创建此系统所涉及的数据表、索引等数据对象了,这些对象均存储于指定的表空间中。Oracle 数据库系统中的基本对象包括表、索引、视图、序列、同义词等,在第3章中已经介绍了表、索引和视图的基本概念以及使用 SQL 命令创建它们的方法,本章重点介绍在 Oracle 系统中使用可视化图形界面创建表、索引和视图的方法,同时介绍对于序列、同义词的操作方法。

在 Oracle 数据库中创建数据对象时,各个用户所创建的对象互不干扰,在 Oracle 数据库中通过方案来进行管理。

6.1　方案的概念

在 Oracle9*i* 数据库中,所有的数据对象并非随意地存储在数据库中,Oracle9*i* 数据库通过使用"方案"来组织和管理数据对象。所谓方案就是一系列数据对象的集合,是数据库中所存储数据的逻辑表示或描述。

Oracle9*i* 数据库中并不是所有的数据对象都是方案对象,方案对象有表、索引、触发器、数据库链接、PL/SQL 包、序列、同义词、视图、存储过程、存储函数等,非方案对象有表空间、用户、角色、概要文件等。

在 Oracle9*i* 数据库中,每个用户都拥有自己的方案,创建一个用户也就创建了一个同名的方案,方案与数据库用户是一一对应的。但在其他关系型数据库中两者不是一一对应的。所以,方案和用户是两个截然不同的概念,要注意对其加以区分。在默认情况下,一个用户所创建的所有数据对象均存储在自己的方案中。

当用户在数据库中创建一个方案对象之后,这个方案对象默认属于这个用户的方案。当用户访问自己方案的数据对象时,在对象名前面可以不加方案名;但是,如果其他用户要访问此用户的方案对象,必须在对象名前面加方案名。

例如,用户 usepi 创建一个表 student,如果用户 usepi 查询此表中的数据,命令可以写成:

```
SELECT * FROM student;
```

但是,如果其他用户要查询此表中的数据,必须写成:

```
SELECT * FROM usepi.student;
```

切换方案的方法是以其他用户的身份登录数据库,此时,方案将自动切换到新用户。

Oracle 数据库通过企业管理控制台中的方案管理器完成对方案对象的管理,本章只介绍表、索引、视图、序列和同义词等方案对象。

下面以 USEPI 用户为例介绍各种数据对象的创建方法,关于用户的具体操作将在第 9 章介绍。

6.2　数　据　表

Oracle 数据库中表的管理主要分为管理表结构和表数据,管理方法包括企业管理控制台方式和命令行方式这两种方式。命令行方式已经在第 3 章介绍,在此主要介绍以企业管理控制台方式管理表的方法。

6.2.1　创建表

以企业管理控制台方式创建表又可分为创建、使用向导创建、类似创建这 3 种方式。

1. 创建方式

登录数据库之后,依次选择"方案"→<方案名>→"表",单击鼠标右键,在弹出的快捷菜单中选择"创建"项,出现"创建 表"窗口,选择"一般信息"选项卡,如图 6.1 所示。

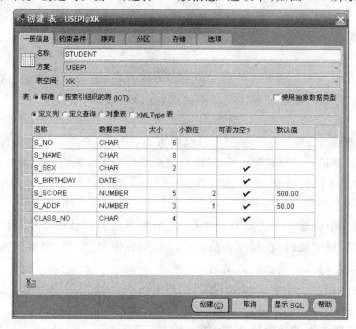

图 6.1 "创建 表"窗口的"一般信息"选项卡

(1)"一般信息"选项卡用于定义表的一般属性,主要信息如表 6.1 所示。

表 6.1 表"一般信息"选项卡所包含的项及其说明

项	说明
名称	表名,在同一方案中的表名是唯一的
方案	表所属的方案,下拉式列表包含已连接的数据库的所有方案
表空间	表所属的表空间,下拉式列表包含已连接的数据库的所有表空间
表	表的类型,分为标准表和按索引组织的表(IOT)两种。标准表的一列或多列使用一个索引,为表和索引保留两个独立的存储空间;按索引组织的表(IOT)的数据保存在相关的索引中,更改此表数据(插入行、更新行或删除行)时将使索引得到更新
使用抽象数据类型	如果要使表支持 Oracle 数据库的抽象数据类型,则选中此复选框。如果选中此复选框,"定义列"的表格将包含附加列
定义列	手工输入表中列的定义。表格中各项的含义见表 6.2
定义查询	选中此项后将出现滚动的可编辑文本区域,用于输入创建表的 SQL 查询语句
对象表	选中此项后可以创建使用用户自定义对象类型的表
XMLType 表	选中此项后可以创建使用用户自定义 XML 类型的表

"定义列"表格(如表 6.2 所述)用于在数据库的表中添加列、编辑列。可以选中某列名称最左端的选定标识框,单击鼠标右键,在弹出的快捷菜单中选择"Insert Before"在此列前插入一空行,选择"Insert After"在此列后插入一空行,选择"上移"将此列上移一行,选择"下移"将此列下移一行,选择"删除"将此列删除,也可以通过单击窗口左下角的 图标来删除当前列。

表 6.2 表"一般信息"选项卡中"定义列"表格所包含的项及其说明

项	说明
名称	列的名称,同一表中的列名是唯一的
数据类型	列的数据类型
大小	列的长度
小数位	针对数值型的列而言,指小数点后的位数
可否为空	所定义的列是否允许为空值(NULL)
默认值	列的默认值。在插入新行时如果未特别指明列的值,则列的值设定为默认值

注意:在定义数值型字段时输入默认值是必要的,因为常常要对数值型字段值进行统计运算,例如求和、求平均值等。如果未设定默认值,字段的值为空而不是 0,在进行计算时将出现错误。

(2)"约束条件"选项卡用于定义表的完整性约束(CONSTRAINT),如图 6.2 所示。

图 6.2 "创建 表"窗口的"约束条件"选项卡

Oracle 数据库中表的完整性约束有 6 种:PRIMARY、FOREIGN、UNIQUE、CHECK、NOT NULL和 DEFAULT。"约束条件"选项卡中有 4 种:PRIMARY 约束、FOREIGN 约束、UNIQUE 约束和CHECK 约束,主要信息如表 6.3 所示。

表 6.3 表"约束条件"选项卡所包含的项及其说明

项		说明
对表的约束条件	名称	约束条件的名称,可以输入一个有效的 Oracle 标识符作为约束条件的名称。如果未输入名称,Oracle 数据库系统将指定一个默认名称
	类型	约束条件类型。下拉式列表显示可用的约束条件类型:UNIQUE、PRIMARY、FOREIGN 和 CHECK
	是否禁用	指定约束条件是否禁用
	引用方案	当约束类型为 FOREIGN 时所要引用的方案,下拉式列表显示已连接数据库的所有方案
	引用表	当约束类型为 FOREIGN 时所要引用的表,下拉式列表显示已选引用方案中的所有表
	级联删除	FOREIGN 类型约束的一种删除方式。级联删除是指如果外键关联的主表的数据被删除,从表中的关联数据将自动被删除
	检查条件	当约束类型为 CHECK 时,输入此字段的检查条件
	能否延迟	指定是否可以延迟约束条件检查,直到事务处理结束为止
	是否为最初延迟	指定此约束条件是否可延迟,并且默认情况下只在每个事务处理结束时检查约束条件
	是否不进行验证	指定对所有旧数据是否重新进行约束条件的检查
	是否依赖	指定是否强制执行已启用的约束条件
约束条件定义	表列	指定约束条件所约束的列
	引用列	当约束类型为 FOREIGN 时外关键字所引用的列

图 6.2 中包含"对表的约束条件"和"约束条件定义"两个表格。使用"对表的约束条件"可编辑表格,可以在数据库的表中添加约束、编辑约束,可以通过单击某约束条件最左端的选定标识框,单击鼠标右键,在弹出的快捷菜单中选择"移去"将此约束删除。在一般情况下,对约束条件的修改是先删除,再应用,最后添加。

"约束条件"选项卡的 4 种约束的定义方法如下。

① 定义 PRIMARY 约束时,在"对表的约束条件"表格"类型"栏中选择"PRIMARY",在"约束条件定义"表格的"表列"下拉式列表中选择此约束条件所约束的列,主键列可以是一列或多列。主键约束在一个表中是唯一的。

② 定义 UNIQUE 约束时,在"对表的约束条件"表格"类型"栏中选择"UNIQUE",在"约束条件定义"表格的"表列"下拉式列表中选择此约束条件所约束的列,唯一性约束列可以是一列或多列。

③ 定义 FOREIGN 约束时,在"对表的约束条件"表格"类型"栏中选择"FOREIGN",在"约束条件定义"表格的"表列"下拉式列表中选择此外键约束条件所约束的本表中的列,在"引用

列"下拉式列表中选择外键的关联主表中的列。

④ 定义 CHECK 约束时,在"对表的约束条件"表格"类型"栏中选择"CHECK",直接将约束条件写在"对表的约束条件"表格的"检查条件"栏中,无需在"约束条件定义"表格中选择表列。

注意:UNIQUE、FOREIGN 和 CHECK 约束在一个表中不是唯一的,通过"对表的约束条件"表格中的"名称"加以区别,这个名称通常采用系统提供的名称,用户不要修改,否则可能造成约束名称相同而带来错误。

其他选项卡的设置通常保留默认值。

所有选项卡均设置完毕后,单击"显示 SQL"按钮,即可显示自动形成的创建表的 CREATE TABLE 语句,此语句即为以命令行方式创建表的命令,单击"创建"按钮即可完成新表的创建。

【**例 6.1**】 利用企业管理控制台方式创建"选修课程"表(sc),具体要求见第 3 章表 3.9。

登录数据库"xk"之后,依次选择"方案"→"USEPI"→"表",单击鼠标右键,在弹出的快捷菜单中选择"创建"项,出现"创建 表"窗口,具体的创建信息如图 6.3 所示。

(a) 字段信息

(b) 主键约束条件

(c) 与"学生"表 s_no 外键约束且级联删除

(d) 与"课程"表 c_no 外键约束

图 6.3 创建"选修课程"表

2. 使用向导创建方式

使用向导创建方式是一种简单的建表方式。下面以学生选课系统中的"学生"表为例介绍以向导方式创建表的过程。

登录数据库之后,依次选择"方案"→<方案名>→"表",单击鼠标右键,在弹出的快捷菜单中选择"使用向导创建"项,出现表向导的"简介"窗口,如图6.4所示。

图 6.4　表向导的简介

在"简介"窗口中为表指定名称、方案、表空间。单击"下一步"按钮,出现表向导的"列定义"窗口,如图6.5所示。

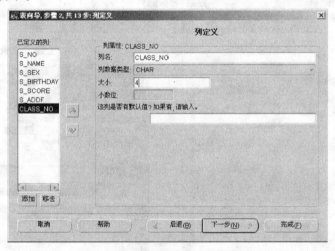

图 6.5　表向导的列定义

在"列定义"窗口中可以向表中添加列。输入列名、列数据类型、大小、小数位、默认值,单击"添加"按钮即可添加一列。选中某一列,单击"移去"按钮即可删除此列。单击"下一步"按钮,出现表向导的"主关键字定义"窗口,如图6.6所示。

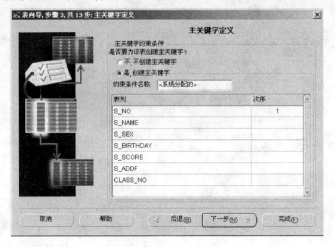

图6.6　表向导的主关键字定义

　　"主关键字定义"窗口为表定义主键和主键约束条件名称。在"约束条件名称"文本框中输入主键约束的名称,一般保留系统指定的默认名称;"表列"栏中列出了表中已定义的所有列;在"次序"列中单击某一列,出现数字,即将此列设定为主键列,再次单击,数字消失,即取消此列为主键列。如果一个表中的多个列联合作为主键,则依次单击每一列。单击"下一步"按钮,出现表向导的"空约束条件和唯一性约束条件"窗口,如图6.7所示。

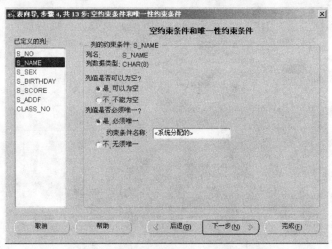

图6.7　表向导的空约束条件和唯一性约束条件

　　"空约束条件和唯一性约束条件"窗口定义表中列的非空和取值唯一性约束。在"已定义的列"列表框中选中某一列,确定列值是否为空、是否唯一,在"约束条件名称"文本框中输入约束条件的名称,一般采用系统指定的默认名称即可。单击"下一步"按钮,出现表向导的"外约束条件"窗口,如图 6.8 所示。

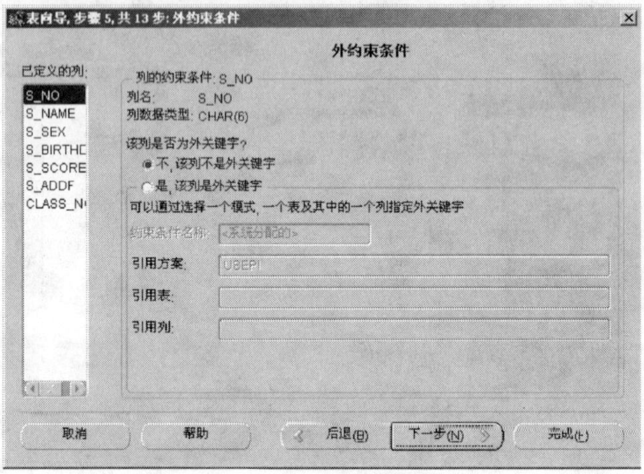

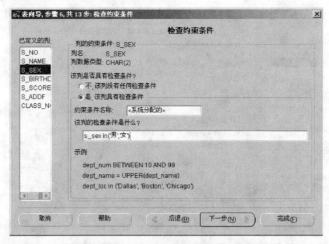

图 6.8　表向导的外约束条件

　　"外约束条件"窗口为表定义外键约束条件。在"约束条件名称"文本框中输入外键约束条件的名称,通常采用系统指定的默认名称;在"已定义的列"列表框中选中要定义外键的列,在"引用方案"下拉式列表中选择外键所引用的方案,在"引用表"下拉式列表中选择外键所引用的表,在"引用列"下拉式列表中选择外键所引用的列。单击"下一步"按钮,出现表向导的"检查约束条件"窗口,如图 6.9 所示。

图 6.9　表向导的检查约束条件

　　"检查约束条件"窗口为表中的列定义检查约束条件。在"约束条件名称"文本框中输入检查约束条件的名称,通常采用系统指定的默认名称;在"已定义的列"列表框中选中要定义检查约束条件的列,在"该列的检查条件是什么"文本框中输入检查条件。单击"完成"按钮,出现表向导的"概要"窗口,如图 6.10 所示。

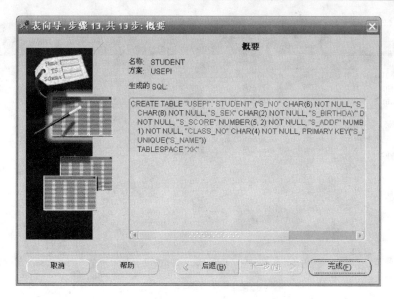

图 6.10 表向导的概要

"概要"窗口显示自动生成的创建表的 SQL 命令,单击"完成"按钮即可完成新表的创建。

使用向导创建表时,定义表中的列后可单击"完成"按钮来完成表的创建,只不过此时表的创建尚欠完整,需要进一步加以完善。

3. 类似创建方式

在企业管理控制台中,选中要参照的表,单击鼠标右键,在弹出的快捷菜单中选择"类似创建"项,即可出现类似创建表窗口,在已有表的基础上进行修改即可创建新表。如果两个表的表结构相似,可以利用类似创建方式快速创建表。

6.2.2 查看表

在企业管理控制台中,选中所要查看的表,双击鼠标左键或单击鼠标右键后在快捷菜单中选择"查看"→"编辑详细资料",即可出现"查看 表"窗口。

6.2.3 修改表

在企业管理控制台中,选中所要修改的表,双击鼠标左键或单击鼠标右键后在快捷菜单中选择"查看"→"编辑详细资料",即可出现"修改 表"窗口。修改表的基本操作与创建表相同,单击"显示 SQL"按钮,即可显示自动生成的修改表的 ALTER TABLE 命令,即以命令行方式修改表的命令。

6.2.4 维护表数据

在企业管理控制台中,选中所要维护数据的表,单击鼠标右键,在弹出的快捷菜单中选择"查看"→"编辑目录",即可出现维护表数据的"表编辑器"窗口,如图 6.11 所示。

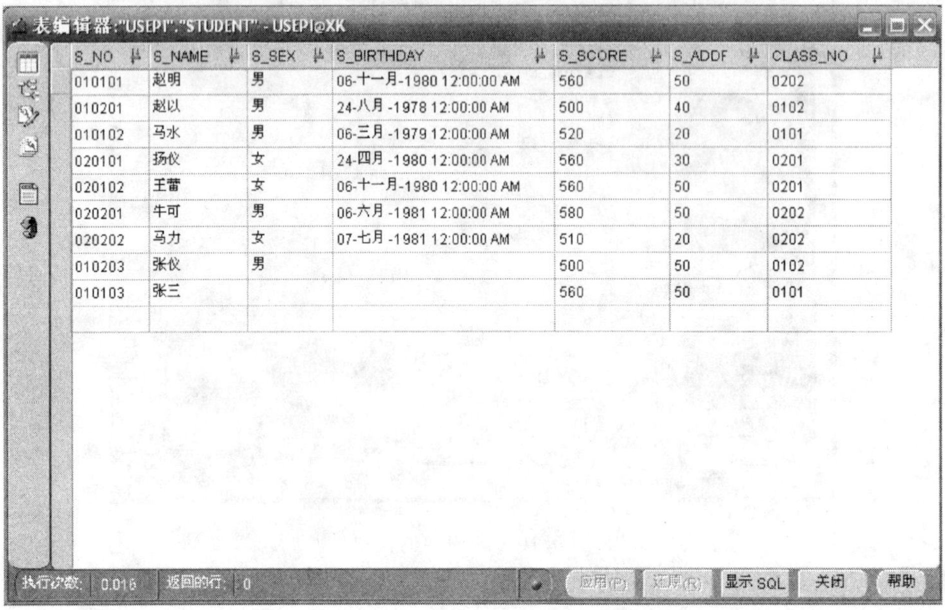

图 6.11 维护表数据的"表编辑器"窗口

利用表格对表数据进行修改,选中某行最左端的选定标识框,单击鼠标右键,在弹出的快捷菜单中选择"删除"项将此行数据删除,而选择"添加行"项将在此行下面添加一空数据行。单击"显示 SQL"按钮,即可显示自动生成的修改、插入、删除表中数据的 UPDATE、INSERT、DELETE命令,即以命令行方式修改、插入、删除表中数据的命令。

6.2.5 删除表

在企业管理控制台中,选中所要删除的表,单击鼠标右键,在弹出的快捷菜单中选择"移去"项即可删除表。

6.3 索 引

Oracle 数据库索引的管理方法包括企业管理控制台方式和命令行方式这两种方式,命令行方式已在第 3 章中介绍,在此主要介绍以企业管理控制台方式管理索引的方法。

6.3.1 创建索引

登录数据库之后,依次选择"方案"→<方案名>→"索引",单击鼠标右键,在弹出的快捷菜单中选择"创建"项,出现"创建 索引"窗口,其"一般信息"选项卡如图 6.12 所示。

图 6.12 "创建 索引"窗口的"一般信息"选项卡

"一般信息"选项卡用于定义索引的一般属性,主要信息如表 6.4 所示。

表 6.4 索引"一般信息"选项卡所包含的项及其说明

项	说明
名称	索引的名称,同一方案中的索引名称是唯一的
方案	索引所属的方案。下拉式列表中包含已连接数据库的所有方案
表空间	索引所属的表空间。下拉式列表中包含已连接数据库的所有表空间
索引建于	指定创建索引的数据库对象,分为表和簇两种。"方案"为欲建索引的数据库对象所属的方案,"表(或簇)"为欲建索引的数据库对象,表格中显示表(或簇)中的所有列,"次序"栏列出索引列的次序,通过在"次序"栏单击某列可在此列上建立索引,再次单击,则取消此列为索引列
唯一	指定将被索引的列(或列组合)的值必须唯一
位图	指定索引作为位图被创建,而不是 B 树。B 树索引是 Oracle 数据库中最常用的一种索引,B 树索引使用平衡的 m 路搜索算法(即 B 树算法)来建立索引结构。位图索引为每个唯一的索引字段值建立一个位图,在这个位图中使用一个位元。B 树索引适用于值变化多的字段,如"职工号"、"工资"字段等。位图索引适用于值变化少的字段,如"性别"、"职称"字段等。在默认方式下创建的索引为 B 树索引
未排序	如果选中此复选项,则表明存储在数据库中的数据按照索引列升序排列
反序	如果选中此复选项,将创建反序关键字索引。与标准索引相比,创建反序关键字索引在保持列顺序的同时会颠倒已索引的各列的字节

其他选项卡的信息在此,不再赘述。

所有选项卡均设置完毕后,单击"显示 SQL"按钮,即可显示自动生成的创建索引的 CREATE INDEX 命令,即以命令行方式创建索引的命令。单击"创建"按钮即可完成新索引的创建。

6.3.2 查看索引

在企业管理控制台中,选中所要查看的索引,双击鼠标左键或单击鼠标右键后在快捷菜单中选择"查看"→"编辑详细资料",即可出现查看索引窗口。

6.3.3 修改索引

在企业管理控制台中,选中所要修改的索引,双击鼠标左键或单击鼠标右键后在快捷菜单中选择"查看"→"编辑详细资料",即可出现修改索引窗口。修改索引的基本操作与创建索引相同。单击"显示 SQL"按钮,即可显示自动生成的修改索引的 ALTER INDEX 命令,即以命令行方式修改索引的命令。

6.3.4 删除索引

在企业管理控制台中,选中所要删除的索引,单击鼠标右键,在弹出的快捷菜单中选择"移去"项,即可删除此索引。

6.4 视 图

从第 3 章可以得知,视图是 Oracle 数据库的基本对象,可以将复杂的查询定义成视图,然后基于视图作查询,这样能够简化用户的操作。另外,可以基于相同的基本表定义不同的视图,视图的组成属性可以不同,使用户能够以多种角度看待同一数据。此外,视图能够对机密数据提供安全保护,隐藏基本表的信息。

Oracle 数据库视图的管理方式包括企业管理控制台方式和命令行方式,命令行方式已在第 3 章中介绍,在此主要介绍以企业管理控制台方式管理视图的方法。

6.4.1 创建视图

以企业管理控制台方式创建视图又可分为创建、使用向导创建这两种方式。

1. 创建方式

登录数据库之后,依次选择"方案"→<方案名>→"视图",单击鼠标右键,在弹出的快捷菜单中选择"创建"项,出现"创建 视图"窗口,其"一般信息"选项卡如图 6.13 所示。

图 6.13 "创建 视图"窗口的"一般信息"选项卡

"一般信息"选项卡用于定义视图的一般属性,主要信息如表 6.5 所示。

表 6.5 视图"一般信息"选项卡所包含的项及其说明

项	说明
名称	视图的名称,同一方案中的视图名称是唯一的
方案	视图所属的方案。下拉式列表中包含已连接数据库的所有方案
查询文本	创建视图的 SELECT 语句
别名	指定字段显示别名,以增强其隐蔽性
若存在则替换	选中此项后,指定如果视图已存在则将被重新创建。此功能只在创建模式下可用

"高级"选项卡用于定义视图的约束条件。

所有选项卡均设置完毕后,单击"显示 SQL"按钮,即可显示自动生成的创建视图的 CREATE VIEW 命令,即以命令行方式创建视图的命令。单击"创建"按钮,即可完成新视图的创建。

2. 使用向导创建方式

使用向导创建方式是一种简单的建立视图方式。登录数据库之后,依次选择"方案"→＜方案名＞→"视图",单击鼠标右键,在弹出的快捷菜单中选择"使用向导创建"项,出现创建视图向导的"简介"窗口,如图6.14所示。

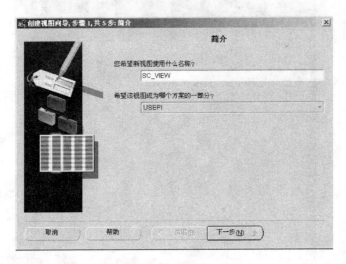

图 6.14 视图向导的简介

在"简介"窗口中为视图指定名称、所属方案。单击"下一步"按钮,出现创建视图向导的"选择列"窗口,如图6.15所示。

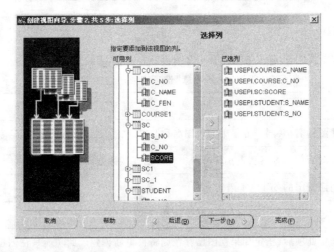

图 6.15 视图向导的选择列

在"选择列"窗口中指定要添加到此视图中的列,视图中的列可以来自一个或多个表。单击"下一步"按钮,出现创建视图向导的"指定显示名称"窗口,如图6.16所示。

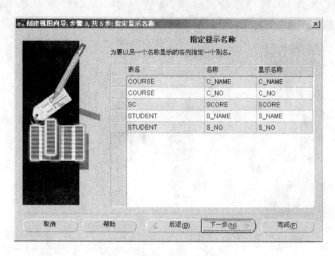

图 6.16 视图向导的指定显示名称

"指定显示名称"窗口为视图中的列指定显示名称,可以为视图中的列起别名,以增强其隐蔽性,可以使用汉字作为列的别名。单击"下一步"按钮,出现创建视图向导的"指定条件"窗口,如图 6.17 所示。

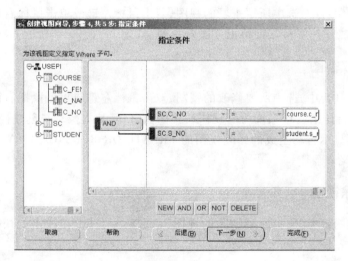

图 6.17 视图向导的指定条件

"指定条件"窗口为视图指定数据查询条件和多个表的连接条件。单击"下一步"按钮,出现创建视图向导的"概要"窗口,如图 6.18 所示。

"概要"窗口显示自动生成的创建视图的 SQL 命令。单击"完成"按钮,即可创建视图。

注意:利用向导方式所创建的视图往往需要做进一步的修改。从图 6.18 中可以看出,在定义视图的 SQL 命令中,WHERE 条件中等号右边的字符串带有单引号,这样就把表间的自然连接变成左边的变量等于右边的字符串常量,实际希望 WHERE 条件为"SC. CNO = COURSE. CNO

SC. S_NO = STUDENT. S_NO",所以应修改视图,去掉 WHERE 条件中等号右边字符串的单引号。

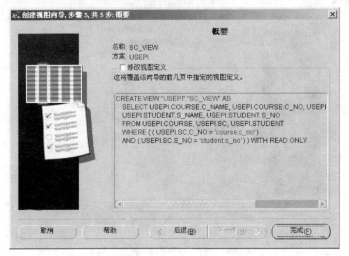

图 6.18 视图向导的概要

6.4.2 查看视图

在企业管理控制台中,选中所要查看的视图,双击鼠标左键或单击鼠标右键后在快捷菜单中选择"查看"→"编辑详细资料",即可出现查看视图窗口。

6.4.3 修改视图

在企业管理控制台中,选中所要修改的视图,双击鼠标左键或单击鼠标右键后在快捷菜单中选择"查看"→"编辑详细资料",即可出现修改视图窗口,其基本操作与创建视图相同。单击"显示 SQL"按钮,即可显示自动生成的修改视图的 CREATE OR REPLACE VIEW 命令,即以命令行方式修改视图的命令。

6.4.4 删除视图

在企业管理控制台中,选中所要删除的视图,单击鼠标右键,在弹出的快捷菜单中选择"移去"项,即可删除此视图。

6.5 同 义 词

数据库中某些数据对象名很长或难以记忆,为了使得操作简便或为了隐藏实际的数据对象名,可以为数据库中的数据对象创建同义词;有时数据库中的数据对象存储在远程数据库服务器上,为了保证分布式数据库系统的安全性,需要隐藏分布式数据库中远程对象的位置信息,可以为此数据对象创建同义词。同义词是指用新的标识符来命名一个已经存在的数据对象。创建了同义词之后,对同义词的操作与对原数据对象的操作结果一致。

6.5.1 创建同义词

假设为学生选修课程系统中的"学生"表(student)创建同义词 SYN_STUDENT 和 st。
Oracle 数据库中创建同义词的方法包括企业管理控制台方式和命令行方式这两种方式。

1. 企业管理控制台方式

登录数据库之后,依次选择"方案"→<方案名>→"同义词",单击鼠标右键,在弹出的快捷
菜单中选择"创建"项,出现"创建 同义词"窗口,如图 6.19 所示。

图 6.19 "创建 同义词"窗口的"一般信息"选项卡

"一般信息"选项卡用于定义同义词的一般属性,主要信息如表 6.6 所示。

表 6.6 同义词"一般信息"选项卡所包含的项及其说明

项	说明
名称	同义词的名称
方案	同义词所属方案。下拉式列表中包含已连接数据库的所有方案
本地数据库/远程数据库	选中"本地数据库"即要为本地数据库对象创建同义词,选中"远程数据库"即要为远程数据库对象创建同义词
对象类型	选中"本地数据库"时,下拉式列表中包含本地数据库的可用数据库对象类型,包括表、视图、同义词、快照等;选中"远程数据库"时,"对象类型"标签变为"数据库链接",下拉式列表包含为当前数据库定义的所有数据库链接

续表

项	说明
方案	同义词代表的数据库对象所属的方案。选中“本地数据库”时，下拉式列表包含已连接数据库的所有方案；选中“远程数据库”时，则必须输入一个已知方案名
对象	同义词代表的数据库对象。选中“本地数据库”时，下拉式列表包含所选方案的所有可用的数据库对象；选中“远程数据库”时，则必须输入一个已知对象名

设置完毕后，单击“显示SQL”按钮，即可显示自动生成的创建同义词的CREATE SYNONYM命令，即以命令行方式创建同义词的命令。单击“创建”按钮，即可完成新同义词的创建。

创建同义词之后，依次选择“方案”→<方案名>→“同义词”，选中某同义词后，单击鼠标右键，在弹出的快捷菜单中选择“显示内容”以查看此同义词中的数据，如图6.20所示。

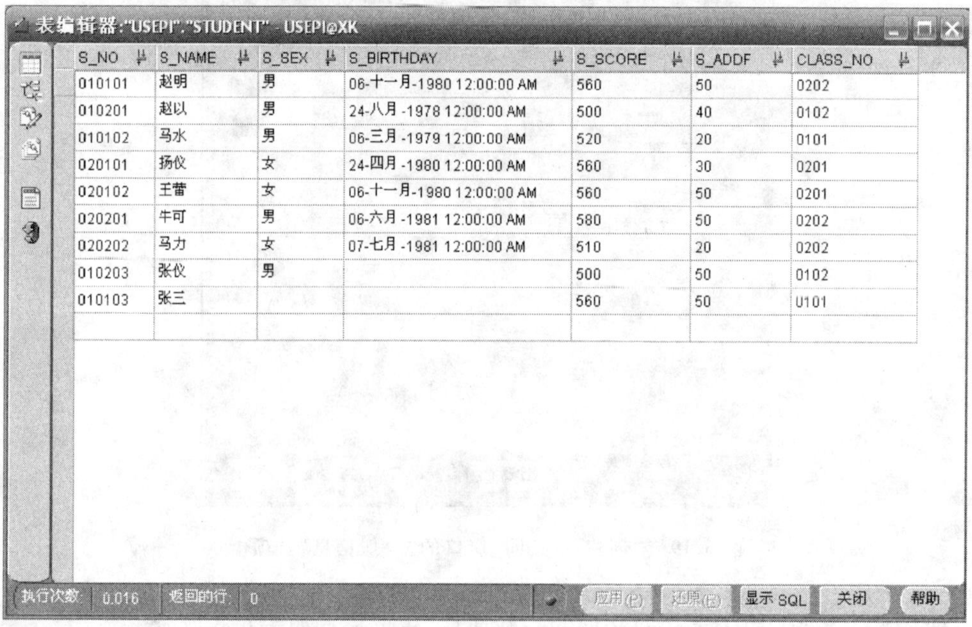

S_NO	S_NAME	S_SEX	S_BIRTHDAY	S_SCORE	S_ADDF	CLASS_NO
010101	赵明	男	06-十一月-1980 12:00:00 AM	560	50	0202
010201	赵以	男	24-八月 -1978 12:00:00 AM	500	40	0102
010102	马水	男	06-三月 -1979 12:00:00 AM	520	20	0101
020101	扬仪	女	24-四月 -1980 12:00:00 AM	560	30	0201
020102	王蕾	女	06-十一月-1980 12:00:00 AM	560	50	0201
020201	牛可	男	06-六月 -1981 12:00:00 AM	580	50	0202
020202	马力	女	07-七月 -1981 12:00:00 AM	510	20	0202
010203	张仪	男		500	50	0102
010103	张三			560	50	U101

图6.20　利用同义词显示表中的数据

上面创建的同义词为syn_student，代表本地数据库中USEPI方案中的student表，由图6.20可知，同义词syn_student的数据与原对象student表中的数据一致。

2. 命令行方式

命令行方式创建同义词的方法是，在SQL Plus或SQL Plus Worksheet中使用CREATE SYNONYM命令创建同义词，命令的一般格式如下：

CREATE [PUBLIC] SYNONYM [<方案名>.] <同义词名>

FOR[<方案名>.] <对象名>[@ <数据库链接名>]

其中，SYNONYM为同义词关键字；PUBLIC表示是公有同义词，所有用户都可以使用公有同义词,访问公有同义词时不写方案名。

【例 6.2】 为 student 表创建同义词 st,写出其 SQL 命令。

`CREATE SYNONYM st FOR student;`

创建同义词之后,输入命令:

`SELECT * FROM st;`

执行结果与查询 student 表一致。

6.5.2 查看同义词

不允许修改同义词,如果某个同义词在创建时写错了,只能先将其删除,再另行创建。

查看同义词的方法包括企业管理控制台方式和命令行方式这两种方式。

1. 企业管理控制台方式

在企业管理控制台中,选中所要查看的同义词,双击鼠标左键或单击鼠标右键后在快捷菜单中选择"查看"→"编辑详细资料",即可出现查看同义词窗口。

2. 命令行方式

同义词信息存储在数据字典 DBA_SYNONYMS 中,使用查询命令 DESC 可以得到存储在 DBA_SYNONYMS 中的同义词信息,基本信息如表 6.7 所示。

表 6.7 同义词数据字典基本信息

名称	是否为空	数据类型
OWNER	NOT NULL	VARCHAR2(30)
SYNONYM_NAME	NOT NULL	VARCHAR2(30)
TABLE_OWNER		VARCHAR2(30)
TABLE_NAME	NOT NULL	VARCHAR2(30)
DB_LINK		VARCHAR2(128)

从表 6.7 可以看出,DBA_SYNONYMS 字典中存储着同义词所属的方案(OWNER)、同义词名称(SYNONYM_NAME)、同义词代表的数据库对象所属的方案(TABLE_OWNER)、同义词代表的数据库对象的名称(TABLE_NAME)、数据库链接(DB_LINK)等信息。

【例 6.3】 查看 student 表的同义词信息。

`SELECT TABLE_NAME, SYNONYM_NAME FROM DBA_SYNONYMS`
`WHERE TABLE_NAME = 'STUDENT';`

执行结果为

TABLE_NAME	SYNONYM_NAME
Student	st
Student	syn_student

从例 6.3 可以看出,student 表的同义词为 st 和 syn_student。

6.5.3　删除同义词

一旦在数据库中成功创建同义词之后,会一直存储在数据库中,但有时会发现某些同义词不再需要,此时应删除此同义词,以释放其所占用的存储空间。

删除同义词的方法包括企业管理控制台方式和命令行方式这两种方式。

1. 企业管理控制台方式

在企业管理控制台中,选中所要删除的同义词,单击鼠标右键,在弹出的快捷菜单中选择"移去"项,即可删除此同义词。

2. 命令行方式

命令行方式删除同义词的方法是在 SQL Plus 或 SQL Plus Worksheet 中使用 DROP SYNO-NYM 命令删除同义词,命令的一般格式如下:

DROP SYNONYM [<方案名 >.] <同义词名 >;

【例 6.4】　删除同义词 st,写出其 SQL 命令。

DROP SYNONYM st;

6.6　序　　列

在建立数据表时,当主键由多个字段组合而成时,或有时很难找到可以唯一标识一条记录的字段或字段组合,此时可以添加序号列作为主键,此列的值是序列值;当表中某一字段的值是有规律变化的,在向表中插入数据时,手工添加此列的值会很麻烦,而且容易出错,此时也可以利用序列来填充此字段的值。

序列是一个数据库对象,用户可以由此对象生成一些有规律的值,自动添加序号列或有规律变化的字段的值。

假设学生选修课程系统中有"系部"表(department),包含"系部编号"(dept_no)和"系部名称"(dept_name)两个字段,其中"系部编号"是自动加 1 的有规律变化的值,可以利用序列自动生成系部编号。

6.6.1　创建序列

Oracle 数据库中创建序列的方法包括企业管理控制台方式和命令行方式这两种方式。

1. 企业管理控制台方式

登录数据库之后,依次选择"方案"→ <方案名 >→"序列",单击鼠标右键,在弹出的快捷菜单中选择"创建"项,出现"创建 序列"窗口,如图 6.21 所示。

图 6.21 "创建 序列"窗口的"一般信息"选项卡

"一般信息"选项卡用于定义序列的一般属性,主要信息如表 6.8 所示。

表 6.8 序列"一般信息"选项卡所包含的项及其说明

项	说明
名称	序列的名称
方案	序列所属的方案。下拉式列表中包含已连接数据库的所有方案
类型	分为升序和降序两种。选中"升序"后,序列值自初始值向最大值递增;选中"降序"后,序列值自初始值向最小值递减
最小值	序列可允许的最小值
最大值	序列可允许的最大值
时间间隔	序列变化的步长。此值只能是正整数
初始值	序列的起始值
循环值	选中此选项,即指定序列在达到最小值或最大值之后,应继续生成值。对于升序序列来说,在达到最大值后将生成最小值;对于降序序列来说,在达到最小值后将生成最大值。如果未选中"循环值",序列将在达到最小值或最大值后停止生成任何值
排序值	选中此选项,即指定序列号要按照请求次序生成
高速缓存	指定由数据库预分配并存储的值的数目,共有默认值、无高速缓存、大小这 3 个选项

设置完毕后,单击"显示 SQL"按钮,即可显示自动生成的创建序列的 CREATE SEQUENCE 命令,即以命令行方式创建序列的命令。单击"创建"按钮,即可完成新序列的创建。

2. 命令行方式

命令行方式创建序列的方法是在 SQL Plus 或 SQL Plus Worksheet 中使用 CREATE SE-QUENCE 命令创建序列,命令的一般格式如下:

CREATE SEQUENCE [<方案名 >.] <序列名 >
[START WITH <初始值 >][INCREMENT BY <[-]步长 >]
[MAXVALUE <最大值 >|NO MAXVALUE]
[MINVALUE <最小值 >|NO MINVALUE]
[NOCYCLE|CYCLE]
[NOCACHE| CACHE <缓存区大小 >]
[NOORDER|ORDER];

其中 SEQUENCE 为序列关键字,START WITH 为初始值;INCREMENT BY 为步长,降序时步长前面加"-"号;MAXVALUE 为最大值,MINVALUE 为最小值,NOCYCLE|CYCLE 为是否产生循环值;NOCACHE|CACHE 为是否使用高速缓存;NOORDER|ORDER 为是否按次序生成序列值。

【例 6.5】 创建名为 seq_num 的序列,序列的初始值为 1,步长为 1,最小值为 1,最大值为100;再利用序列 seq_num 添加"系部"表中的"系部编号"字段的值。写出相应的 SQL 命令。

(1) 创建序列
CREATE SEQUENCE seq_num
INCREMENT BY 1 START WITH 1
MAXVALUE 100 MINVALUE 1;

(2) 利用序列添加"系部"表中"系部编号"字段的数据
INSERT INTO department VALUES(seq_num.NEXTVAL,'信息系');
INSERT INTO department VALUES(seq_num.NEXTVAL,'自控系');
INSERT INTO department VALUES(seq_num.NEXTVAL,'管理系');
INSERT INTO department VALUES(seq_num.NEXTVAL,'经济系');

(3) 查询表 department 中的内容
SELECT * FROM department;

执行结果为

dept_no	dept_name
1	信息系
2	自控系
3	管理系
4	经济系

例 6.5 首先创建一个序列 seq_num,此序列最小值为 1,最大值为 100,初始值为 1,步长为 1。创建序列之后,利用序列来自动填充 dept_no 列的值。NEXTVAL 自动生成序列的下一个值,它是序列的一个基本属性。因为 seq_num 序列的初始值为 1,所以 dept_no 列第 1 行的值为 1。seq _num 序列的步长为 1,序列值依次加 1,所以 dept_no 列第 2 行的值为 2,第 3 行的值为 3,第 4 行的值为 4。

6.6.2　查看序列

查看序列的方法包括企业管理控制台方式和命令行方式这两种方式。

1. 企业管理控制台方式

在企业管理控制台中,选中所要查看的序列,双击鼠标左键或单击鼠标右键后在快捷菜单中选择"查看"→"编辑详细资料",即可出现查看序列窗口。

2. 命令行方式

序列信息存储在数据字典 DBA_SEQUENCES 中,使用查询命令 DESC 可以得到存储在 DBA_SEQUENCES 中的序列信息,基本信息如表 6.9 所示。

表 6.9　序列数据字典基本信息

名称	是否为空	数据类型
SEQUENCE_OWNER	NOT NULL	VARCHAR2(30)
SEQUENCE_NAME	NOT NULL	VARCHAR2(30)
MIN_VALUE		NUMBER
MAX_VALUE		NUMBER
INCREMENT_BY	NOT NULL	NUMBER
CYCLE_FLAG		VARCHAR2(1)
ORDER_FLAG		VARCHAR2(1)
CACHE_SIZE	NOT NULL	NUMBER
LAST_NUMBER	NOT NULL	NUMBER

从表 6.9 可以看出,DBA_SEQUENCES 数据字典中存储着序列所属的方案(SEQUENCE_OWNER)、序列名称(SEQUENCE_NAME)、最小值(MIN_VALUE)、最大值(MAX_VALUE)、步长(INCREMENT_BY)、是否产生循环值(CYCLE_FLAG)、是否排序(ORDER_FLAG)、空间大小(CACHE_SIZE)、上一个数值(LAST_NUMBER)等信息。

【例 6.6】　查看序列 seq_num 的信息。
```
SELECT MIN_VALUE,MAX_VALUE,INCREMENT_BY FROM DBA_SEQUENCES
WHERE SEQUENCE_NAME ='SEQ_NUM';
```
执行结果为

MIN_VALUE	MAX_VALUE	INCREMENT_BY
1	100	1

从例 6.6 可以看出,序列 seq_num 最小值为 1,最大值为 100,步长为 1。

6.6.3 修改序列

序列定义好之后,可以根据需要修改序列的步长、是否产生循环值等设置。

修改序列的方法包括企业管理控制台方式和命令行方式这两种方式。

1. 企业管理控制台方式

在企业管理控制台中,选中所要修改的序列,双击鼠标左键或单击鼠标右键后在快捷菜单中选择"查看"→"编辑详细资料",即可出现修改序列窗口,其基本操作与创建序列的方法相同。单击"显示 SQL"按钮,即可显示自动生成的修改序列的 ALTER SEQUENCE 命令,即以命令行方式修改序列的命令。

2. 命令行方式

命令行方式修改序列的方法是在 SQL Plus 或 SQL Plus Worksheet 中使用 ALTER SEQUENCE 命令修改序列,命令的一般格式如下:

ALTER SEQUENCE [< 方案名 > .] < 序列名 >

[INCREMENT BY < [-]步长 >]

[MAXVALUE < 最大值 >] [MINVALUE < 最小值 >]

[NOCYCLE|CYCLE]

[NOCACHE| CACHE < 缓存大小 >]

[NOORDER|ORDER] ;

其中各选项的参数含义与创建序列相同。

【例 6.7】 首先将序列 seq_num 的步长改为 3,最大值改为 1000;然后利用此序列向 department 表添加数据。写出相应的 SQL 命令。

(1) 修改序列

ALTER SEQUENCE seq_num INCREMENT BY 3 MAXVALUE 1000;

(2) 利用新序列添加数据

INSERT INTO department VALUES(seq_num.NEXTVAL,'电力系');

INSERT INTO department VALUES(seq_num.NEXTVAL,'数学系');

INSERT INTO department VALUES(seq_num.NEXTVAL,'英语系');

INSERT INTO department VALUES(seq_num.NEXTVAL,'物理系');

(3) 查询表 department 中的内容

SELECT * FROM department;

执行结果为

dept_no	dept_name
1	信息系
2	自控系
3	管理系

4	经济系
7	电力系
10	数学系
13	英语系
16	物理系

例6.7中修改 seq_num 序列的步长为3,最大值为1000;接着再利用此序列来自动填充 department表的 dept_no 列的值,因为例6.5中已利用序列 seq_num 自动添加 dept_no 列的值,此序列的当前值为4,因为步长为3,所以下一个值为7,因而 department 表中 dept_no 列第5行的值为7,dept_no 列第6行的值为10,第7行的值为13,第8行的值为16。

6.6.4 删除序列

一旦在数据库中成功定义序列之后,会一直存储在数据库中,但有时会发现某些序列不再需要,此时应删除此序列,以释放其所占用的存储空间。

删除序列的方法包括企业管理控制台方式和命令行方式这两种方式。

1. 企业管理控制台方式

在企业管理控制台中,选中所要删除的序列,单击鼠标右键,在弹出的快捷菜单中选择"移去"项,即可删除此序列。

2. 命令行方式

命令行方式删除序列的方法是在 SQL Plus 或 SQL Plus Worksheet 中使用 DROP SEQUENCE 命令删除序列,命令的一般格式如下:

DROP SEQUENCE［＜方案名＞.］＜序列名＞;

【**例6.8**】 删除序列 seq_num,写出其 SQL 命令。

```
DROP SEQUENCE seq_num;
```

6.7 小 结

本章对方案及方案对象进行介绍,重点介绍了方案的概念及表、索引、视图、序列和同义词的基本操作。通过本章内容的学习,读者应该了解:

(1) 在 Oracle9i 数据库中,所有的数据对象并非随意地存储在数据库中,Oracle9i 数据库通过使用"方案"来组织和管理数据对象。当用户在数据库中创建一个方案对象后,这个方案对象默认地属于此用户的方案,此用户访问这个方案对象时,在对象名前面可以不加方案名。但是,如果其他用户要使用这个方案对象,必须在对象名前面加方案名。

(2) 在 Oracle 数据库中,所有数据对象的管理方法可分成企业管理控制台方式和命令行方式两种。企业管理控制台方式是可视化编辑环境,通过登录数据库企业管理控制台可对数据对象进行管理;命令行方式是在 SQL Plus 或 SQL Plus Worksheet 中使用 SQL 命令对数据对象进行管理。

（3）表是数据库最基本的对象,是实际存放数据的地方。Oracle 数据库中对表的管理可分为创建、修改、查看、删除。

（4）索引是为了加速对表中数据的检索而创建的一种分散存储结构,索引总是和数据表相关联的。索引犹如一本书的目录,利用它可以快速找到所需要的内容。Oracle 数据库中对索引的管理可分为创建、修改、查看、删除。

（5）视图是为了确保数据表的安全性和增强数据的隐蔽性从一个或多个表中或其他视图中使用 SELECT 语句导出的虚表。数据库中仅存放视图的定义,而不存放视图所对应的数据,数据仍然存放在基础表中,对视图中数据的操纵实际上仍是对组成视图的基础表数据的操纵。

（6）同义词是指用新的标识符来命名一个已经存在的数据对象,这样可以隐藏对象的实际名称和所有者信息,或者隐藏分布式数据库中远程对象的位置信息,或者使得操作更加简便。创建同义词之后,对同义词的操作与对原数据对象的操作结果一致。

（7）序列是数据库中的数据对象,用户可以由此对象生成一些有规律的值,来自动向表中添加值有规律变化的字段。

思考题与习题

1. 方案的基本作用是什么? 简述方案与用户之间的关系。
2. 表的作用是什么?
3. 索引的作用是什么?
4. 视图的作用是什么?
5. 简述表的约束条件类型,说明定义约束条件的方法。
6. 试述表级约束与字段级约束的不同。
7. 简述同义词的作用。
8. 简述序列的作用。

实　训

一、实训目标

1. 掌握表的创建、查看、修改、删除操作。
2. 掌握索引的创建、查看、修改、删除操作。
3. 掌握视图的创建、查看、修改、删除操作。
4. 掌握同义词的创建、查看、修改、删除操作,比较对同义词的操作与对数据库原数据对象的操作是否一致。
5. 掌握序列的创建、查看、修改、删除操作,利用序列向数据库的表中插入数据。

二、实训学时

建议实训参考学时为 2 或 4 学时。

三、实训准备

熟悉附录 A 中企业管理控制台、SQL Plus 或 SQL Plus Worksheet 的应用环境,掌握常用命令的使用方法。

四、实训内容

将第 4 章实训所得到的图书编著管理系统的物理模型转换成对应的数据表,并在图书管理数据库中建立数据表,同时插入数据。具体的任务如下。

1. 分别利用企业管理控制台创建方式、向导创建方式及类似创建方式在图书管理数据库中创建下列各表,所有表均存储在自己的方案下,表名命名规则为:企业管理控制台方式添加后缀 con,向导方式添加后缀 grd,类似方式添加后缀 sim。表创建成功后,将数据插入表中。

注意:表的创建存在先后顺序,在实际操作中应注意体会。

(1)"作者"表(author)

作者标识 authorid NUMBER(5) (主键)	作者姓名 aname CHAR(8) (非空)	出生日期 birth DATE	职称 techtitle CHAR(10)	联系地址 aaddr CHAR(20)	工作单位 unit CHAR(20)
10001	李一凡	1957 年 7 月 1 日	教授	北京 136 号	东方大学计算机系
10002	李小意	1950 年 9 月 3 日	副教授	北京 136 号	东方大学计算机系
10003	关芳	1950 年 6 月 1 日	副教授	北京 136 号	东方大学计算机系
20011	宋毅	1960 年 9 月 5 日	讲师	沈阳 125 号	北方大学信息工程系
20012	江利	1957 年 5 月 2 日	讲师	沈阳 125 号	北方大学信息工程系
20013	章一凡	1963 年 8 月 7 日	助教	沈阳 125 号	北方大学信息工程系

(2)"图书"表(book)

书号 book_no CHAR(40) (主键)	出版社名称 pid CHAR(20) (非空)	书名 book title CHAR(30) (非空)	价格 price NUMBER (6,2)	内容简介 content VARCHAR(200)	出版日期 pdate DATE
ISBN – 01 – 00001/TP.001	高等教育出版社	Oracle 数据库实用技术	27.00	数据库基本原理	2001 年 6 月 7 日
ISBN – 01 – 00001/TP.002	人民邮电出版社	Java 语言程序设计	30.50	面向对象程序设计	2001 年 9 月 7 日
ISBN – 02 – 00001/TP.003	万水出版社	计算机网络	32.00	计算机网络集成	2002 年 5 月 5 日

（3）"编著"表（write）

作者标识 authorid NUMBER（5） （外键，与作者表中"作者标识"外键关联，且级联删除，与"书号"联合作为主键）	书号 book_no CHAR（40） （外键，与"图书"表中"书号"外键关联，与"作者标识"联合作为主键）
10001	ISBN－01－00001/TP.001
10002	ISBN－01－00001/TP.001
10003	ISBN－01－00001/TP.001
20011	ISBN－01－00001/TP.002
20012	ISBN－01－00001/TP.002
20013	ISBN－01－00001/TP.002

2. 分别利用企业管理控制台方式和命令行方式查看这些基本表中的各种信息，对两种方式进行比较。

3. 利用企业管理控制台方式为"作者"表中的"作者姓名"字段以升序创建索引。

4. 利用命令行方式为"图书"表中的"书名"字段创建降序索引。

5. 分别利用企业管理控制台方式和命令行方式查看"作者"表索引，对两种方式进行比较。

6. 分别利用企业管理控制台创建方式、向导创建方式来创建显示作者编著图书信息的视图 write_view，显示结果包含"作者标识"、"作者姓名"、"书号"、"书名"、"出版社名称"、"出版日期"字段值，视图名命名规则为：企业管理控制台方式添加后缀 con，向导方式添加后缀 grd。修改此视图使其只查询"高等教育出版社"所出版图书的信息。

7. 分别利用企业管理控制台方式和命令行方式查看视图 write_view，对两种方式进行比较，删除 write_view_con。

8. 为"作者"表创建同义词 syn_author，利用同义词检索表中的数据，比较其与"作者"表中的数据是否一致。

9. 分别利用企业管理控制台方式和命令行方式查看同义词 syn_author，对两种方式进行比较，然后将其删除。

10. 创建序列 squ_authorid，序列初始值为 1，步长为 1，最大值为 10000，利用此序列向"作者"表中的"作者标识"字段插入数据，观察"作者"表中的"作者标识"字段值。

11. 修改序列 squ_authorid 的步长为 10，利用此序列向"作者"表中的"作者标识"字段插入数据，观察"作者"表中的"作者标识"字段值。

12. 分别利用企业管理控制台方式和命令行方式查看序列 squ_authorid，对两种方式进行比较，然后将其删除。

第 7 章

PL/SQL 编程语言

学习目标

● 掌握 PL/SQL 的概念、程序块的结构、语法要素和程序控制结构。

● 重点掌握 PL/SQL 的数据类型 (包括复合数据类型和引用数据类型) 和异常处理的定义、声明与使用方法。

● 掌握 PL/SQL 程序的 3 种控制结构:顺序、选择、循环结构程序的编制方法。

内容框架

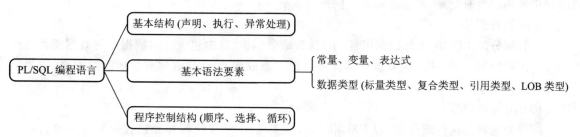

在学生选修课程系统中,有时需要修改大量学生的基本信息或成绩,这个功能可以利用客户端编程来实现,但是在实际应用中,客户端所处理的数据必须由数据库服务器通过网络传输而来,如果要大批量地处理后台数据库中的数据,采用客户端编程的方法就降低了数据处理速度。为了减少客户端与数据库服务器端之间的网络数据传输量,提高数据处理速度,有时需要直接在数据库服务器端编程,实现对数据的处理,处理完成后直接将处理结果返回客户端。Oracle 数据库本身提供了在数据库服务器端编程的语言,即 PL/SQL。

本章主要介绍 PL/SQL 的基础知识,PL/SQL 的进一步应用将在第 8 章详细介绍。

7.1 PL/SQL 概述

第 3 章所介绍的标准 SQL 可以对数据库进行各种操作,但它是作为独立语言在 SQL Plus、

SQL Plus Worksheet 应用环境中使用的,是非过程性的,语句之间相互独立。在实际应用中,许多事务处理应用都是过程性的,前后语句之间存在一定的关联。为了克服 SQL 的非过程性这一缺点,Oracle 公司在标准 SQL 的基础上发展了自己的 PL/SQL。

PL/SQL 是 Procedural Language/SQL(过程化 SQL)的缩写,是 Oracle 公司对关系型数据库语言 SQL 的过程化扩充,它将数据库技术和过程化程序设计语言联系起来,将变量、控制结构、过程和函数等结构化程序设计的要素引入 SQL 中,以加强结构化编程语言对数据库的支持,提高程序执行效率。

利用 PL/SQL 所编写的程序也称为 PL/SQL 程序块。PL/SQL 程序块的基本单位是块,PL/SQL程序都是由块所组成的。完整的 PL/SQL 程序块包含 3 个基本部分:声明部分、执行部分和异常处理部分,其基本结构如下。

[DECLARE
   定义语句段]   -- 声明部分
BEGIN
   执行语句段   -- 执行部分
[EXCEPTION
   异常处理语句段]   -- 异常处理部分
END;

(1) 声明部分

声明部分以 DECLARE 为标识,主要是定义程序中所使用的常量、变量、游标等,PL/SQL 程序块中使用的所有变量、常量等需要声明的内容必须在声明部分集中加以定义。

(2) 执行部分

执行部分以 BEGIN 为开始标识,以 END 为结束标识,其中包含针对数据库的数据操纵语句和各种流程控制语句。PL/SQL 执行部分可以把一条或多条 SQL 语句有效地组织起来,以提高程序的执行效率。

(3) 异常处理部分

这部分包含在执行部分中,以 EXCEPTION 为标识。异常处理部分包含针对程序执行过程中所产生的异常情况的处理程序。

上述 3 个部分中只有执行部分是必备的,其他两个部分都可以省略。PL/SQL 程序块可以相互嵌套。

PL/SQL 程序块中以"--"引导的部分是单行注释。如果需要采用多行注释,则采用"/* … */"的形式。

注意: 本章所讲解的是 PL/SQL 未命名程序块,只能在 SQL Plus、SQL Plus Worksheet 等环境下运行,不能编译成可执行文件。在第 8 章将要讲解的存储过程、存储函数是命名的 PL/SQL 程序块,可在与 Oracle 数据库连接的前台数据库应用程序中通过引用存储过程或存储函数名来调用它们,这也是 PL/SQL 的一个重要应用。

7.2 PL/SQL 的基本语法要素

7.2.1 常量

常量也称为常数。在 PL/SQL 中,常量包括数值常数、字符和字符串常数、布尔型常数和日期常数这 4 种。

1. 数值常数

数值常数包括整数和实数两种,可以用科学记数法描述。例如,25、−89、0.01、−1.020e1、2E−2 都是数值常数。

2. 字符和字符串常数

字符常数包括字母(a~z 及 A~Z)、数字(0~9)、空格和特殊符号,字符常数必须放在西文单引号内。如果字符常数本身是单引号,则需连续输入两个单引号,第 1 个单引号是转义字符,第 2 个单引号是常量。例如,'" "'、'a'、'8'、'*'、'-'、'%'、'#'都是字符常数。

零个或多个字符常数构成字符串常数,字符串常数也必须放在西文单引号内。例如,'He said:"OK!"'、'hello how do you do! '都是字符串常数。

3. 布尔型常数

布尔型常数是系统预先定义好的值,包括 TRUE(真)、FALSE(假)和 NULL(不确定或为空)。

4. 日期常数

日期常数是 Oracle 系统能够识别的日期,日期常数也必须放在西文单引号内。例如,'12 − 12 月 −1999 '、'12 − 12 月 −1998 '都是日期常数。

7.2.2 变量和常量

变量和常量是由用户定义的,使用之前需要在 PL/SQL 程序块的声明部分对其进行声明,其目的是分配内存空间。声明变量和常量的语法如下:

　　<变量 |常量名 > [CONSTANT] <数据类型 > [NOT NULL] [:= |DEFAULT <初始值 >];
其中:

(1) 变量名和常量名必须以字母开头,不区分大小写,其后跟可选的一个或多个字母、数字(0~9)、特殊字符(" $ "、"#"或"_"),其长度不得超过 30 个字符。变量名和常量名中不能含有空格。

(2) CONSTANT 是声明常量的关键字。

(3) 每一个变量或常量都有一个特定的数据类型。

（4）每个变量或常量的声明占一行，行尾以分号";"作为结束。

（5）在声明常量时必须对其进行赋值。变量在声明时可以不赋值，如果变量在声明时未赋初值，那么 PL/SQL 会自动为其赋值 NULL。若在变量声明中使用了 NOT NULL，则表示此变量是非空变量，即必须在声明时为此变量赋初值，否则会出现编译错误。在 PL/SQL 程序中，变量的值是可以改变的，而常量的值不能改变。变量的作用域是从声明开始到 PL/SQL 程序块结束。

例如：

d1 CONSTANT DATE: ='12 -12 月 -1998';

-- 声明 d1 为日期型常量，其值为'12 -12 月 -1998'

s_no CHAR(6): ='000001';

-- 声明 s_no 为字符型变量，其初值为'000001'

t_name CHAR(8);

-- 声明 t_name 为字符型变量，未赋初值

7.2.3 数据类型

PL/SQL 中的数据类型分为标量类型、复合类型、引用类型和 LOB 类型 4 种。

1. 标量类型

标量类型是由系统定义的，合法的标量类型和数据库字段的类型相同，只是它还有一些扩展。PL/SQL 中常用的基本标量数据类型如表 7.1 所示。

表 7.1 常用的基本标量数据类型

类型标识符	说明
NUMBER	整数和浮点数，取值范围为 $1E - 130 \sim 10E125$
PLS_INTEGER	带符号的整数，取值范围为 $-2E31 \sim 2E31$，产生溢出时将触发异常
BINARY_INTEGER	带符号的整数，取值范围为 $-2E31 \sim 2E31$
CHAR	定长字符型，数据库表中的最大长度为 2 000 B
VARCHAR2	变长字符型，数据库表中的最大长度为 4 000 B
LONG	变长字符型，数据库表中的最大长度为 2^{31} B
DATE	日期型
BOOLEAN	布尔型（TRUE、FALSE 或 NULL）

2. 复合类型

复合类型是由用户定义的，其内部包含有组件。复合类型的变量包含一个或多个标量变量。在 PL/SQL 中可以使用 3 种复合类型，即记录、表和数组，详细内容将在 7.4 节讲述。

3. 引用类型

PL/SQL 中的引用类型是用户定义的指向某一数据缓冲区的指针，与 C 语言中的指针类似。游标即为 PL/SQL 的引用类型，详细内容将在 7.5 节讲述。

4. LOB 类型

LOB(large object)类型用来存储大型对象。大型对象可以是一个二进制数或者字符串,其最大长度为 4 GB。大型对象可以包含无结构特征的数据,能够以高效的、任意的、分段操作的方式来存取数据。关于 LOB 类型的详细内容请读者查阅相关的参考资料。

5. 数据类型转换

PL/SQL 支持显式和隐式两种数据类型之间的转换。

显式转换使用转换函数实现,如在附录 D 中介绍的转换函数 TO_CHAR( )、TO_DATE( )、TO_NUMBER( )等。

隐式转换由 PL/SQL 自动完成。将一个变量赋值给数据库表中的一列时,PL/SQL 会自动将变量的数据类型转换成数据库表中列的数据类型。

注意: 在进行数据类型的转换时,最好采用显式转换方式,以避免隐式转换所带来的不确定性,引起编译错误。

7.2.4 表达式

PL/SQL 常见的表达式可分为算术表达式、字符表达式、关系表达式和逻辑表达式这 4 种。

1. 算术表达式

算术表达式由数值型常量、变量、函数和算术运算符所组成。算术表达式的计算结果是数值型数据,它所使用的运算符包括( )、* *、*、∕、+、- 等,算术运算的优先次序由高到低是括号→乘方→乘除→加减。

2. 字符表达式

字符表达式由字符型或字符串型常量、变量、函数和字符运算符所组成。字符表达式的计算结果仍然是字符型数据,唯一的字符运算符是"并置"(∥),它将两个或者多个字符串连接在一起。如果"并置"运算中的所有操作数是 CHAR 类型,那么表达式的运算结果也是 CHAR 类型;如果所有操作数都是 VARCHAR2 类型,那么表达式的运算结果就是 VARCHAR2 类型。

例如,字符表达式' PL '∥'/SQL '的运算结果为' PL/SQL '。

3. 关系表达式

关系表达式由字符表达式或者算术表达式与关系运算符所组成。关系表达式的格式如下:
<表达式> <关系运算符> <表达式>

关系运算符两侧的表达式的数据类型必须一致,因为只有相同类型的数据才能进行比较运算。关系表达式的运算结果是逻辑值。若关系表达式成立,结果为"真"(TRUE),否则为"假"(FALSE)。

关系运算符主要有 <、>、=、< =、> =、! = 。

附录 D 中的谓词操作符 LIKE、BETWEEN 和 IN 也可以作为关系运算符使用,例如:

关系表达式	运算结果
'student' LIKE 'stud%'	TRUE
'student' LIKE 'stud_t'	FALSE
240 BETWEEN 200 AND 300	TRUE
'student' IN 'I am a student.'	TRUE

4. 逻辑表达式

逻辑表达式由关系表达式和逻辑运算符所组成。逻辑表达式的格式如下:

＜关系表达式＞ ＜逻辑运算符＞ ＜关系表达式＞

关系表达式和逻辑表达式实际上都是布尔表达式,其值为布尔型值(TRUE、FALSE 或 NULL)。

逻辑表达式的运算结果为逻辑值。逻辑运算符包括 NOT、OR、AND,逻辑运算符的运算优先次序由高到低是 NOT → AND → OR。

7.3   PL/SQL 程序控制结构

同其他高级语言所编写的程序一样,PL/SQL 程序的控制结构也可分为顺序结构、选择结构和循环结构这 3 种类型。

7.3.1   顺序结构

顺序结构是指程序在执行时,按照语句在程序中出现的先后顺序执行。

注意: 在 SQL Plus 或 SQL Plus Worksheet 应用环境下运行 PL/SQL 程序时,可以使用 DBMS_OUTPUT 内置包中的 PUT_LINE 函数来输出结果,而且必须在 SQL Plus 或 SQL Plus Worksheet 环境下输入命令 SET SERVER OUTPUT ON,表示允许服务器将结果输出。

【例 7.1】   编写 PL/SQL 程序,实现在屏幕上顺序输出"您好,我是 Mary!"字样。

```
DECLARE
    n1 CONSTANT CHAR(10): ='我是 MARY!';   --定义字符串常量
BEGIN
    DBMS_OUTPUT.PUT_LINE('您好,');              --在屏幕上输出一行信息
    DBMS_OUTPUT.PUT_LINE(n1);
    DBMS_OUTPUT.PUT_LINE('您好,'||n1);
END;
```

执行结果为

```
您好,
我是 MARY!
```

您好,我是 MARY!
PL/SQL 过程已成功完成。

7.3.2　选择结构

选择结构是指程序在执行时,根据选择条件,执行满足特定条件的语句序列。选择结构可分为 IF 语句和 CASE 语句两种。

1. IF 选择结构

IF 选择结构的语法格式如下:
IF　<逻辑表达式 1> THEN
　　　<语句序列 1>
[ELSEIF　<逻辑表达式 2> THEN
　　　<语句序列 2>]
…
[ELSE　<语句序列 *N*>]
END IF;

IF 语句的执行过程为:当逻辑表达式 1 的值为"真"时,执行语句序列 1;当逻辑表达式 2 的值为"真"时,执行语句序列 2,…,否则执行语句序列 *N*。语句序列可以由一条或多条语句组成。

【例 7.2】　编写 PL/SQL 程序,将字符转换成对应的成绩。

```
DECLARE
    grade CHAR:='A';    --定义字符串常量
BEGIN
    IF grade ='A' THEN DBMS_OUTPUT.PUT_LINE('优秀');
    ELSEIF grade ='B' THEN DBMS_OUTPUT.PUT_LINE('良好');
    ELSEIF grade ='C' THEN DBMS_OUTPUT.PUT_LINE('中等');
    ELSEIF grade ='D' THEN DBMS_OUTPUT.PUT_LINE('及格');
    ELSE DBMS_OUTPUT.PUT_LINE('不及格');
    END IF;
END;
```

执行结果为

优秀
PL/SQL 过程已成功完成。

2. CASE 选择结构

CASE 选择结构的语法格式如下:
CASE　<变量或表达式>
　　WHEN　<表示式 1> THEN　<语句序列 1>;

```
    WHEN <表示式 2 > THEN <语句序列 2 >；
    …
    WHEN <表示式 N > THEN <语句序列 N >；
    [ELSE <语句序列 N + 1 >]；
END CASE；
```

CASE 语句的执行过程为：计算变量或表达式的值，当运算结果满足表示式 1 时，执行语句序列 1；当运算结果满足表示式 2 时，执行语句序列 2，…，否则执行语句序列 N + 1。

【例 7.3】 利用 CASE 语句重做例 7.2。

```
DECLARE
    grade CHAR: =' A '；
BEGIN
    CASE grade
        WHEN 'A ' THEN DBMS_OUTPUT.PUT_LINE('优秀')；
        WHEN 'B ' THEN DBMS_OUTPUT.PUT_LINE('良好')；
        WHEN 'C ' THEN DBMS_OUTPUT.PUT_LINE('中等')；
        WHEN 'D ' THEN DBMS_OUTPUT.PUT_LINE('及格')；
        ELSE DBMS_OUTPUT.PUT_LINE('不及格')；
    END CASE；
END；
```

执行结果同例 7.2。

7.3.3 循环结构

循环结构是指程序在执行时，重复执行某些语句序列，被重复执行的语句序列称为循环体。PL/SQL 有 LOOP 循环、WHILE LOOP 循环和 FOR 循环这 3 种循环结构。

1. LOOP 循环

LOOP 循环也称为简单循环，这种循环是先执行循环体，再判断是否满足退出条件。LOOP 循环有 LOOP – IF – EXIT – END LOOP 和 LOOP – EXIT – WHEN – END LOOP 两种循环方式。

(1) LOOP – IF – EXIT – END LOOP 循环

其语法格式如下：

```
LOOP
    <语句序列 >
    IF <退出条件 > THEN
        EXIT；
    END IF；
END LOOP；
```

在执行此循环的过程中，先执行语句序列，再通过 IF 选择结构和关键字 EXIT 来控制是否退出循环。如果满足退出条件，则退出此循环。

【**例 7.4**】 编写计算 $1 + 2 + 3 + \cdots + 100$ 的值的 PL/SQL 程序。

```
DECLARE
    n1 NUMBER: = 1;
    n2 NUMBER: = 0;
BEGIN
    LOOP
        n2: = n2 + n1;
        n1: = n1 + 1;
        IF n1 > 100 THEN
            EXIT;
        END IF;
    END LOOP;
    DBMS_OUTPUT.PUT_LINE(n2);
END;
```

执行结果为

```
5050
PL/SQL 过程已成功完成。
```

（2）LOOP – EXIT – WHEN – END LOOP 循环

第 2 种简单循环只是在第 1 种简单循环的基础之上，对于退出循环条件的写法稍加改动，其语法格式如下：

```
LOOP
    <语句序列>
    EXIT WHEN <退出条件>;
END LOOP;
```

在执行此循环的过程中，先执行语句序列，再通过关键字 EXIT WHEN 来控制是否退出循环。如果满足退出条件，则退出此循环。

【**例 7.5**】 利用 LOOP 循环的第 2 种方式重做例 7.4。

```
DECLARE
    n1 NUMBER: = 1;
    n2 NUMBER: = 0;
BEGIN
    LOOP
        n2: = n2 + n1;
        n1: = n1 + 1;
        EXIT WHEN n1 > 100;
    END LOOP;
    DBMS_OUTPUT.PUT_LINE(n2);
```

```
END;
```
执行结果同例 7.4。

2. WHILE – LOOP – END LOOP 循环

WHILE 循环是先判断执行条件是否满足,再执行语句序列。WHILE 循环的语法格式如下:

```
WHILE <执行条件> LOOP
    <语句序列>
END LOOP;
```

在每次进入循环之前要对执行条件进行判断。如果满足执行条件,即其值为 TRUE,则执行语句序列,否则退出此循环。

【例 7.6】 利用 WHILE 循环重做例 7.4。

```
DECLARE
    n1 NUMBER:=1;
    n2 NUMBER:=0;
BEGIN
    WHILE n1 <=100 LOOP
        n2:=n2+n1;
        n1:=n1+1;
    END LOOP;
    DBMS_OUTPUT.PUT_LINE(n2);
END;
```

执行结果同例 7.4。

3. FOR – IN – LOOP – END LOOP 循环

LOOP 循环和 WHILE 循环的循环次数事先是未知的,它取决于循环的执行条件是否满足,而 FOR 循环的循环次数是已知的,其语法格式如下:

```
FOR <循环变量> IN [REVERSE] <下界>..<上界> LOOP
    <语句序列>
END LOOP;
```

这里的循环变量是一个隐式声明的变量,它被隐式声明为 BINARY_INTEGER 数据类型。如果已在变量声明部分声明了它,则以所声明的为准。循环变量在上界值和下界值之间变化,其循环次数为:上界值 – 下界值 + 1。这种循环的步长是固定值 1,其执行过程如下。

(1) 将下界值赋给循环变量,若选择了关键字 REVERSE,则将上界值赋给循环变量。

(2) 判断循环变量是否超过上界值(或下界值),如果超过了上界值(或下界值),则终止此循环,否则执行第(3)步。

(3) 执行循环体中的语句序列。

(4) 将循环变量加上步长值,重复执行第(2)步。

【例 7.7】 利用 FOR 循环重做例 7.4。

```
DECLARE
   n1 NUMBER;
   n2 NUMBER: = 0;
BEGIN
   FOR n1 IN 1..100 LOOP
      n2: = n2 + n1;
   END LOOP;
   DBMS_OUTPUT.PUT_LINE(n2);
END;
```

执行结果同例 7.4。

【例 7.8】 编写 PL/SQL 程序,在屏幕上依次输出 3、2、1。

题目要求在屏幕上依次输出 3、2、1,数值步长为 - 1,可以利用 FOR 循环的 REVERSE 参数实现,程序代码如下。

```
BEGIN
   FOR n1 IN REVERSE 1..3 LOOP
      DBMS_OUTPUT.PUT_LINE(n1);
   END LOOP;
END;
```

执行结果为

```
3
2
1
PL/SQL 过程已成功完成。
```

从例 7.8 可以看出,声明部分不是必需的。

7.4 PL/SQL 复合类型

PL/SQL 的复合类型是由用户定义的,常用的复合类型有记录、表和数组。复合类型是标量类型的组合,使用这些数据类型可以拓宽应用范围。对于复合类型,应先行定义,然后声明,最后才能使用。

7.4.1 使用％TYPE

在介绍复合类型之前,先介绍 PL/SQL 提供的一种变量类型声明方式。在许多情况下,PL/SQL程序中的变量可以用来存储数据库的表中的字段值,在这种情况下,变量的数据类型应该与表中字段的数据类型一致。例如,student 表中 s_no 字段的数据类型是 CHAR(6),如果在PL/SQL程序中需要存储此字段值,则需要声明一个变量:

```
ps_no CHAR(6);              -- 用于存储 s_no 字段的值
```

但是,如果 student 表中 s_no 字段的数据类型发生变化,ps_no 就不能与之相对应。如果在一个应用系统中,有许多 PL/SQL 程序用变量来存储 student 表中 s_no 字段的值,逐一修改相应变量的数据类型是极其困难和麻烦的。因此,PL/SQL 提供一种% TYPE 方法,它用来定义与数据库表中字段数据类型相同的数据类型,如果表中字段的数据类型或长度发生变化,变量的数据类型会自动随之变化。对于上面的定义,可将其改写为

```
ps_no student.s_no% TYPE;
```

"student. s_no"表示 student 表中的 s_no 字段,这样 ps_no 变量的数据类型和长度就与 student 表中的 s_no 字段一致,如果 s_no 字段的数据类型和长度发生变化,ps_no 也随之改变。

使用% TYPE 是一种非常好的编程风格,它使得 PL/SQL 程序具有相对的稳定性。

7.4.2 记录类型

在现实生活中,一些数据可以独立存在,但是它们彼此之间又相互关联,如学号、学生姓名、学生性别、学生出生年月、入学成绩、附加分、班级编号等,这些数据可以独立存在,但又代表着一个学生的基本特性,彼此之间存在对应关系,为此 Oracle 系统提供了记录类型。

记录类型是指将各个独立的但在逻辑上又有一定相关性的单个变量有机地结合在一起,作为一个整体进行处理。通常记录中的每一个变量都是唯一的,当将其作为一个整体时,记录本身是没有值的,但它所包含的每一个变量都拥有自己的值。记录通常用来表示对应数据库表中的若干字段。

1. 记录的定义、声明与引用

(1) 定义记录类型

定义记录类型的一般语法格式如下:
```
TYPE  <记录类型名 > IS RECORD(
    <数据项1>  <数据类型 >[ NOT NULL[ : = <表达式1 >]]
    [ , <数据项2>  <数据类型 >[ NOT NULL[ : = <表达式2 >]]],
    …
    [ , <数据项 n >  <数据类型 >[ NOT NULL[ : = <表达式 n >]]]);
```

记录类型名由用户定义,记录类型中数据项的数据类型是标量类型,记录类型中数据项的数据类型可以不相同,定义方法同前所述。

例如,将学生信息定义为记录类型如下:
```
TYPE rec_student IS RECORD(
        ps_no CHAR(6),
        ps_name CHAR(8),
        ps_sex CHAR(2),
        ps_birthday DATE,
        ps_score NUMBER(5,2),
```

```
        ps_addr NUMBER(3,1),
        pclass_no CHAR(4));
```

其中,rec_student 为记录类型名,ps_no、ps_name、ps_sex、ps_birthday、ps_score、ps_addr、pclass_no 为数据项,分别对应于 student 表中的各个字段。

（2）声明记录变量

定义完记录类型之后,应声明记录变量,才能使用它。声明格式如下:

<记录变量名> <记录类型名>;

例如:

```
r_student rec_student;
```

声明 r_student 为 rec_student 记录类型的变量。

（3）记录的引用

记录变量中数据项的引用方法为

<记录变量名>.<记录类型中的数据项名>

例如:

```
r_student.ps_no
```

引用 r_student 记录变量中的 ps_no 数据项。

【例 7.9】 编写 PL/SQL 程序,输出 student 表中学生编号为"010101"的学生的姓名、出生日期、入学成绩。

```
DECLARE
    TYPE rec_student IS RECORD    --定义记录类型
    (
        psno CHAR(6),
        psname CHAR(8),
        pssex CHAR(2),
        psbirthday DATE,
        psscore NUMBER(5,2),
        psaddr NUMBER(3,1),
        pclassno CHAR(4));
    r_student rec_student;      --定义记录变量
BEGIN
    SELECT * INTO r_student FROM student WHERE s_no ='010101';
--利用 INTO 子句将查询结果赋给记录变量
    DBMS_OUTPUT.PUT_LINE('姓名:'||r_student.psname||'出生日期:'||r_
student.psbirthday||'入学成绩:'||r_student.psscore);
--利用<记录变量名>.<记录类型中的数据项名>方式输出数据项的值
    END;
    执行结果为
```

> 姓名:赵明　 出生日期:06－11 月－80 入学成绩:560
>
> PL/SQL 过程已成功完成。

从例 7.9 可以看出, rec_student 是一个记录类型,由 7 个标量组合而成;r_student 是一个记录变量,其记录类型为 rec_student。因为此记录类型与 student 表的结构完全一致,所以可以用 SELECT 命令直接将所有字段的查询结果赋给记录变量 r_student;psname 是记录类型中的数据项名,其引用形式为 r_student.psname。

由于例 7.9 中只输出学生的姓名、出生日期和入学成绩,因此程序代码还可以写成:

```
DECLARE
    TYPE rec_student IS RECORD    -- 只包含 3 个输出项的记录类型
    (
        psname CHAR(8),
        psbirthday DATE,
        psscore NUMBER(5,2));
    r_student rec_student;
BEGIN
    SELECT s_name,s_birthday,s_score INTO r_student FROM student WHERE
s_no ='010101';
    DBMS_OUTPUT.PUT_LINE('姓名:'||r_student.psname ||'出生日期:'||r_
student.psbirthday||'入学成绩:'||r_student.psscore);
END;
```

从本例可以看出,记录类型中数据项的个数可以不同。

注意:为了在 PL/SQL 程序块中使用或显示数据表中的数据,在 PL/SQL 程序块中,SELECT 总是和 INTO 配合使用,INTO 后面就是要被赋值的记录变量,SELECT 后面的字段数据类型、个数应与 INTO 后面的变量类型、个数一致,而且 SELECT 命令的查询结果必须为单行数据,否则会出现编译错误。

2. 记录变量的赋值

对于记录变量的赋值,可以对单个数据项赋值,还可以整体赋值,其规则如下。

(1) 整体赋值

允许同一记录类型的两个记录变量整体赋值,不同记录类型的记录变量即使这些记录类型所包含的数据项完全相同也不允许对其整体赋值。

(2) 单个赋值

无论同一记录类型的记录变量,还是不同记录类型的记录变量,只要其所含数据项的数据类型、长度一致,就可以单个赋值。

【例 7.10】　定义数据项名称、数据类型完全相同的两个不同的记录类型,考查不同记录类型的记录变量是否能整体赋值。

```
DECLARE
```

```
     TYPE rec_student1 IS RECORD    --定义记录类型 rec_student1
     (
          psno CHAR(6),
          psname CHAR(8),
          pssex CHAR(2),
          psbirthday DATE,
          psscore NUMBER(5,2),
          psaddr NUMBER(3,1),
          pclassno CHAR(4));
     r_student1 rec_student1;
```
--定义记录类型 rec_student1 的记录变量 r_student1
```
     TYPE rec_student2 IS RECORD    --定义记录类型 rec_student2
     (
          psno CHAR(6),
          psname CHAR(8),
          pssex CHAR(2),
          psbirthday DATE,
          psscore NUMBER(5,2),
          psaddr NUMBER(3,1),
          pclassno CHAR(4));
     r_student2 rec_student2;
```
--定义记录类型 rec_student2 的记录变量 r_student2
```
   BEGIN
     SELECT * INTO r_student1 FROM student WHERE s_no ='010101';
     r_student2:=r_student1;      --不同记录类型的记录变量整体赋值
     DBMS_OUTPUT.PUT_LINE('姓名:'||r_student2.psname||'出生日期:'||
r_student2.psbirthday||'入学成绩:'||r_student2.psscore);
   END;
```
   执行结果为

```
r_student2:=r_student1;
     *
ERROR 位于第 24 行:
ORA-06550:第 24 行,第 15 列:
PLS-00382:表达式类型错误
ORA-06550:第 24 行,第 3 列:
PL/SQL: Statement ignored
```

从例 7.10 可以看出,虽然 rec_student1 和 rec_student2 是含有相同数据项且数据项的数据类型、长度完全一致的两个记录类型,但 r_student1 和 r_student2 被定义为不同记录类型的记录变量,因此,不同记录类型的两个记录变量 r_student1 和 r_student2 的整体赋值是不合法的。

　　【例 7.11】　定义数据项名称、数据类型完全相同的两个不同的记录类型,考查不同记录类型的记录变量能否单个数据项赋值。

```
DECLARE
  TYPE rec_student1 IS RECORD
  (
      psno CHAR(6),
      psname CHAR(8),
      pssex CHAR(2),
      psbirthday DATE,
      psscore NUMBER(5,2),
      psaddr NUMBER(3,1),
      pclassno CHAR(4));
  r_student1 rec_student1;
  TYPE rec_student2 IS RECORD
  (
      psno CHAR(6),
      psname CHAR(8),
      pssex CHAR(2),
      psbirthday DATE,
      psscore NUMBER(5,2),
      psaddr NUMBER(3,1),
      pclassno CHAR(4));
  r_student2 rec_student2;
BEGIN
  SELECT * INTO r_student1 FROM student WHERE s_no ='010101';
  r_student2.psname:=r_student1.psname;
--不同记录类型的记录变量单个数据项赋值
  DBMS_OUTPUT.PUT_LINE('姓名:'||r_student2.psname);
END;
```

执行结果为

> 姓名:赵明
> PL/SQL 过程已成功完成。

　　从例 7.11 可以看出,rec_student1 和 rec_student2 是含有相同数据项且数据项的数据类型、长度完全相同的两个记录类型,虽然 r_student1 和 r_student2 被定义为不同记录类型的记录变量,但是,记录变量中单个数据项赋值是合法的。

【例7.12】 定义两个不同的记录类型,考查其记录变量能否单个数据项赋值。

```
DECLARE
    TYPE rec_student1 IS RECORD
    (
        psno CHAR(6),
        psname CHAR(8),
        pssex CHAR(2),
        psbirthday DATE,
        psscore NUMBER(5,2),
        psaddr NUMBER(3,1),
        pclassno CHAR(4));
    r_student1 rec_student1;
    TYPE rec_student2 IS RECORD
    (
        psno CHAR(6),
        psname CHAR(8));
    r_student2 rec_student2;
BEGIN
    SELECT * INTO r_student1 FROM student WHERE s_no ='010101';
    r_student2.psname:=r_student1.psname;
-- 不同记录类型的记录变量单个数据项赋值
    DBMS_OUTPUT.PUT_LINE('姓名:'||r_student2.psname);
END;
```

执行结果同例7.11。

从例7.12中可以看出,记录类型 rec_student2 的定义中比 rec_student1 少了 5 个数据项, r_student1和 r_student2 是被定义成不同记录类型的记录变量,但其单个数据项赋值仍然是合法的。

注意:此时单个数据项的数据类型、长度必须一致。

记录类型中每个数据项的数据类型可以用%TYPE 定义。

【例7.13】 利用%TYPE 定义记录类型重做例7.9,同时考查相同记录类型的记录变量是否能整体赋值。

```
DECLARE
    TYPE rec_student IS RECORD     -- 定义记录类型 rec_student
    (
        psno student.s_no% TYPE,   -- 利用% TYPE 定义变量
        psname student.s_name% TYPE,
        pssex student.s_sex% TYPE,
        psbirthday student.s_birthday% TYPE,
```

```
        psscore student.s_score% TYPE,
        psaddr student.s_addr% TYPE,
        pclassno student.class_no% TYPE);
    r_student1 rec_student;
```
-- 定义记录类型 rec_student 的记录变量r_student1
```
    r_student2 rec_student;
```
-- 定义记录类型 rec_student 的记录变量r_student2
```
    BEGIN
        SELECT * INTO r_student1 FROM student WHERE s_no ='010101';
        r_student2: = r_student1; -- 相同记录类型的不同记录变量整体赋值
        DBMS_OUTPUT.PUT_LINE('姓名:'||r_student2.psname ||'出生日期:'||r_
student2.psbirthday ||'入学成绩:'||r_student2.psscore);
    END;
```
执行结果同例 7.9。

从例 7.13 中可以看出, r_student1 和 r_student2 被定义为相同记录类型的记录变量,因此, r_student1 和 r_student2 的整体赋值是合法的。

7.4.3　使用%ROWTYPE

使用%TYPE 可以使变量获得数据库表中某个字段的数据类型,同样的,可以使用 PL/SQL 所提供的%ROWTYPE 使记录变量获得数据库表中所有字段的数据类型。如果数据库表的结构发生变化,记录变量中的结构也随之改变。

【例 7.14】　使用%ROWTYPE 定义记录变量的方法重做例 7.9,注意比较两个例题中记录变量中数据项的引用方法。
```
DECLARE
    r_student student% ROWTYPE;        -- 利用% ROWTYPE 定义记录变量
BEGIN
    SELECT * INTO r_student FROM student WHERE s_no ='010101';
    DBMS_OUTPUT.PUT_LINE('姓名:'||r_student.s_name ||'出生日期:'||r_
student.s_birthday ||'入学成绩:'||r_student.s_score);
    END;
```
执行结果同例 7.9。

从例 7.14 中可以看出,可使用%ROWTYPE 定义与数据库表结构相同的记录变量。使用% ROWTYPE 定义记录变量,相当于给数据库表的单行记录命名,可以直接用"记录变量名. 数据库表中的字段名"来引用记录变量数据项的值。

注意: 使用%ROWTYPE 可以使程序变得简单,但是记录变量中所包含的数据项数据类型、个数必须与数据库表结构完全一致,缺乏灵活性。

7.4.4 表

表可分为索引表和嵌套表两种。

1. 索引表

索引表(index – by tables)是一种比较复杂的数据结构,与数据库中的表存在一定的区别。索引表是一种复合数据类型,是保存在数据缓冲区中的、无特别存储次序的、可以离散存储的数据结构。索引表既可以是一维的,也可以是二维的。

对于索引表这种复合数据类型,需先定义,后声明,再使用。

(1)定义索引表类型

定义索引表类型的语法如下:

TYPE <索引表类型名> IS TABLE OF <数据类型> INDEX BY BINARY_INTEGER;

索引表类型名是由用户定义的,数据类型是索引表中元素的数据类型,索引表中所有元素的数据类型是相同的。索引变量默认为 BINARY_INTEGER 类型的变量,其值只是一个标记,没有大小、先后之分。

(2)声明索引表变量

声明索引表变量的语法格式如下:

<索引表变量名> <索引表类型名>;

(3)索引表的引用

一旦声明了索引表变量,就可以引用索引表元素,其方法如下:

<索引表变量名>(<索引值>)

【例 7.15】 编写 PL/SQL 程序,在屏幕上显示以下信息。所显示的信息如下:

中国,您好!

主编,您好!

```
DECLARE
    TYPE table1 IS TABLE OF VARCHAR2(8) INDEX BY BINARY_INTEGER;
    t1 table1;
    TYPE table2 IS TABLE OF student.s_name% TYPE INDEX BY BINARY_INTEGER;
    t2 table2;
BEGIN
    t1(1):='中国,';
    t1(-1):='您好!';
    t2(0):='主编,';
    t2(10):='您好!';
    DBMS_OUTPUT.PUT_LINE(t1(1)||t1(-1));
    DBMS_OUTPUT.PUT_LINE(t2(0)||t2(10));
END;
```

执行结果为

中国,您好!

主编,您好!

PL/SQL 过程已成功完成。

例 7.15 利用基本标量类型定义了索引表类型 table1,利用% TYPE 形式定义了索引表类型 table2。t1、t2 分别是 table1、table2 类型的变量。

在使用索引表的过程中,需要特别注意以下几点。

(1)索引表元素是通过索引值定位的,如 t1(1)、t1(-1)、t2(0)、t2(10),其中 1、-1、0、10 是索引值。

(2)索引值也称为 KEY 值,是 BINARY_INTEGER 类型。KEY 值没有顺序之分,仅作为索引使用。

(3)声明一个索引表时,并未固定此索引表元素的数目,对索引表元素进行赋值实际上是创建一个表元素,并且为此表元素分配数据缓冲区,其他未赋值的表元素没有被分配数据缓冲区。

从索引表类型及变量定义的语法可以看出,PL/SQL 的索引表好像是一维的,因为没有明确给出定义其列的具体方法。但是,通过下面的例子可以知道定义二维索引表的方法。

注意:从例 7.15 的显示结果可以看出数据类型 CHAR 与 VARCHAR2 之间的区别。CHAR 是定长字符,所占位数固定,所以"主编,"与"您好!"之间有空格。

【例 7.16】 利用索引表类型重做例 7.11。

```
DECLARE
    TYPE table1 IS TABLE OF student.s_name% TYPE INDEX BY BINARY_INTE-
GER;    --定义一维索引表类型
    t1 table1;    --定义索引表变量
BEGIN
    SELECT s_name INTO t1(2) FROM student WHERE s_no ='010101';
--将查询结果赋给索引表元素 t1(2)
    DBMS_OUTPUT.PUT_LINE(t1(2));
END;
```

执行结果同例 7.11。

本例的代码也可以写成:

```
DECLARE
    TYPE table1 IS TABLE OF student% ROWTYPE INDEX BY BINARY_INTEGER;
--定义二维索引表类型
    t1 table1;
BEGIN
    SELECT * INTO t1(2) FROM student WHERE s_no ='010101';
    DBMS_OUTPUT.PUT_LINE(t1(2).s_name);
END;
```

本例程序代码的第一种写法是一维索引表形式,第二种写法是二维索引表形式,对二者进行比较可知,二维索引表在表元素的数据类型上与一维索引表不同。在定义二维索引表时,将 table1 定义为能够装载 student 表中一行数据的二维索引表;在定义一维索引表时,将 table1 定义为只能装载 student 表中 s_name 一列数据的一维索引表。而且一维索引表和二维索引表的赋值及引用方法不同,一维索引表可以直接使用,二维索引表变量使用数据库表中的字段时,相应的语法格式如下:

　　< 索引表变量名 > (< 索引值 >). < 数据库表中字段名 >

2. 表的属性

为了更好地使用表这个复合数据类型,PL/SQL 增加了表属性的功能,其语法格式如下:

　　< 表变量名 > . < 属性 >

其中,表变量名表示针对表变量的引用,表属性如表 7.2 所示。

表 7.2　表属性

属性	说明
COUNT	返回表中的元素总数
DELETE	删除表中的元素
EXISTS	如果表中存在指定索引值的表元素,则此属性值为 TRUE
FIRST	返回表中第一个元素的索引值
LAST	返回表中最后一个元素的索引值
NEXT	返回表中指定索引值的下一个元素的索引值
PRIOR	返回表中指定索引值的上一个元素的索引值

(1) COUNT 属性

【例 7.17】　编写 PL/SQL 程序,计算 $1 + 2 + 3 + 4 + 5$ 的值。

```
DECLARE
    s NUMBER: = 0;
    TYPE table1 IS TABLE OF NUMBER INDEX BY BINARY_INTEGER;
    t1 table1;
    n_total NUMBER;
BEGIN
    FOR n IN 1..5 LOOP      -- 利用 FOR 循环
        t1(n): = n;
        s: = s + t1(n);
    END LOOP;
    n_total: = t1.COUNT;      -- 利用 COUNT 属性计数
    DBMS_OUTPUT.PUT_LINE(n_total);
    DBMS_OUTPUT.PUT_LINE(s);
END;
```

执行结果为

```
5
15
PL/SQL 过程已成功完成。
```

例 7.17 是 COUNT 属性的一个例子,对索引表变量 t1 赋值 5 次,即创建 5 个索引表元素,因此 n_total 的值为 5。

(2) DELETE 属性

此属性的常用语法格式如下:

< 索引表变量名 >.DELETE,　表示删除索引表中的所有元素

< 索引表变量名 >.DELETE(i),　表示从索引表中删除由索引值 i 所标记的元素

< 索引表变量名 >.DELETE(i,j),　表示从索引表中删除索引值 i~j 之间的所有元素

【例 7.18】　DELETE 属性的各种使用方法的示例。

```
DECLARE
    TYPE table1 IS TABLE OF VARCHAR2(10) INDEX BY BINARY_INTEGER;
    t1 table1;
BEGIN
    t1(1):='1';
    t1(5):='2';
    t1(-3):='3';
    t1(80):='4';
    t1(100):='5';
    DBMS_OUTPUT.PUT_LINE('元素的总数为:'||t1.COUNT);
    t1.DELETE(100);
    DBMS_OUTPUT.PUT_LINE('第 1 次删除后元素的总数为:'||t1.COUNT);
    t1.DELETE(1,5);
    DBMS_OUTPUT.PUT_LINE('第 2 次删除后元素的总数为:'||t1.COUNT);
    t1.DELETE;
    DBMS_OUTPUT.PUT_LINE('第 3 次删除后元素的总数为:'||t1.COUNT);
END;
```

执行结果为

```
元素的总数为:5
第 1 次删除后元素的总数为:4
第 2 次删除后元素的总数为:2
第 3 次删除后元素的总数为:0
PL/SQL 过程已成功完成。
```

例 7.18 首先为表 t1 创建 5 个元素,然后使用 DELETE(100)属性删除索引表中第 100 个元素,此时元素总数变为 4;接着使用 DELETE(1,5)属性删除索引表中第 1 个、第 5 个元素,此时元

素总数变为 2;最后使用 DELETE 属性删除索引表中的全部元素,元素总数最终为 0。

(3) EXISTS 属性

对索引表执行操作时,如果引用一个不存在的表元素,则会发生编译错误。因此,可通过使用 EXISTS 属性测试某个表元素是否存在。其语法格式如下:

    <索引表变量名 >.EXISTS(i)

表示如果索引表中存在索引值为 i 的元素,则属性值返回 TRUE,否则返回 FALSE。

【例 7.19】 EXISTS 属性的使用方法的示例。

```
DECLARE
    TYPE table1 IS TABLE OF VARCHAR2(10) INDEX BY BINARY_INTEGER;
    t1 table1;
BEGIN
    t1(1):='1';
    t1(7):='2';
    IF t1.EXISTS(1) THEN
        DBMS_OUTPUT.PUT_LINE('索引值为 1 的元素存在!');
    ELSE
        DBMS_OUTPUT.PUT_LINE('索引值为 1 的元素不存在!');
    END IF;
    IF t1.EXISTS(5) THEN
        DBMS_OUTPUT.PUT_LINE('索引值为 5 的元素存在!');
    ELSE
        DBMS_OUTPUT.PUT_LINE('索引值为 5 的元素不存在!');
    END IF;
END;
```

执行结果为

```
索引值为 1 的元素存在!
索引值为 5 的元素不存在!
PL/SQL 过程已成功完成。
```

例 7.19 为表 t1 创建 2 个元素,其索引值分别为 1 和 7,所以 EXISTS(1) 的返回值为"真",EXISTS(5) 的返回值为"假"。

(4) FIRST、LAST、NEXT 和 PRIOR 位置属性

索引表元素所处位置的先后顺序是由索引值的大小来决定的,而不是根据索引表元素赋值的先后顺序决定的,也不是根据索引表元素值的大小决定的。

【例 7.20】 索引表位置属性的各种使用方法的示例。

```
DECLARE
    TYPE table1 IS TABLE OF VARCHAR2(10) INDEX BY BINARY_INTEGER;
    t1 table1;
```

```
t1:=table1(NULL,NULL);    --利用构造方法整体赋值,创建嵌套表元素
SELECT s_name INTO t1(2) FROM student WHERE s_no='010101';
DBMS_OUTPUT.PUT_LINE(t1(2));
```
```
END;
```

执行结果同例 7.11。

由于例 7.22 向 t1(2) 赋值,所以必须在程序中利用语句"t1:=table1(NULL, NULL);"先创建 2 个元素,如果向 t1(N) 赋值,则必须在程序中先创建 N 个元素。

例 7.22 中的程序代码也可以写成:

```
DECLARE
    TYPE table1 IS TABLE OF student% ROWTYPE;    --二维嵌套表类型
    t1 table1;
BEGIN
    t1:=table1(NULL, NULL);
    SELECT * INTO t1(2) FROM student WHERE s_no='010101';
    DBMS_OUTPUT.PUT_LINE(t1(2).s_name);
END;
```

从例 7.22 可以看出,嵌套表和索引表的二维形式的使用方法是相同的。嵌套表属性与索引表属性是一致的,在此不再赘述。

【例 7.23】   嵌套表位置属性的各种使用方法的示例,注意与例 7.20 的异同。

```
DECLARE
    TYPE table1 IS TABLE OF VARCHAR2(10);
    t1 table1;
BEGIN
    t1:=table1(NULL,NULL,NULL,NULL,NULL);
--利用构造方法整体赋值,创建嵌套表元素
    t1(1):='1';
    t1(5):='2';
    t1(2):='0';
    t1(3):='3';
    t1(4):='4';
    DBMS_OUTPUT.PUT_LINE('第 1 个元素的索引值为:'||t1.FIRST);
    DBMS_OUTPUT.PUT_LINE('最后 1 个元素的索引值为:'||t1.LAST);
    DBMS_OUTPUT.PUT_LINE('索引值为 3 的元素的前一个索引值为:'||t1.PRIOR(3));
    DBMS_OUTPUT.PUT_LINE('索引值为 3 的元素的后一个索引值为:'||t1.NEXT(3));
    t1.DELETE(2);
    DBMS_OUTPUT.PUT_LINE('删除索引值为 2 的元素后');
    DBMS_OUTPUT.PUT_LINE('第 1 个元素的索引值为:'||t1.FIRST);
    DBMS_OUTPUT.PUT_LINE('最后 1 个元素的索引值为:'||t1.LAST);
```

```
   DBMS_OUTPUT.PUT_LINE('索引值为 3 的元素的前一个索引值为:'||t1.PRIOR(3));
   DBMS_OUTPUT.PUT_LINE('索引值为 3 的元素的后一个索引值为:'||t1.NEXT(3));
END;
```

执行结果为

```
第 1 个元素的索引值为:1
最后 1 个元素的索引值为:5
索引值为 3 的元素的前一个索引值为:2
索引值为 3 的元素的后一个索引值为:4
删除索引值为 2 的元素后
第 1 个元素的索引值为:1
最后 1 个元素的索引值为:5
索引值为 3 的元素的前一个索引值为:1
索引值为 3 的元素的后一个索引值为:4
PL/SQL 过程已成功完成。
```

从例 7.23 可以看出,嵌套表元素被删除后可以是离散的。

7.4.5 数组

数组也是一种复合数据类型,数组同嵌套表类似,数组在存储时,其元素的次序是固定且连续的,而且索引值从 1 开始直至其定义的最大值为止。数组数据必须先定义,后声明,再使用。

(1)定义数组类型

定义数组类型的语法格式如下:

TYPE ＜数组类型名＞ IS VARRAY（＜MAX_SIZE＞）OF ＜数据类型＞;

数组类型名是由用户定义的,数据类型是数组元素的数据类型,所有数组元素的数据类型是一致的,MAX_SIZE 指明数组元素个数的最大值。

(2)声明数组变量

声明数组变量的语法格式如下:

＜数组变量名＞ ＜数组类型名＞;

(3)数组的引用

一旦声明了数组变量,就可以引用数组元素,其方法如下:

＜数组变量名＞（＜索引值＞）

【例 7.24】 利用数组类型重做例 7.15,考查数组元素能否单个赋值。

```
DECLARE
   TYPE varray1 IS VARRAY(20) OF VARCHAR2(8);      --定义数组类型
   v1 varray1;     --定义数组变量
   TYPE varray2 IS TABLE OF student.s_name% TYPE;--定义数组类型
   v2 varray2;     --定义数组变量
BEGIN
   v1(1):='中国,';    --单个赋值
```

```
    v1(2):='您好！';   -- 单个赋值
    v2(1):='主编，';   -- 单个赋值
    v2(3):='您好！';   -- 单个赋值
    DBMS_OUTPUT.PUT_LINE(v1(1)||v1(2));
    DBMS_OUTPUT.PUT_LINE(v2(1)||v2(3));
END;
```

执行结果为

```
DECLARE
*
ERROR 位于第 1 行:
ORA - 06531: 引用未初始化的收集
ORA - 06512: 在 line 7
```

从例 7.24 可以看出，数组元素不能像索引表元素一样单个赋值，在使用之前必须通过数组类型同名方法（简称构造方法）来进行赋值。如果实行单个赋值，则会出现编译错误。由此可见，数组与嵌套表是类似的。

正确的程序代码如下。

```
DECLARE
    TYPE varray1 IS VARRAY(20) OF VARCHAR2(8);
    v1 varray1;
    TYPE varray2 IS TABLE OF student.s_name% TYPE;
    v2 varray2;
BEGIN
    v1:=varray1(NULL,NULL,NULL,NULL,NULL);
-- 利用构造方法整体赋值，创建数组元素
    v2:=varray2(NULL,NULL,NULL,NULL,NULL);
-- 利用构造方法整体赋值，创建数组元素
    v1(1):='中国，';
    v1(2):='您好！';
    v2(1):='主编，';
    v2(3):='您好！';
    DBMS_OUTPUT.PUT_LINE(v1(1)||v1(2));
    DBMS_OUTPUT.PUT_LINE(v2(1)||v2(3));
END;
```

执行结果同例 7.15。

【例 7.25】 利用数组类型重做例 7.11。

```
DECLARE
    TYPE varray1 IS VARRAY(3) OF student.s_name% TYPE;   -- 定义数组类型
```

```
    v1 varray1;    --定义数组变量
BEGIN
    v1:=varray1(NULL,NULL,NULL);     --利用构造方法整体赋值,创建数组元素
    SELECT s_name INTO v1(2) FROM student WHERE s_no='010101';
    DBMS_OUTPUT.PUT_LINE(v1(2));
END;
```

执行结果同例 7.11。

本例代码也可以写成:

```
DECLARE
    TYPE varray1 IS VARRAY(3) OF student% ROWTYPE;     --二维数组类型
    v1 varray1;
BEGIN
    v1:=varray1(NULL,NULL,NULL);
    SELECT * INTO v1(2) FROM student WHERE s_no='010101';
    DBMS_OUTPUT.PUT_LINE(v1(2).s_name);
END;
```

从例 7.25 可以看出,数组和表的二维形式的使用方法是一样的。数组属性与表属性相同,在此不再赘述。

【例 7.26】 数组位置属性的使用示例,注意与例 7.20、例 7.23 进行比较。

```
DECLARE
    TYPE varray1 IS VARRAY(5) OF VARCHAR2(10);
    v1 varray1;
BEGIN
    v1:=varray1(NULL,NULL,NULL,NULL,NULL);
    v1(1):='1';
    v1(5):='2';
    v1(2):='0';
    v1(3):='3';
    v1(4):='4';
    DBMS_OUTPUT.PUT_LINE('第 1 个元素的索引值为:'||v1.FIRST);
    DBMS_OUTPUT.PUT_LINE('最后 1 个元素的索引值为:'||v1.LAST);
    DBMS_OUTPUT.PUT_LINE('索引值为 3 的元素的前一个索引值为:'||v1.PRIOR(3));
    DBMS_OUTPUT.PUT_LINE('索引值为 3 的元素的后一个索引值为:'||v1.NEXT(3));
    v1(2):=NULL;
    DBMS_OUTPUT.PUT_LINE('删除索引值为 2 的元素后');
    DBMS_OUTPUT.PUT_LINE('第 1 个元素的索引值为:'||v1.FIRST);
    DBMS_OUTPUT.PUT_LINE('最后 1 个元素的索引值为:'||v1.LAST);
    DBMS_OUTPUT.PUT_LINE('索引值为 3 的元素的前一个索引值为:'||v1.PRIOR(3));
```

```
    DBMS_OUTPUT.PUT_LINE('索引值为 3 的元素的后一个索引值为:'||v1.NEXT(3));
END;
```

执行结果为

```
第 1 个元素的索引值为:1
最后 1 个元素的索引值为:5
索引值为 3 的元素的前一个索引值为:2
索引值为 3 的元素的后一个索引值为:4
删除索引值为 2 的元素后
第 1 个元素的索引值为:1
最后 1 个元素的索引值为:5
索引值为 3 的元素的前一个索引值为:2
索引值为 3 的元素的后一个索引值为:4
PL/SQL 过程已成功完成。
```

从例 7.26 可以看出,数组中的元素是连续的,尽管索引值为 2 的元素的值变为 NULL,但索引值为 3 的元素的前一个元素的索引值仍然为 2,而且,数组元素不能用 DELETE(i)属性删除,数组元素从不离散。

7.4.6 索引表、嵌套表、数组类型之比较

索引表、嵌套表、数组这 3 种复合数据类型既相似又有一定的区别,3 种复合数据类型之间的区别如表 7.3 所示。

表 7.3 索引表、嵌套表、数组类型之比较

属性	索引表	嵌套表	数组
定义语法	Type TABLE INDEX BY BINARY_INTEGER	Type TABLE	Type VARRAY
合法的数据类型	任何 PL/SQL 数据类型	只有数据库类型	只有数据库类型
初始化	自动初始化	通过构造方法	通过构造方法
未初始化的集合	元素未定义,但是可以引用	Null,引用元素是非法的	Null,引用元素是非法的
边界	无边界	无边界,可扩展	有边界,不可扩展
离散性	离散	删除部分元素后,可以是离散的	从不离散

7.5 游 标

在一般情况下,利用 SELECT 语句查询所得到的结果都是多行记录数据,而在 PL/SQL 程序块中,SELECT 语句每次只能处理查询结果为单行记录数据的情况,要想操纵多行记录的数据,需要使用游标(CURSOR)。游标是由用户定义的引用类型,它能够根据查询条件从数据库表中查询一组记录,将其作为一个临时表置于数据缓冲区中,以游标作为指针,逐行对记录数据进行

操作。游标分为显式游标和游标变量两种。

7.5.1 显式游标的基本操作

显式游标的操作包括声明游标、打开游标、提取游标和关闭游标。

1. 声明游标

声明游标的语法格式如下：

CURSOR <游标名> IS SELECT 语句;

CURSOR 是声明游标的关键字,游标名由用户定义,SELECT 语句是建立游标的 SQL 查询命令,其目的是从数据库表中选取一组符合查询条件的记录。

例如：

CURSOR cursor1 IS SELECT * FROM student WHERE class_no = pcno;

这个例子声明了一个游标,游标名是 cursor1,其功能是从 student 表中查询班级编号为 pcno 变量指定值的那些记录。

2. 打开游标

声明游标实际上只是对游标加以说明,在使用游标之前,首先要打开游标,其语法格式如下：

OPEN <游标名>;

打开游标命令完成以下一些工作。

(1) 检查变量的取值,如前面所声明的游标 cursor1 的 SELECT 子句中的查询条件带有变量 pcno,打开游标时需要检查 pcno 是否有值,如果 pcno 未被赋值过,则打开游标的操作失败。

注意：pcno 是查询条件中的变量,必须在打开游标之前对其赋值,因为在执行 SELECT 命令时,如果 pcno 未曾被赋值,就无法知道 pcno 是什么,这样会引发编译错误。

(2) 将符合条件的记录送入数据缓冲区。

(3) 将指针指向第一条记录。

例如：

OPEN cursor1;   -- 打开游标 cursor1

3. 提取游标

提取显式游标可以有两种方法,其语法格式如下：

FETCH <游标名> INTO <变量1>[,<变量2>,…,<变量N>];

或

FETCH <游标名> INTO <记录变量>;

提取游标是指将游标中的数据赋给指定的变量或记录变量,每执行一次 FETCH 命令,其数据缓冲区的指针就会自动下移一行。

例如：

r_student cursor1% ROWTYPE;   -- 利用% ROWTYPE 定义记录变量

```
FETCH cursor1 INTO r_student;      --将游标中的数据赋给记录变量
```

4. 关闭游标

游标一旦使用完毕,就应将其关闭。关闭游标之后,就可以释放与游标相关联的资源,其语法格式如下:

CLOSE <游标名>;

一旦关闭游标,若再对游标执行操作就是非法的。

【例 7.27】 编写 PL/SQL 程序,输出班级编号为"0101"的学生的姓名。

题目要求输出班级编号为"0101"的学生的姓名,可能有多行记录符合查询条件,因此需要使用游标,相应的程序代码如下。

```
DECLARE
    psno CHAR(6);                    --定义单个变量
    psname CHAR(8);                  --定义单个变量
    pssex CHAR(2);                   --定义单个变量
    psbirthday DATE;                 --定义单个变量
    psscore NUMBER(5,2);             --定义单个变量
    psaddr NUMBER(3,1);              --定义单个变量
    pclassno CHAR(4);                --定义单个变量
    pcno student.class_no% TYPE;     --定义单个变量
    CURSOR cursor1 IS SELECT * FROM student WHERE class_no = pcno;
--定义显式游标
    r_student cursor1% ROWTYPE;      --定义记录变量
BEGIN
    pcno: = '0101';
    OPEN cursor1;          --打开显式游标
    FETCH cursor1 INTO r_student;
--提取显式游标,将游标中的数据赋给记录变量
    DBMS_OUTPUT.PUT_LINE(r_student.s_name);
    FETCH cursor1 INTO psno,psname,pssex,psbirthday,psscore,psaddr,
pclassno;      --提取显式游标,将游标中的数据赋给指定的变量
    DBMS_OUTPUT.PUT_LINE(psname);
    CLOSE cursor1;      --关闭显式游标
END;
```

执行结果为

```
赵明
马水
PL/SQL 过程已成功完成。
```

例 7.27 是一个利用游标提取数据的例子。本例声明了多个标量类型的变量,通过 FETCH 命令获取数据。还声明了一个记录变量 r_student,通过 FETCH 命令获取数据。因为游标 cursor1 是数据缓冲区中的临时表,记录变量的数据结构最好与数据库表相同,所以在此使用 cursor1% ROWTYPE 定义并声明记录变量。

注意: 用 FETCH 命令提取游标数据赋给变量时,变量的个数必须与游标所提取的数据个数一致,即必须写出与游标相对应的所有列,不允许只提取其中某几列,例如本例的游标中有 7 列,提取时必须有 7 个相应的数据,否则会出现编译错误。

7.5.2 游标的属性操作

在 PL/SQL 程序中可以使用游标的属性操作来获取游标的状态,游标属性操作所返回的不是类型,而是可以在表达式中使用的数值。游标的属性都是以"%"开头的。

1. % FOUND 属性

这是一个布尔型属性,用来测试游标是否得到数据。如果前面的 FETCH 语句得到一行记录数据,那么% FOUND 就返回 TRUE,否则返回 FALSE。如果在未打开游标之前就已设置% FOUND,那么会出现编译错误。

2. % NOTFOUND 属性

% NOTFOUND 是% FOUND 的反逻辑,常被用于循环退出。

3. % ISOPEN 属性

% ISOPEN 测试游标是否打开。如果已打开游标,% ISOPEN 将返回 TRUE,否则返回 FALSE。

4. % ROWCOUNT 属性

% ROWCOUNT 用来返回从游标中取出的数据的总行数。每当 FETCH 语句成功提取一行数据,% ROWCOUNT 的值就会加 1。

【例 7.28】 游标属性示例。

```
DECLARE
    CURSOR cursor1 IS SELECT * FROM student WHERE class_no ='0101';
--定义显式游标
    r_student student% ROWTYPE;      --定义记录变量
BEGIN
    IF cursor1% ISOPEN THEN     -- 利用% ISOPEN 属性判断游标是否打开
        DBMS_OUTPUT.PUT_LINE('游标已经打开!');
    ELSE
        DBMS_OUTPUT.PUT_LINE('游标没有打开,现在打开它!');
```

```
        OPEN cursor1;
    END IF;
    FOR i IN 1..5 LOOP      -- 利用 FOR 循环
        FETCH cursor1 INTO r_student;
        IF cursor1% NOTFOUND THEN
-- 利用% NOTFOUND 属性判断游标是否提取到数据
            DBMS_OUTPUT.PUT_LINE('游标第'||i||'行数据没有找到！');
        ELSE
            DBMS_OUTPUT.PUT_LINE('游标第'||i||'行数据的学生姓名为：'||r_student.
s_name);
        END IF;
    END LOOP;
    CLOSE cursor1;
END;
```

执行结果为

```
游标没有打开,现在打开它！
游标第 1 行数据的学生姓名为：赵明
游标第 2 行数据的学生姓名为：马水
游标第 3 行数据的学生姓名为：张三
游标第 4 行数据没有找到！
游标第 5 行数据没有找到！
PL/SQL 过程已成功完成。
```

例 7.28 在打开游标之前使用% ISOPEN 属性,所以其返回值为 FALSE。由于游标数据缓冲区中共有 3 条记录,所以在循环中% NOTFOUND 属性操作执行到第 4 次时为 TRUE。

从本例可以看出,例 7.27 并不完整,因为例 7.27 中使用了 2 条 FETCH 语句,取出"学生"表中的 2 行记录数据,所以并不能将"学生"表中班级编号为"0101"的学生的姓名全部显示出来。

【例 7.29】 利用 LOOP 循环重做例 7.27。

```
DECLARE
    CURSOR cursor1 IS SELECT * FROM student WHERE class_no ='0101';
-- 定义显式游标
    r_student student% ROWTYPE;
BEGIN
    OPEN cursor1;    -- 打开显式游标
    LOOP    -- 利用 LOOP 循环
        FETCH cursor1 INTO r_student;    -- 提取显式游标
        IF cursor1% NOTFOUND THEN    -- 利用显式游标属性判断是否提取到数据
            exit;
        ELSE
```

```
        DBMS_OUTPUT.PUT_LINE(r_student.s_name);
    END IF;
  END LOOP;
  CLOSE cursor1;    -- 关闭显式游标
END;
```

执行结果为

```
赵明
马水
张三
PL/SQL 过程已成功完成。
```

7.5.3 游标变量

前面所讨论的游标属于显式游标,即游标与一条固定的 SELECT 语句相关联。在实际使用时,往往希望一个游标在运行时与不同的 SELECT 语句相关联,这就需要一种新的变量——游标变量。游标变量是一种引用类型,当程序运行时,它可以指向不同的 SELECT 查询语句的数据缓冲区单元。游标变量也需要先定义,后声明,再使用。

1. 游标变量的定义与声明

（1）定义游标类型
定义游标类型的语法格式如下:
TYPE <游标类型名> IS REF CURSOR RETURN <返回类型>;
TYPE 是定义游标类型的关键字,游标类型名是由用户定义的,返回类型则指明最终由游标变量所返回的数据的类型。游标变量的返回类型必须是一个记录类型,它可以被显式声明为一个用户自定义的记录类型,也可以隐式使用% ROWTYPE 进行声明。
（2）声明游标变量
在定义游标类型之后,就可以声明游标变量了。声明游标变量的语法格式如下:
<游标变量名> <游标类型名>;

2. 打开游标变量

打开游标变量时,必须与一条 SELECT 语句相关联,其语法格式如下:
OPEN <游标变量名> FOR SELECT 语句;
游标变量可以与不同的 SELECT 语句相关联。

3. 提取游标变量

提取游标变量可以有两种方法,其语法格式如下:
FETCH <游标变量名> INTO <变量 1>[,<变量 2>,…,<变量 N>];
或

```
FETCH <游标变量名> INTO <记录变量>;
```
其基本操作同显式游标。

4. 关闭游标变量

关闭游标变量的语法格式如下：
```
CLOSE <游标变量名>;
```
【例 7.30】 利用游标变量重做例 7.29,比较显式游标与游标变量之间的区别。
```
DECLARE
    TYPE cursor1 IS REF CURSOR RETURN student% ROWTYPE;    --定义游标类型
    c_student cursor1;    --定义游标变量
    r_student student% ROWTYPE;    --定义记录变量
BEGIN
    OPEN c_student FOR SELECT * FROM student WHERE class_no ='0101';
--打开游标变量
    LOOP
        FETCH c_student INTO r_student;    --提取游标变量
        IF c_student% NOTFOUND THEN        --利用游标变量属性判断是否提取到数据
            exit;
        ELSE
            DBMS_OUTPUT.PUT_LINE(r_student.s_name);
        END IF;
    END LOOP;
    CLOSE c_student;    --关闭游标变量
END;
```
执行结果与例 7.29 相同。

从例 7.30 可以看出,显式游标与游标变量的定义方法、操作方法均不同,如表 7.4 所示。

表 7.4 显式游标与游标变量的不同

步骤	显式游标	游标变量
定义游标类型	无	TYPE <游标类型名> IS REF CURSOR RETURN <返回类型>;
定义游标	CURSOR <显式游标名> IS SELECT 语句;	<游标变量名> <游标类型名>;
打开游标	OPEN <显式游标名>	OPEN <游标变量名> FOR SELECT 语句;
提取游标	FETCH <显式游标名> INTO <变量 1> [, <变量 2>, …, <变量 N>]; 或 FETCH <显式游标名> INTO <记录变量>;	FETCH <游标变量名> INTO <变量 1> [, <变量 2>, …, <变量 N>]; 或 FETCH <游标变量名> INTO <记录变量>;
关闭游标	CLOSE <显式游标名>;	CLOSE <游标变量名>;

【**例 7.31**】 编写 PL/SQL 程序,将"0101"班和"0202"班的学生的姓名显示出来,注意体会游标变量的特点。

```
DECLARE
    TYPE cursor1 IS REF CURSOR RETURN student% ROWTYPE;    --定义游标类型
    c_student cursor1;    --定义游标变量
    r_student student% ROWTYPE;
BEGIN
    --打开游标变量查询 0101 班的学生信息
    OPEN c_student FOR SELECT * FROM student WHERE class_no ='0101';
    LOOP
        FETCH c_student INTO r_student;    --提取游标变量
        IF c_student% NOTFOUND THEN    --利用游标变量属性判断游标是否提取到数据
            exit;
        ELSE
            DBMS_OUTPUT.PUT_LINE('0101 班的学生有:'||r_student.s_name);
        END IF;
    END LOOP;
    --打开游标变量查询 0202 班的学生信息
    OPEN c_student FOR SELECT * FROM student WHERE class_no ='0202';
    LOOP
        FETCH c_student INTO r_student;    --提取游标变量
        IF c_student% NOTFOUND THEN    --利用游标变量属性判断游标是否提取到数据
            exit;
        ELSE
            DBMS_OUTPUT.PUT_LINE('0202 班的学生有:'||r_student.s_name);
        END IF;
    END LOOP;
    CLOSE c_student;    --关闭游标变量
END;
```

执行结果为

```
0101 班的学生有:赵明
0101 班的学生有:马水
0101 班的学生有:张三
0202 班的学生有:牛可
0202 班的学生有:马力
PL/SQL 过程已成功完成。
```

从例 7.31 可以看出,游标变量可以与不同的 SELECT 语句相关联,这是游标变量的灵活性所在。

7.6 异常处理

在设计 PL/SQL 程序时,经常会发生意想不到的错误,异常处理就是针对这些错误进行处理的程序段。Oracle 系统中的异常处理分为系统预定义异常处理和自定义异常处理两种。

7.6.1 系统预定义异常处理

系统预定义异常处理是针对 PL/SQL 程序在编译、执行过程中发生的系统预定义异常问题进行处理的程序。尤论是违反 Oracle 系统规则还是超出系统所规定的限度,都会引发系统异常,如例 7.10、例 7.21 和例 7.24 在编译时均出现编译错误,违反了系统规定。系统预定义异常处理通常由系统自动触发,也可以利用后面介绍的自定义异常的触发方法来显式触发系统预定义异常。Oracle 中常见的系统预定义异常如表 7.5 所示。

表 7.5 Oracle 常见的系统预定义异常

预定义异常名	描述
ACCESS_INTO_NULL	试图给一个未初始化的对象赋值
CURSOR_ALREADY_OPEN	试图打开一个已经打开的游标
DUP_VAL_ON_INDEX	试图在一个有唯一性约束的字段中存储重复的值
INVALID_CURSOR	试图执行一个无效的游标
LOGIN_DENIED	以无效的用户名或密码登录
NO_DATA_FOUND	查询语句没有返回数据
NOT_LOGGED_ON	连接数据库失败
SUBSCRIPT_OUTSIDE_LIMIT	表或数组类型的变量中的索引值超出系统范围
SUBSCRIPT_BEYOND_COUNT	表或数组类型的变量中的索引值超出定义范围
TOO_MANY_ROWS	查询语句返回多行记录数据
VALUE_ERROR	变量转换时形成无效值
ZERO_DIVIDE	被零除

【例 7.32】 编写计算"$10 \div 0$"的 PL/SQL 程序,并比较编写和不编写系统预定义异常处理程序的区别。

(1) 未编写系统预定义异常处理程序

```
DECLARE
    n1 NUMBER:=0;
    n2 NUMBER:=10;
BEGIN
```

```
        n2: = n2 /n1;
        DBMS_OUTPUT.PUT_LINE(n2);
END;
```

执行结果为

```
DECLARE
 *
ERROR 位于第 1 行:
ORA - 01476: 除数为 0
ORA - 06512: 在 line 5
```

（2）编写系统预定义异常处理程序

```
DECLARE
    n1 NUMBER: = 0;
    n2 NUMBER: = 10;
BEGIN
    n2: = n2 /n1;
    DBMS_OUTPUT.PUT_LINE(n2);
    EXCEPTION
    WHEN ZERO_DIVIDE THEN
        DBMS_OUTPUT.PUT_LINE('除数为零！');
END;
```

执行结果为

```
除数为零！
PL /SQL 过程已成功完成。
```

从例 7.32 可以看出,系统预定义异常处理程序以 EXCEPTION 为标识。未编写系统预定义异常处理程序时,出现异常时将显示一些很难读懂的系统提示信息;而编写了系统预定义异常处理程序后,异常处理可由用户控制,执行用户已定义的异常处理程序。

7.6.2 自定义异常处理

自定义异常处理是用户根据实际需要自己编写的异常处理程序,自定义异常处理由用户触发。自定义异常处理也是先定义,后触发,再处理。

1. 定义异常处理

在 PL/SQL 程序块的 DECLARE 中定义异常处理。定义异常处理的语法格式如下:
<异常处理名 > EXCEPTION;
异常处理名是由用户定义的,EXCEPTION 是异常处理关键字。

2. 触发异常处理

在 PL/SQL 程序块的执行部分,需要执行异常处理触发语句。异常处理的触发语句的语法格式如下:

RAISE ＜异常处理名＞;

3. 处理异常

一个 PL/SQL 程序块中可以包含多个异常处理,根据不同的异常处理名来执行不同的异常处理程序。在 PL/SQL 程序块的 EXCEPTION 中编写异常处理程序。定义异常处理程序的方法如下:

EXCEPTION
WHEN ＜异常处理名 1 ＞ THEN
　　＜异常处理语句序列 1 ＞;
…
WHEN ＜异常处理名 N ＞ THEN
　　＜异常处理语句序列 N ＞;

【例 7.33】　先将学号为"010101"的学生的"班级编号"字段值改为"0202",再编写 PL/SQL 程序,自定义异常处理以检测班级编号与学号的前 4 位是否一致,如果不一致则触发自定义异常,输出"学号前 4 位与班级编号不一致!"的提示信息,否则输出此学生的班级编号。

(1) 修改"010101"学生的"班级编号"字段值为"0202"。

UPDATE student SET class_no ='0202' WHERE s_no ='010101';

(2) 编写自定义异常处理以检测班级编号与学号的前 4 位是否一致

```
DECLARE
    pcno student.class_no% TYPE;
    pp EXCEPTION;    -- 定义自定义异常处理名
BEGIN
    SELECT class_no INTO pcno FROM student WHERE s_no ='010101';
    IF pcno < >'0101' THEN
       RAISE pp;    -- 触发自定义异常处理程序
    ELSE
       DBMS_OUTPUT.PUT_LINE(pcno);
    END IF;
    EXCEPTION
    WHEN pp THEN    -- 自定义异常处理程序
       DBMS_OUTPUT.PUT_LINE('学号前 4 位与班级编号不一致! ');
END;
```

执行结果为

学号前 4 位与班级编号不一致！

PL/SQL 过程已成功完成。

从上面的两个例子可以看出，系统预定义异常和用户自定义异常是存在区别的。系统预定义异常无需在 DECLARE 部分声明，而用户自定义异常则必须在 DECLARE 部分声明；系统预定义异常通常由系统自动触发，而用户自定义异常则必须由相关的触发语句触发。但是，系统预定义异常和用户自定义异常的触发程序的结构相同，均以 EXCEPTION 作为标识。

【例 7.34】 编写 PL/SQL 程序，利用记录、游标、循环结构、异常处理对 student 表中所有记录的学号前 4 位与班级编号数据进行一致性检查，比较"学生"表中的数据按照学号升序和降序排列时异常处理的执行过程。

（1）按学号降序

```
DECLARE
    TYPE cursor1 IS REF CURSOR RETURN student% ROWTYPE;
    c_student cursor1;
    r_student student% ROWTYPE;
    pp EXCEPTION;
BEGIN
    OPEN c_student FOR SELECT * FROM student ORDER BY s_no DESC;
-- 按学号降序
    LOOP
        FETCH c_student INTO r_student;
        EXIT WHEN c_student% NOTFOUND;
        IF SUBSTR(r_student.class_no,1,4) < >SUBSTR(r_student.s_no,1,4)
THEN
            RAISE pp;
        ELSE
            DBMS_OUTPUT.PUT_LINE('学号:'||r_student.s_no||'班级编号:'||r_
student.class_no);
        END IF;
    END LOOP;
    CLOSE c_student;
    EXCEPTION
    WHEN pp THEN
        DBMS_OUTPUT.PUT_LINE('学号前 4 位与班级编号不一致！');
END;
```

执行结果为

学号:020202 班级编号:0202

学号:020201 班级编号:0202

```
学号:020102 班级编号:0201
学号:020101 班级编号:0201
学号:010203 班级编号:0102
学号:010201 班级编号:0102
学号:010103 班级编号:0101
学号:010102 班级编号:0101
学号前 4 位与班级编号不一致!
PL/SQL 过程已成功完成。
```

(2) 按学号升序

```
DECLARE
    TYPE cursor1 IS REF CURSOR RETURN student% ROWTYPE;
    c_student cursor1;
    r_student student% ROWTYPE;
    pp EXCEPTION;
BEGIN
    OPEN c_student FOR SELECT * FROM student ORDER BY s_no ASC;
--按学号升序
    LOOP
        FETCH c_student INTO r_student;
        EXIT WHEN c_student% NOTFOUND;
        IF SUBSTR(r_student.class_no,1,4) < >SUBSTR(r_student.s_no,1,4)
THEN
            RAISE pp;
        ELSE
            DBMS_OUTPUT.PUT_LINE('学号:'||r_student.s_no||'班级编号:'||r_
student.class_no);
        END IF;
    END LOOP;
    CLOSE c_student;
    EXCEPTION
    WHEN pp THEN
        DBMS_OUTPUT.PUT_LINE('学号前 4 位与班级编号不一致!');
END;
```

执行结果为

```
学号前 4 位与班级编号不一致!
PL/SQL 过程已成功完成。
```

从例 7.34 可以看出,这两个程序之间的差别仅在于排序,一个是升序,另一个是降序。升序

时,学号为"010101"的学生的记录为第 1 行;降序时,学号为"010101"的学生的记录为最后 1
行。由此可知,在 PL/SQL 程序的执行过程中一旦遇到异常处理部分,就转而执行异常处理程
序,不再返回执行部分。

7.7　小　　结

本章对 PL/SQL 进行概述,重点介绍 PL/SQL 的基本结构、语法要素、程序控制结构及
PL/SQL中的复合数据类型、引用类型的使用方法。通过本章内容的学习,读者应该了解:

(1) 完整的 PL/SQL 程序块包含声明部分、执行部分和异常处理部分这 3 个基本部分。声
明部分以 DECLARE 为标识,声明部分主要定义程序中所要使用的常量、变量、游标等。执行部
分以 BEGIN 为开始标识,以 END 为结束标识,执行部分包含对数据库的数据操纵语句和各种流
程控制语句。异常处理部分包含于执行部分之中,以 EXCEPTION 作为标识,异常处理部分包含
对程序执行过程中所产生的异常情况的处理程序。

(2) PL/SQL 中的数据类型分为标量类型、复合类型、引用类型和 LOB 类型 4 种。标量类型
是系统定义的,合法的标量类型与数据库表字段的数据类型相同。复合类型是由用户定义的,其
内部包含有组件,复合类型的变量包含一个或多个标量变量,PL/SQL 中可以使用记录、表和数
组这 3 种复合类型。引用类型是用户定义的指向某一数据缓冲区的指针,游标即为 PL/SQL 的
引用类型,它能够根据查询条件从数据库表中查询一组记录,将其作为一个临时表置于数据缓冲
区之中,以游标作为指针,逐行对记录数据进行操作。为了将查询数据全部显示出来,通常将游
标与循环结构结合使用。LOB 类型用来存储大型的对象。对于复合类型和引用类型是先定义,
后声明,再使用。

(3) 复合数据类型的定义和使用主要涉及记录、表(索引表和嵌套表)、数组 3 种类型。

(4) 引用数据类型的定义和使用,主要涉及显式游标和游标变量两种类型。

(5) 系统预定义异常处理的使用方法及用户自定义异常的定义和使用方法。

思考题与习题

1. PL/SQL 程序块的基本组成是什么?
2. 分别用 3 种循环方式计算 5 的阶乘。
3. 简述表和数组之间的区别。
4. 简述带有异常处理的 PL/SQL 程序块的执行过程。
5. 对数组元素能单个赋值吗,为什么?
6. 表和数组这两种复合数据类型哪个能更好地利用数据缓冲区,为什么?
7. 比较显式游标与动态游标的不同之处,找出对其操作的不同之处。

实　　训

一、实训目标

1. 掌握 PL/SQL 的编程方法。

2. 掌握复合数据类型的使用方法。

3. 掌握游标的使用方法。

二、实训学时

建议实训参考学时为 4 或 6 学时。

三、实训准备

熟悉附录 A 中 SQL Plus 或 SQL Plus Worksheet 的应用环境,掌握常用命令的使用方法。

四、实训内容

用 PL/SQL 完成下列任务,记录所编写的程序及其运行结果,任务中所涉及的数据表是第 6 章实训中给出的表。

1. 定义记录类型 rec_author,其中包含“作者”表中的所有字段,且利用单个变量和基本数据类型的方法定义数据项。定义完成后,将某位作者的姓名、出生日期、工作单位信息显示出来。

2. 修改记录类型 rec_author 的定义方法,利用 % TYPE 方法定义数据项。定义完成后,将某位作者的姓名、出生日期、工作单位信息显示出来。注意记录前后的变化。

3. 利用 % ROWTYPE 方法定义记录变量。定义完成后,将某位作者的姓名、出生日期、工作单位信息显示出来。注意记录前后的变化。

4. 定义作者姓名索引表类型 table1。定义完成后,将某位作者的姓名信息显示出来。

5. 定义作者出生日期索引表类型 table2。定义完成后,将某位作者的出生日期信息显示出来。

6. 定义索引表类型。定义完成后,将某位作者的姓名、出生日期信息显示出来。考虑应定义多少表类型。

7. 利用二维索引表形式,将某位作者的姓名、出生日期信息显示出来。

8. 修改任务 4 中的内容,利用嵌套表实现此功能,注意比较索引表和嵌套表的不同。

9. 修改任务 5 中的内容,利用嵌套表实现此功能,注意比较索引表和嵌套表的不同。

10. 修改任务 6 中的内容,利用嵌套表实现此功能,注意比较索引表和嵌套表的不同。

11. 修改任务 7 中的内容,利用嵌套表实现此功能,注意比较索引表和嵌套表的不同。

12. 修改任务 8 中的内容,利用数组实现此功能,注意比较数组和嵌套表的不同。

13. 修改任务 9 中的内容,利用数组实现此功能,注意比较数组和嵌套表的不同。

14. 修改任务 10 中的内容,利用数组实现此功能,注意比较数组和嵌套表的不同。

15. 修改任务 11 中的内容,利用数组实现此功能,注意比较数组和嵌套表的不同。

16. 利用显式游标和单个变量的方法,把“读者”表的姓名提取出来,并逐行显示。

17. 利用显式游标和记录变量的方法,把“读者”表的姓名提取出来,并逐行显示。

18. 利用显式游标和索引表的方法,把“读者”表的姓名提取出来,并逐行显示。

19. 利用显式游标和嵌套表的方法,把“读者”表的姓名提取出来,并逐行显示。

20. 利用显式游标和数组的方法,把“读者”表的姓名提取出来,并逐行显示。

21. 修改任务 16 中的内容,利用游标变量的方法实现此功能,注意比较游标变量和显式游标的不同。

22. 修改任务 17 中的内容,利用游标变量的方法实现此功能,注意比较游标变量和显式游标的不同。

23. 修改任务 18 中的内容,利用游标变量的方法实现此功能,注意比较游标变量和显式游标的不同。

24. 修改任务 19 中的内容,利用游标变量的方法实现此功能,注意比较游标变量和显式游标的不同。

25. 修改任务 20 中的内容,利用游标变量的方法实现此功能,注意比较游标变量和显式游标的不同。

26. 将"学生"表的某条记录数据修改成学号前 4 位与班级编号不一致,运行例 7.33 中的程序查看异常处理的执行状况。

第8章

PL/SQL 应用

内 容 框 架

$$PL/SQL\ 应用 \begin{cases} 存储过程 \\ 存储函数 \\ 触发器 \end{cases} 基本操作(包括创建、调用、查看、修改、删除)$$

　　第7章所介绍的 PL/SQL 程序块均是未命名的 PL/SQL 程序块。有时需要在客户端调用数据库服务器上所编写的 PL/SQL 程序块,有时需要由数据库系统自动调用,调用时通常使用按名称调用的方式,Oracle 数据库提供的存储过程、存储函数和触发器就是命名的 PL/SQL 程序块。

8.1　存储过程

　　存储过程是指为了完成特定功能而编写的 PL/SQL 命名程序块。存储过程不能被数据库自动执行,但是可以在 SQL Plus、SQL Plus Worksheet 环境或者在与 Oracle 数据库连接的前台数据库应用程序中通过引用存储过程名来调用它。存储过程允许使用参数,且分为传入参数、传出参数、传入传出参数 3 种,这样可以在应用程序中通过赋予不同的参数值来多次调用同一存储过程,以实现程序的规范化和简单化,提高程序块的执行效率。

8.1.1　创建存储过程

　　在学生选修课程系统中,有时需要利用学生的出生日期来计算学生的年龄,此项功能可以利用前台编程实现,但学生出生日期数据需要通过网络传输到前台,经计算后如果需要存储则将结果传输到后台数据库服务器中,这个过程增大了网络数据传输量,影响了数据修改的速度。如果能够直接在后台编程实现统计就可以克服这一弊端,此时可以创建存储过程。

Oracle 数据库中创建存储过程的方法包括企业管理控制台方式和命令行方式这两种方式。

1. 企业管理控制台方式

登录数据库之后,依次选择"方案"→<方案名>→"源类型"→"过程",单击鼠标右键,在弹出的快捷菜单中选择"创建"项,出现"创建 过程"窗口,其"一般信息"选项卡如图 8.1 所示。

图 8.1 "创建 过程"窗口的"一般信息"选项卡

"一般信息"选项卡用于定义存储过程的一般属性,主要信息如表 8.1 所示。

表 8.1 存储过程"一般信息"选项卡所包含的项及其说明

项	说明
名称	存储过程的名称
方案	存储过程所属的方案。下拉式列表中包含已连接数据库的所有方案
源	存储过程的 PL/SQL 源代码

PL/SQL 源代码包含存储过程的参数说明和过程体的声明、执行、异常处理部分,其中过程的声明、执行、异常处理部分在第 7 章已讲述过。参数说明部分位于最前面,用括号括起来,多个参数之间用逗号","分隔,其说明格式为

<参数名> IN|OUT|INOUT <数据类型>

其中,IN|OUT|INOUT 是参数的类型。IN 将参数值传递至存储过程内部,即所定义的参数为传入参数,它在存储过程内部是"只读"的,赋值后其值不能改变;OUT 将参数值传递给存储过程的调用方,即所定义的参数为传出参数;INOUT 是前面两者的结合,即所定义的参数为传入传出参数,它可以将参数值传递至存储过程,也可以将参数值传递给存储过程的调用方,在存储过程内部它是可以被改写的。参数的默认类型是传入参数。

注意:为参数定义数据类型时,只指明类型而不指定长度。

设置完毕后,单击"显示 SQL"按钮,即可显示自动生成的创建存储过程的 CREATE PROCE-DURE 语句,即以命令行方式创建存储过程的命令。单击"创建"按钮,即可完成存储过程的创建。

注意:所创建的存储过程必须经过编译成功才能被调用。

2. 命令行方式

以命令行方式创建存储过程的方法是在 SQL Plus 或 SQL Plus Worksheet 中使用 CREATE PROCEDURE 命令创建存储过程,命令的一般格式如下:

CREATE[OR REPLACE] PROCEDURE [<方案名 >.] <存储过程名 >
[(<参数名 1 > IN |OUT |INOUT <参数类型 >
[, <参数名 2 > IN |OUT |INOUT <参数类型 >]
…)]
IS |AS
  存储过程体;

其中,PROCEDURE 是存储过程关键字;OR REPLACE 在修改存储过程时使用,表示如果存在同名对象则将其替换。

【例 8.1】 首先创建"班级人数统计"表(class_count),表中包含"班级编号"(class_no char(4))和"人数"(cou number(2))两个字段,其中"班级编号"是主键。创建存储过程 pro_classcount,要求实现不同班级编号对应的学生人数的统计功能,且将各个班级的人数存储在"班级人数统计"表中。

(1) 创建"班级人数统计"表

```
CREATE TABLE class_count
(
    class_no char(4) PRIMARY KEY,
    cou number(2)
);
```

(2) 创建按班级编号统计并存储学生人数的存储过程

```
CREATE PROCEDURE pro_classcount
(cno CHAR)    --定义参数 cno,默认类型为传入参数
AS
    nn NUMBER(5);
```

```
BEGIN
    SELECT COUNT( * ) INTO nn FROM student WHERE class_no = cno;
--统计班级学生人数
    UPDATE class_count SET cou = nn WHERE class_no = cno;
    DBMS_OUTPUT.PUT_LINE(nn);
END;
```

例 8.1 中创建了存储过程 pro_classcount，此存储过程带有一字符型传入参数 cno，过程体的功能是统计班级编号为 cno 的班级的学生人数，并将其存储和输出。

此命令执行后，在数据库中创建一个名为 pro_classcount 的存储过程，其信息存储于 Oracle 数据字典中。

注意：在定义参数时，如果参数与数据库表中的字段相对应，则其数据类型必须与此字段类型一致。为参数定义数据类型时，只指明类型而不指定长度。

8.1.2   调用存储过程

创建存储过程后，就可以调用它了。在 SQL Plus、SQL Plus Worksheet 环境或者在与 Oracle 数据库连接的前台数据库应用程序中通过引用存储过程名可以调用它。调用的语法格式如下：

< 过程名 >(< 参数名 1 > , < 参数名 2 > , … , < 参数名 N >);

注意：在调用存储过程时，如果含有参数，要求形参与实参的数据类型、个数必须一致。

【例 8.2】   在 SQL Plus Worksheet 环境中编写 PL/SQL 程序，调用存储过程 pro_classcount。

```
DECLARE
    cc CHAR( 4 );
BEGIN
    cc: = '0101 ';
    pro_classcount( cc );    -- 调用存储过程 pro_classcount,其参数为 "0101"
    cc: = '0202 ';
    pro_classcount( cc );    -- 调用存储过程 pro_classcount,其参数为 "0202"
END;
```

执行结果为

```
2
3
PL /SQL 过程已成功完成。
```

例 8.2 调用存储过程 pro_classcount，并为此存储过程的传入参数 cno 赋值"0101"，输出此班级学生人数为 2，接着为此存储过程的传入参数 cno 赋值"0202"，输出此班级学生人数为 3。

8.1.3   查看存储过程

查看存储过程的方法包括企业管理控制台方式和命令行方式这两种方式。

1. 企业管理控制台方式

在企业管理控制台中,选中所要查看的存储过程,双击鼠标左键或单击鼠标右键后在快捷菜单中选择"查看"→"编辑详细资料",即可出现查看存储过程窗口。

2. 命令行方式

存储过程的信息存储于数据字典 DBA_SOURCE 中,使用查询命令 DESC 可以得到存储在 DBA_SOURCE 中的存储过程信息,基本信息如表 8.2 所示。

表 8.2 存储过程数据字典的基本信息

名称	是否为空	数据类型
OWNER	——	VARCHAR2(30)
NAME	——	VARCHAR2(30)
TYPE		VARCHAR2(12)
LINE		NUMBER
TEXT	——	VARCHAR2(4000)

从表 8.2 可以看出,DBA_SOURCE 数据字典中含有存储过程所属的方案(OWNER)、过程名称(NAME)、类型(TYPE)、过程体(TEXT)等信息。要想查看存储过程的信息,使用 SELECT 语句即可。

【例 8.3】 查看存储过程 pro_classcount 的信息。

```
SELECT TEXT FROM DBA_SOURCE WHERE NAME = 'PRO_CLASSCOUNT';
```

执行结果为

```
TEXT
--------------------------------------------------------------------------------
PROCEDURE PRO_CLASSCOUNT
(cno CHAR)
AS
  nn NUMBER;
BEGIN
  SELECT COUNT(*) INTO nn FROM student WHERE class_no = cno;
  UPDATE class_count SET cou = nn WHERE class_no = cno;
  DBMS_OUTPUT.PUT_LINE(nn);
END;
```

8.1.4 修改存储过程

修改存储过程的方法包括企业管理控制台方式和命令行方式这两种方式。

1. 企业管理控制台方式

在企业管理控制台中,选中所要修改的存储过程,双击鼠标左键或单击鼠标右键后在快捷菜单中选择"查看"→"编辑详细资料",即可出现修改存储过程窗口,其基本操作与创建存储过程的方法相同。单击"显示 SQL"按钮,即可显示自动生成的修改存储过程的 CREATE OR REPLACE PROCEDURE 语句,即以命令行方式修改存储过程的命令。

2. 命令行方式

以命令行方式修改存储过程的方法是在 SQL Plus 或 SQL Plus Worksheet 中,使用创建存储过程命令中的 OR REPLACE 选项加以实现。存储过程创建完成后,只允许修改存储信息体及参数,命令的语法格式如下:

CREATE OR REPLACE PROCEDURE [<方案名>.] <存储过程名>
  [(<参数名 1> IN|OUT|INOUT <参数类型>
  [, <参数名 2> IN|OUT|INOUT <参数类型>]
  …)]
IS|AS
  存储过程体;

命令中各参数的含义与创建存储过程相同。

例 8.1 所创建的存储过程实际上存在一定的问题,如果在"班级人数统计"表中未找到指定班级的记录,则不能对此班级的人数进行修改,所以,查询"班级人数统计"表时并不能查到班级编号为"0101"和"0202"班级的学生人数,因此,需要修改存储过程 pro_classcount。

【例 8.4】 修改存储过程 pro_classcount,要求在修改班级人数之前进行判断,如果"班级人数统计"表中有此班级的记录,则修改班级人数,否则先添加相应班级的记录,再修改班级人数。

```
CREATE OR REPLACE PROCEDURE pro_classcount
(cno CHAR)
AS
  nn NUMBER(5);
  n1 NUMBER(1):=0;
BEGIN
SELECT COUNT( * ) INTO nn FROM student WHERE class_no = cno;
SELECT COUNT( * ) INTO n1 FROM class_count WHERE class_no = cno;
IF n1 = 0 THEN
  INSERT INTO class_count VALUES( cno,0);
END IF;
UPDATE class_count SET cou = nn WHERE class_no = cno;
```

```
      DBMS_OUTPUT.PUT_LINE(nn);
   END;
```

修改后,再次执行例 8.2 中的程序,其执行结果与例 8.1 一致,所不同的是查询"班级人数统计"表时可以得到所需班级的学生人数了。

8.1.5　删除存储过程

在数据库中一旦成功定义存储过程之后,会一直存储在数据库中,但有时会发现某些存储过程不再需要,此时应删除此存储过程,以释放其所占用的存储空间。

删除存储过程的方法包括企业管理控制台方式和命令行方式这两种方式。

1. 企业管理控制台方式

在企业管理控制台中,选中所要删除的存储过程,单击鼠标右键,在弹出的快捷菜单中选择"移去"项,即可删除此存储过程。

2. 命令行方式

以命令行方式删除存储过程的方法是在 SQL Plus 或 SQL Plus Worksheet 环境中使用 DROP PROCEDURE 命令删除存储过程,命令的语法格式如下:

DROP PROCEDURE [<方案名 >.] <存储过程名 >;

假设在学生选修课程系统中不再需要按班级编号和性别来统计学生人数了,此时,可以删除存储过程 pro_classcount。

【例 8.5】　删除存储过程 pro_classcount,写出其 SQL 命令。

DROP PROCEDURE pro_classcount;

此命令执行之后,在数据库中就不存在名为 pro_classcount 的存储过程了。

8.2　存 储 函 数

存储函数和存储过程非常相似,皆为 Oracle 数据库的命名 PL/SQL 程序块。与存储过程不同的是,存储函数除了实现特定的功能之外,还必须返回一个值。假设在学生选修课程系统中,如果对于按班级统计的学生人数,需要将其返回调用者,此时可以创建存储函数。

8.2.1　创建存储函数

Oracle 数据库中创建存储函数的方法包括企业管理控制台方式和命令行方式这两种方式。

1. 企业管理控制台方式

登录数据库之后,依次选择"方案"→ <方案名 >→"源类型"→"函数",单击鼠标右键,在弹出的快捷菜单中选择"创建"项,出现"创建 函数"窗口,其"一般信息"选项卡如图 8.2 所示。

"一般信息"选项卡用于定义存储函数的一般属性,主要信息如表 8.3 所示。

图 8.2 "创建 函数"窗口的"一般信息"选项卡

表 8.3 存储函数"一般信息"选项卡所包含的项及其说明

项	说明
名称	存储函数的名称
方案	存储函数所属的方案。下拉式列表中包含已连接数据库的所有方案
源	存储函数的 PL/SQL 源代码

存储函数与存储过程的 PL/SQL 源代码之间存在以下两点区别。

(1) 在参数定义完之后,添加返回语句,其语法格式为

RETURN <返回值数据类型>

(2)在函数体中必须包含返回语句,可以返回一个值或一个变量,其语法格式为

RETURN <返回值或返回变量名>

设置完毕后,单击"显示 SQL"按钮,即可显示自动生成的创建存储函数的 CREATE FUNC-TION 语句,即以命令行方式创建存储函数的命令。单击"创建"按钮,即可完成存储函数的创建。

注意: 所创建的存储函数必须经过编译成功才能被调用。

2. 命令行方式

以命令行方式创建存储函数的方法是在 SQL Plus 或 SQL Plus Worksheet 中使用 CREATE FUNCTION 命令创建存储函数,命令的语法格式如下:

CREATE [OR REPLACE] FUNCTION [<方案名>.]<存储函数名>

    [(<参数名 1> IN|OUT|INOUT <参数类型>

    [,<参数名 2> IN|OUT|INOUT <参数类型>]

    …)]

RETURN <返回值类型>

IS|AS

    存储函数体;

其中,FUNCTION 为存储函数关键字,RETURN 为返回语句。

【例 8.6】 创建存储函数 fun_classcount,要求按班级统计学生人数,并且返回相应班级的学生人数。

```
CREATE FUNCTION fun_classcount
(cno CHAR)        -- 定义传入参数
RETURN NUMBER     -- 定义返回值类型
AS
  nn NUMBER(5);
BEGIN
  SELECT COUNT(*) INTO nn FROM student WHERE class_no = cno;
  RETURN nn;  -- 返回班级编号为 cno 的班级的学生人数
END;
```

例 8.6 创建了存储函数 fun_classcount,此存储函数与存储过程 pro_classcount 很相似,只不过存储函数将所统计的学生人数作为返回值了。

此命令执行后,在数据库中创建一个名为 fun_classcount 的存储函数,其信息存储于 Oracle 数据字典中。

8.2.2 调用存储函数

一旦创建存储函数之后,就可以调用它了。在 SQL Plus、SQL PlusWorksheet 环境或者在与 Oracle 数据库连接的前台数据库应用程序中通过引用存储函数名可以调用它。调用方法如同一般函数,调用的语法格式为

    变量:=<函数名>(<参数名 1>,<参数名 2>,…,<参数名 *N*>);

注意: *在调用存储函数时,如果含有参数,要求形参与实参的数据类型、个数必须一致。*

【例 8.7】 在 SQL Plus Worksheet 环境中编写 PL/SQL 程序,调用存储函数 fun_classcount。

```
DECLARE
  cc CHAR(4);
  nn NUMBER(5);
BEGIN
  cc:='0101';
  nn:=fun_classcount(cc);    -- 调用存储函数 fun_classcount,其参数为"0101"
```

```
    DBMS_OUTPUT.PUT_LINE(nn);
    cc:='0202';
    nn:=fun_classcount(cc); --调用存储函数 fun_classcount,其参数为"0202"
    DBMS_OUTPUT.PUT_LINE(nn);
END;
```

执行结果与例 8.2 相同。

例 8.7 中执行存储函数 fun_classcount,并为此存储函数的传入参数 cno 赋值"0101",输出此班级的学生人数为 2,接着为此存储函数的传入参数 cno 赋值"0202",输出此班级学生人数为 3。

8.2.3 查看存储函数

查看存储函数的方法包括企业管理控制台方式和命令行方式这两种方式。

1. 企业管理控制台方式

在企业管理控制台中,选中所要查看的存储函数,双击鼠标左键或单击鼠标右键后在快捷菜单中选择"查看"→"编辑详细资料",即可出现查看存储函数窗口。

2. 命令行方式

存储函数的信息存储于数据字典 DBA_SOURCE 中,使用查询命令 DESC 可以得到存储在 DBA_SOURCE 中的存储函数信息。

【例 8.8】 查看存储函数 fun_classcount 的信息。

```
SELECT TEXT FROM DBA_SOURCE WHERE NAME ='FUN_CLASSCOUNT';
```

执行结果为

```
TEXT
----------------------------------------------------------------------------
FUNCTION FUN_CLASSCOUNT
(cno CHAR)
RETURN NUMBER
AS
  nn NUMBER;
BEGIN
  SELECT COUNT( * ) INTO nn FROM student WHERE class_no = cno;
  RETURN nn;
END;
```

8.2.4 修改存储函数

修改存储函数的方法包括企业管理控制台方式和命令行方式这两种方式。

1. 企业管理控制台方式

在企业管理控制台中,选中所要修改的存储函数,双击鼠标左键或单击鼠标右键后,在快捷菜单中选择"查看"→"编辑详细资料",即可出现修改存储函数窗口,其基本操作与创建存储函数的方法相同。单击"显示 SQL"按钮,即可显示自动生成的修改存储函数的 CREATE OR REPLACE FUNCTION 语句,即以命令行方式修改存储函数的命令。

2. 命令行方式

以命令行方式修改存储函数的方法是在 SQL Plus 或 SQL Plus Worksheet 环境中,使用创建存储函数命令中的 OR REPLACE 选项实现。创建存储函数之后,只允许修改存储信息体及参数,命令的语法格式如下:

CREATE OR REPLACE FUNCTION [<方案名>.] <存储函数名>

  [(<参数名 1 > IN|OUT|INOUT <参数类型>

  [, <参数名 2 > IN|OUT|INOUT <参数类型>]

  …)]

RETURN <返回值类型>

IS|AS

  存储函数体;

命令中各参数的含义与创建存储函数相同。

【例 8.9】 修改存储函数 fun_classcount,添加传入参数性别,返回某班级、某性别的学生人数。

```
CREATE OR REPLACE FUNCTION fun_classcount
(cno CHAR,xb CHAR)    --添加性别参数
RETURN NUMBER
AS
  nn NUMBER(5);
BEGIN
  SELECT COUNT( * ) INTO nn FROM student WHERE class_no = cno AND s_sex = xb;
  RETURN nn;
END;
```

修改后的存储函数含有两个参数,如果调用此存储函数,则需要对两个实参赋值,调用程序的代码如下。

```
DECLARE
  cc CHAR(4);
  nn NUMBER(5);
  xx CHAR(2);
BEGIN
  cc: ='0101';
  xx: ='女';
```

```
    nn: = fun_classcount(cc,xx);
```
-- 调用存储函数 fun_classcount,其参数为"0101"和"女"
```
    DBMS_OUTPUT.PUT_LINE(nn);
    cc: = '0202';
    xx: = '女';
    nn: = fun_classcount(cc,xx);
```
-- 调用存储函数 fun_classcount,其参数为"0202"和"女"
```
    DBMS_OUTPUT.PUT_LINE(nn);
END;
```
执行结果为

```
0
1
PL/SQL 过程已成功完成。
```

比较例 8.7 与例 8.9,两者的执行结果不同,因为例 8.9 是在例 8.7 的基础上新增了一个参数。

8.2.5 删除存储函数

在数据库中一旦成功定义存储函数之后,会一直存储在数据库中,但有时会发现某些存储函数不再需要,此时应删除此存储函数,以释放其所占用的存储空间。

删除存储函数的方法包括企业管理控制台方式和命令行方式这两种方式。

1. 企业管理控制台方式

在企业管理控制台中,选中所要删除的存储函数,单击鼠标右键,在弹出的快捷菜单中选择"移去"项,即可删除此存储函数。

2. 命令行方式

以命令行方式删除存储函数的方法是在 SQL Plus 或 SQL Plus Worksheet 环境中使用 DROP FUNCTION 命令删除存储函数,命令的语法格式如下:

DROP FUNCTION [<方案名>.] <存储函数名>;

【例 8.10】 删除存储函数 fun_classcount。

```
DROP FUNCTION fun_classcount;
```
此命令执行后,在数据库中就不存在名为 fun_classcount 的存储函数了。

8.3 触 发 器

学生选修课程系统中"学生"表的"学号"与"选修课程"表的"学号"外键关联,在插入数据时,如果向"选修课程"表中插入的学号在"学生"表中不存在,则系统会提示出现"未找到父项关键字"错误,实际上这就是系统外键约束触发器起作用的结果。

触发器是指为了完成特定功能而编写的 PL/SQL 命名程序块,是存储于数据库中的由特定事件触发的存储过程。触发器与存储过程的不同之处在于,触发器由数据库系统在触发条件被满足时自动运行,而无需编程调用。创建触发器之后,可以利用触发器来实现数据库的完整性约束。

8.3.1 创建触发器

在学生选修课程系统中,定义表时为"学生"表的"学号"与"选修课程"表的"学号"建立了外键关联,且数据删除方式设定为级联删除,即删除"学生"表中某学号的学生的信息时,此学号学生的选修课程信息在"选修课程"表中一并删除。同时,也为"课程"表的"课程号"与"选修课程"表的"课程号"建立了外键关联,但并未设定数据删除方式,实际也希望删除"课程"表中的某门课程时,将这门课程的选修信息一并删除,此时可以创建触发器来实现此项功能。

Oracle 数据库中创建触发器的方法包括企业管理控制台方式和命令行方式这两种方式。

1. 企业管理控制台方式

登录数据库之后,依次选择"方案"→<方案名>→"源类型"→"触发器",单击鼠标右键,在弹出的快捷菜单中选择"创建"项,出现"创建 触发器"窗口,其"一般信息"选项卡如图 8.3 所示。

图 8.3 "创建 触发器"窗口的"一般信息"选项卡

"一般信息"选项卡用于定义触发器的一般属性,主要信息如表 8.4 所示。

表 8.4 触发器"一般信息"选项卡所包含的项及其说明

项	说明
名称	触发器的名称
方案	触发器所属的方案。下拉式列表中包含已连接数据库的所有方案
若存在则替换	选中此项后,表示如果触发器已存在,则将被重新创建
启用	选中此项后,表示触发器创建完后立即启用
触发器主体	触发器的 PL/SQL 源代码

"事件"选项卡用于定义触发器的触发事件及时序,如图 8.4 所示,主要信息如表 8.5 所示。

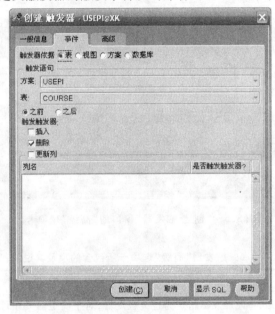

图 8.4 "创建 触发器"窗口的"事件"选项卡

注意:图 8.4 中有 4 种触发依据:表、视图、方案、数据库,在此主要介绍按表触发的内容,其他触发依据与此类似。

表 8.5 触发器"事件"选项卡所包含的项及其说明

项	说明
方案	触发器依据的表所属的方案。下拉式列表中包含已连接数据库的所有方案
表	触发器所依据的表,下拉式列表中包含已选方案的所有表
之前/之后	表明触发器的时序,在执行指定的数据操纵语句之前或之后触发触发器
触发触发器	指定触发器的触发事件。触发事件包括插入、删除、更新列,这是复选项。"插入"表示向表中插入数据行时会触发触发器;"删除"表示从表中删除数据行时会触发触发器;"更新列"表示对表中的数据行进行更新时会触发触发器,选中"更新列"后会显示触发器所依据的表的所有列,如果要在更新某列时触发触发器,则选中此列。一个触发器可以由多个事件触发,在触发器的 PL/SQL 源代码中,可以使用 3 个触发器谓词 INSERTING、DELETING、UPDATING 分别同插入、删除、更新 3 个触发事件相对应,以区分不同的触发事件

"高级"选项卡用于指定启动触发器的类型,此选项卡只能用于表或视图触发器,如图 8.5 所示,主要信息如表 8.6 所示。

图 8.5 "创建 触发器"窗口的"高级"选项卡

表 8.6 触发器"高级"选项卡所包含的项及其说明

项	说明
逐行触发(FOR EACH ROW)	选中此项后,将此触发器指定为行级触发器,对于满足触发条件的数据表的每行数据操作均触发一次触发器;如果未选中此项,则为语句级触发器,对于满足触发条件的数据表的所有数据操作只触发一次触发器
旧值为	即数据操作之前的值,默认名为 OLD。只对更新和删除操作有效
新值为	即数据操作之后的值,默认名为 NEW。只对更新和插入操作有效
条件	指定行触发器的触发条件

在"一般信息"选项卡的"触发器主体"和"高级"选项卡中行触发器的"条件"中可以引用当前行旧值(OLD)和新值(NEW),引用方法略有不同,前者需要在变量前面加":",如图 8.3 所示,后者则不在变量前面加":"。

所有选项卡设置完毕后,单击"显示 SQL"按钮,即可显示自动生成的创建触发器的 CREATE TRIGGER 语句,即以命令行方式创建触发器的命令。单击"创建"按钮,即可完成触发器的创建。

2. 命令行方式

以命令行方式创建触发器的方法是在 SQL Plus 或 SQL Plus Worksheet 环境中使用 CREATE

TRIGGER 命令创建触发器,命令的语法格式如下:

```
CREATE [OR REPLACE] TRIGGER [<方案名>.]<触发器名>
BEFORE|AFTER <触发事件> [OF <字段列表>] ON <表名>
[FOR EACH ROW [WHEN (<触发条件>)]]
  <触发体>;
```

其中,TRIGGER 为触发器关键字,BEFORE|AFTER 表示"之前"或"之后"触发,FOR EACH ROW 表示"逐行触发"。

【例 8.11】 在 sc 表上创建语句级触发器 trigger_sc,要求删除数据之后输出"sc 表语句级删除触发器执行成功!"。

```
CREATE TRIGGER trigger_sc
AFTER DELETE ON sc
-- sc 表删除(DELETE)之后(AFTER);语句级触发器没有 FOR EACH ROW
BEGIN
    DBMS_OUTPUT.PUT_LINE('sc 表语句级删除触发器执行成功!');
END;
```

此命令执行后,在数据库中创建一个名为"trigger_sc"的触发器,其信息存储于 Oracle 数据字典中。

【例 8.12】 在 sc 表上创建行级触发器 trigger_sc_row,要求删除数据之后输出"sc 表行级删除触发器执行成功!"。

```
CREATE TRIGGER trigger_sc_row
AFTER DELETE ON sc
FOR EACH ROW    -- 行级触发器
BEGIN
    DBMS_OUTPUT.PUT_LINE('sc 表行级删除触发器执行成功!');
END;
```

此命令执行后,在数据库中创建一个名为"trigger_sc_row"的触发器,其信息存储于 Oracle 数据字典中。

【例 8.13】 删除 sc 表中"学号"字段值为"010101"的记录数据,查看语句级和行级触发器的执行情况。

```
DELETE FROM sc WHERE s_no = '010101';
```

执行结果为

```
sc 表行级删除触发器执行成功!
sc 表行级删除触发器执行成功!
sc 表行级删除触发器执行成功!
sc 表行级删除触发器执行成功!
sc 表语句级删除触发器执行成功!
已删除 4 行。
```

从例 8.13 可以看出,触发器是数据库自动执行的 PL/SQL 命名程序块,无需程序调用。当删除 sc 表中"学号"字段值为"010101"的记录数据时,由于行级触发器对于满足触发条件的数据表的每行数据执行操作后均要执行一次,所以每删除一行数据之后触发一次行级触发器,满足条件的数据共有 4 行,所以共触发 4 次行级触发器"trigger_sc_row",输出"sc 表行级删除触发器执行成功!"4 次;语句级触发器对于满足触发条件的数据表的所有数据执行操作后只执行一次,所以当 sc 表所有满足条件的记录全部被删除之后才触发一次语句级触发器"trigger_sc",输出"sc 表语句级删除触发器执行成功!"一次。可见,行级触发器和语句级触发器的执行过程存在明显区别。

【例 8.14】 在 sc 表上创建包含多个触发事件的触发器 trigger_sc_mul,查看谓词的使用情况。

```
CREATE TRIGGER trigger_sc_mul
AFTER INSERT OR DELETE OR UPDATE ON sc
FOR EACH ROW
BEGIN
  IF INSERTING THEN
    DBMS_OUTPUT.PUT_LINE('sc 谓词插入触发器执行成功! ');
  END IF;
  IF DELETING THEN
    DBMS_OUTPUT.PUT_LINE('sc 谓词删除触发器执行成功! ');
  END IF;
  IF UPDATING THEN
    DBMS_OUTPUT.PUT_LINE('sc 谓词更新触发器执行成功! ');
  END IF;
END;
```

从例 8.14 可以看出,多个触发事件的触发器在触发体中使用 INSERTING、DELETING、UPDATING 谓词将触发事件的执行语句分开,使之分别对应不同的触发事件。

此命令执行后,在数据库中创建一个名为"trigger_sc_mul"的触发器,其信息存储于 Oracle 数据字典中。

【例 8.15】 向 sc 表插入一行数据,查看执行情况;修改一行数据,查看执行情况;删除一行数据,查看执行情况。

(1) 插入数据

```
INSERT INTO sc(s_no,c_no) VALUES('020201','0001');
```

执行结果为

sc 谓词插入触发器执行成功!
已创建 1 行。

(2) 修改数据

```
UPDATE sc SET c_no='0004' WHERE s_no='020201' AND c_no='0001';
```

执行结果为

sc 谓词修改触发器执行成功!
已更新 1 行。

（3）删除数据

DELETE FROM sc WHERE s_no = '020201' AND c_no = '0004';

执行结果为

sc 谓词删除触发器执行成功！
sc 表行级删除触发器执行成功！
sc 表语句级删除触发器执行成功！
已删除 1 行。

从例 8.15 可以看出，插入语句只触发"trigger_sc_mul"中谓词 INSERTING 所定义的语句，更新语句只触发"trigger_sc_mul"中谓词 UPDATING 所定义的语句，删除语句只触发"trigger_sc_mul"中谓词 DELETING 所定义的语句，使用谓词可以将触发器的执行语句分开。

由于在 sc 表中定义了多个删除触发器，从例 8.15 可以看出，只要触发条件被满足，触发器就由数据库系统自动触发。在例 8.15 中删除数据时，触发了"trigger_sc"、"trigger_sc_row"、"trigger_sc_mul"3 个触发器。

触发器的一个重要用途在于维护数据库表的完整性约束。

【例 8.16】 在 course 表上定义一个删除触发器，当删除 course 表中的课程时，自动将 sc 表中选修此课程的信息删除。

（1）创建触发器

题目实际上是要求创建级联删除触发器，即当删除主表 course 中的一条记录时，自动删除从表 sc 中的相关记录。由于主从表存在删除顺序，必须先删除从表中的数据才能删除主表数据，因此 course 表的删除触发器的删除时机必须是"BEFORE"，即删除 course 表的数据之前执行触发体语句删除从表 sc 的相关记录；由于删除 course 表的数据时必须逐行得到要删除记录的 c_no，才能根据此 c_no 删除 sc 表的相关数据，因此必须设置为行级触发器。因为所删除的数据是旧数据，因此要用到关键字"OLD"。

```
CREATE TRIGGER trigger_course_sc
BEFORE DELETE ON course      -- 删除之前
FOR EACH ROW       -- 行级触发器
BEGIN
    DELETE FROM sc WHERE c_no = :old.c_no;
-- 删除 sc 表中 c_no 为 course 表删除记录行的 c_no 的记录
    DBMS_OUTPUT.PUT_LINE('课程表级联删除数据执行成功！');
END;
```

（2）删除课程编号为"0002"的课程的信息

DELETE FROM course WHERE c_no = '0002';

执行结果为

sc 谓词删除触发器执行成功！
sc 表行级删除触发器执行成功！
sc 谓词删除触发器执行成功！

sc 表行级删除触发器执行成功!

sc 表语句级删除触发器执行成功!

课程表级联删除数据执行成功!

已删除 1 行。

从例 8.16 可以看出,首先创建基于 course 表的删除触发器,触发体中语句的功能是删除 sc 表中相应课程编号的课程的选修信息。例子中利用 OLD 来指定 course 表中已删除记录的课程编号。此例的执行过程如下。

(1) 当删除 course 表中课程编号为"0002"的课程的信息时,首先触发 course 表中的行级删除触发器"trigger_course_sc",执行此触发器的触发体。首先执行第 1 条语句"DELETE FROM sc WHERE c_no = :old. c_no;",此时触发 sc 表中的删除触发器。

(2) 由于在 sc 表中定义了多个删除触发器,从例 8.16 可以看出,只要满足触发条件,触发器会由数据库系统自动触发,sc 表中满足条件的数据有两行,因此删除数据时,触发行级触发器"trigger_sc_row"、"trigger_sc_mul"各两次,触发语句级触发器"trigger_sc"一次。

(3) sc 表删除触发器执行完毕后,返回 course 表中的删除触发器"trigger_course_sc",继续执行触发体中的下一条语句"DBMS_OUTPUT. PUT_LINE('课程表级联删除数据执行成功!');",输出信息"课程表级联删除数据执行成功!"。

(4) 由于 course 表中满足删除条件的数据只有一行,所以只执行一次行级删除触发器"trigger_course_sc"。

(5) 行级删除触发器"trigger_course_sc"执行成功后,sc 表中的相关数据被删除。

8.3.2 查看触发器

查看触发器的方法包括企业管理控制台方式和命令行方式这两种方式。

1. 企业管理控制台方式

在企业管理控制台中,选中所要查看的触发器,双击鼠标左键或单击鼠标右键后在快捷菜单中选择"查看"→"编辑详细资料",即可出现查看触发器窗口。

2. 命令行方式

触发器信息存储于数据字典 DBA_TRIGGERS 中,通过使用查询命令 DESC 可以得到存储在 DBA_TRIGGERS 中的触发器信息,如表 8.7 所示。

表 8.7 触发器数据字典的基本信息

名称	是否为空	数据类型
OWNER	——	VARCHAR2(30)
TRIGGER_NAME	——	VARCHAR2(30)
TRIGGER_TYPE	——	VARCHAR2(16)
TRIGGERING_EVENT	——	VARCHAR2(227)

续表

名称	是否为空	数据类型
TABLE_OWNER	——	VARCHAR2(30)
BASE_OBJECT_TYPE	——	VARCHAR2(16)
TABLE_NAME	——	VARCHAR2(30)
COLUMN_NAME	——	VARCHAR2(4000)
REFERENCING_NAMES	——	VARCHAR2(128)
WHEN_CLAUSE	——	VARCHAR2(4000)
STATUS	——	VARCHAR2(8)
DESCRIPTION	——	VARCHAR2(4000)
ACTION_TYPE	——	VARCHAR2(11)
TRIGGER_BODY	——	LONG

从表 8.7 可以看出,数据字典 DBA_TRIGGERS 中存储着触发器所属的方案(OWNER)、触发器名称(TRIGGER_NAME)、触发器体(TRIGGER_BODY)、描述(DESCRIPTION)等信息。要想查看触发器的信息,使用 SELECT 语句即可。

【例 8.17】 查看触发器 trigger_sc_row 的信息。

```
SELECT DESCRIPTION,TRIGGER_BODY FROM DBA_TRIGGERS
WHERE TRIGGER_NAME ='TRIGGER_SC_ROW';
```

执行结果为

```
DESCRIPTION           TRIGGER_BODY
--------------------------------------------------------------------

trigger_sc_row        BEGIN
AFTER DELETE ON sc        DBMS_OUTPUT.PUT_LINE('sc 表行级删除触发器执行成功!');
FOR EACH ROW          END;
```

8.3.3 修改触发器

修改触发器的方法包括企业管理控制台方式和命令行方式这两种方式。

1. 企业管理控制台方式

在企业管理控制台中,选中所要修改的触发器,双击鼠标左键或单击鼠标右键后在快捷菜单中选择“查看”→“编辑详细资料”,即可出现修改触发器窗口,其基本操作与创建触发器的方法相同。单击“显示 SQL”按钮,即可显示自动生成的修改触发器的 CREATE OR REPLACE TRIG-GER 语句,即以命令行方式修改触发器的命令。

2. 命令行方式

以命令行方式修改触发器的方法是在 SQL Plus 或 SQL Plus Worksheet 环境中,使用创建触发器命令中的 OR REPLACE 选项实现。触发器的创建完成后,只允许修改存储信息体,命令的语法格式如下:

CREATE OR REPLACE TRIGGER [<方案名 >.] <触发器名 >

BEFORE|AFTER <触发事件 > [OF <字段列表 >] ON <表名 >

[FOR EACH ROW [WHEN (<触发条件 >)]]

<触发体 >;

命令中各参数的含义与创建触发器相同。

【**例 8.18**】　修改 trigger_course_sc 触发器,使其在删除课程编号之后能够给出提示信息。

CREATE OR REPLACE TRIGGER trigger_course_sc

BEFORE DELETE ON course

FOR EACH ROW

BEGIN

　DELETE FROM sc WHERE c_no = :old.c_no;

　DBMS_OUTPUT.PUT_LINE('课程号:为'||:old.c_no||'的课程数据级联删除成功! ');

END;

此命令执行后,如果删除 course 表中 c_no 字段值为"0001"的记录数据,会自动触发"trigger_course_sc"触发器,输出信息"课程号:为 0001 的课程数据级联删除成功!"。

8.3.4　删除触发器

在数据库中一旦成功定义触发器之后,会一直存储在数据库中,但有时会发现某些触发器不再需要,此时应删除此触发器,以释放其所占用的存储空间。

删除触发器的方法包括企业管理控制台方式和命令行方式这两种方式。

1. 企业管理控制台方式

在企业管理控制台中,选中所要删除的触发器,单击鼠标右键,在弹出的快捷菜单中选择"移去"项,即可删除此触发器。

2. 命令行方式

以命令行方式删除触发器的方法是在 SQL Plus 或 SQL Plus Worksheet 中使用 DROP TRIGGER 命令删除触发器,命令的语法格式如下:

DROP TRIGGER [<方案名 >.] <触发器名 >;

【**例 8.19**】　删除触发器 trigger_sc_row,写出其 SQL 命令。

DROP TRIGGER trigger_sc_row;

此命令执行后,在数据库中就不存在名为"trigger_sc_row"的触发器了。

8.4 小 结

本章对 PL/SQL 的基本应用进行概述,重点介绍存储过程、存储函数及触发器的基本操作。通过本章内容的学习,读者应该了解:

(1)第 7 章介绍过 PL/SQL 程序块,均为未命名的 PL/SQL 程序块,在其他程序中无法调用它们。存储过程、存储函数是对第 7 章内容的一种扩充,它们可以在 SQL Plus、SQL Plus Worksheet 环境或者在与 Oracle 数据库连接的前台数据库应用程序中通过引用存储过程或存储函数名来调用,而且它们允许使用参数,这样在应用程序中通过赋予不同的参数值来多次调用同一存储过程或存储函数以实现程序的规范化和简单化,提高程序块的执行效率。存储函数和存储过程非常相似,但存储过程是为了完成特定的任务,而存储函数的最终任务是返回一个值。

(2)触发器是为了实现特定功能而编写的 PL/SQL 命名程序块,是存储在数据库中的由特定事件触发的存储过程。触发器与存储过程和存储函数的不同之处在于,触发器由数据库系统在触发条件被满足时自动运行,而无需编程调用。

思考题与习题

1. 简述触发器与存储过程之间的区别。
2. 简述行级触发器与语句级触发器之间的区别。
3. 简述存储函数与存储过程之间的区别。

实 训

一、实训目标

1. 掌握存储过程的创建、调用、查看、修改、删除操作。
2. 掌握存储函数的创建、调用、查看、修改、删除操作,比较其与存储过程的不同。
3. 掌握触发器的创建、查看、修改、删除操作,比较语句级与行级触发器的不同。

二、实训学时

建议实训参考学时为 2 学时。

三、实训准备

熟悉附录 A 中企业管理控制台、SQL Plus 或 SQL Plus Worksheet 的应用环境,掌握常用命令的使用方法,掌握 PL/SQL 编程方法。

四、实训内容

1. 创建一个存储过程,利用传入参数传输作者职称,显示"作者"表中不同职称的作者的数量,并调用此存储过程。
2. 创建一个存储过程,利用作者编号作为传入参数,统计此作者编著图书的数量,并将其显示出来。
3. 创建一个存储函数,利用传入参数传输作者职称,返回"作者"表中不同职称的作者的数量,调用此存储函数,比较其与存储过程的不同。

4. 创建一个存储函数,利用作者编号作为传入参数,返回此作者编著图书的数量,调用此存储函数,比较其与存储过程的不同。

5. 创建一个触发器,实现当删除"图书"表中某书号的图书时,将"编著"表中此书号的图书编著信息一并删除的功能。

6. 将例 8.11 ~ 例 8.16 做一遍,体会触发器的执行过程。

第 9 章
Oracle 的安全性

学习目标

- 了解 Oracle 数据库系统层的安全设置方法。
- 掌握利用企业管理控制台方式和命令行方式两种方式对于用户、角色、授权和概要文件的管理方法。

内 容 框 架

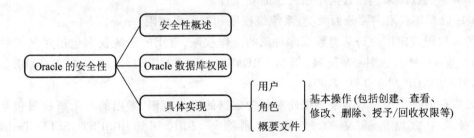

一旦学生选修课程系统数据库中的数据对象完全建立后,需要保证其安全性。要访问此选课系统的数据库,必须具有合法的身份和相应的访问权限,这就是数据库的安全性问题。在 Oracle 数据库系统中,要访问学生选修课程系统数据库"xk",就必须用合法的用户名和密码登录,访问数据库对象时必须保证用户拥有相应的访问权限。

9.1 安全性概述

Oracle9i 作为大型分布式的网络数据库系统,数据库中的数据由谁操作、操纵数据至何种程度等设置是确保数据库中数据安全的必要手段。Oracle 数据库的安全性包括以下几个层次。

(1)物理层的安全性

指物理设备可靠,数据库所在结点必须在物理上得到可靠的保护。

(2) 操作系统层的安全性

指数据库所在主机的操作系统的安全和可靠,其缺陷将可能提供恶意攻击数据库的入口。

(3) 网络层的安全性

Oracle 数据库主要面向网络提供服务,因此,网络软件的安全性和网络数据传输的安全性至关重要。

(4) 数据库系统层的安全性

指通过对用户授予特定的访问数据库对象的权限来确保数据库系统层的安全性,即规定不同的用户对于不同的数据对象具有不同的操作权限。

(5) 应用系统层的安全性

指防止对应用系统的不合法使用所造成的数据泄露、更改或破坏。

在上述 5 层安全体系中,如果任何一个环节出现问题,都可能导致整个数据库安全体系的崩溃。本章主要讲解数据库系统层的安全性,内容包括管理权限、用户、角色和概要文件等。

9.2　Oracle 数据库权限

权限是指能够在数据库中执行某种操作或访问某个对象的权力,通过对用户授予特定的访问数据库对象的权限来确保数据库系统层的安全性。

Oracle 数据库权限主要分为两类:系统级权限和对象级权限。

系统级权限规定用户对某类数据库对象的操作权限,常用的系统权限包括对某类数据库对象的创建、查询、修改、删除等权限,例如 CREATE ANY TABLE、SELECT ANY TABLE、ALTER ANY TABLE、DROP ANY TABLE 等。

对象级权限规定用户对某个数据库对象中数据的操作权限,常用的对象级权限包括对某个数据库对象中数据的插入、查询、修改、删除等权限,例如 INSERT、SELECT、UPDATE、DELETE 等。

Oracle 数据库中的用户可以按其所获得的权限的高低分为以下 3 类。

(1) 系统用户(DBA):指具有系统控制与操作特权的用户,通常指系统管理员或数据库管理员。

(2) 数据库对象的属主(Owner):指创建某个数据库对象的用户,此用户无需授权就拥有对此数据库对象的所有操作权限。

(3) 一般用户:指经过授权被允许对数据库进行某些特定数据操作的用户,通常操作其他用户的数据库对象。

9.3　Oracle 用户

前面章节中所介绍的方案名从简单的意义上阐述就是对应的用户名。当创建一个 Oracle

用户时,如果此用户尚未创建任何数据库对象,此时在方案管理器上将看不到此用户名对应的方案名。如果用户已创建一个数据库对象,那么,在方案管理器中将出现与用户名相一致的方案名。例如,前面介绍的学生选修课程系统的各种对象均存储在方案 USEPI 下,USEPI 实际上就是创建这些对象的用户。

9.3.1　创建用户

Oracle 数据库中创建用户的方法包括企业管理控制台方式和命令行方式这两种方式。

1. 企业管理控制台方式

企业管理控制台方式是通过企业管理控制台下的安全管理器实现的,在此管理器下,创建用户与授权可同时进行。具体的操作步骤如下。

登录数据库之后,依次选择"安全性"→"用户",单击鼠标右键,在弹出的快捷菜单中选择"创建"项,出现"创建 用户"窗口,其"一般信息"选项卡如图 9.1 所示。

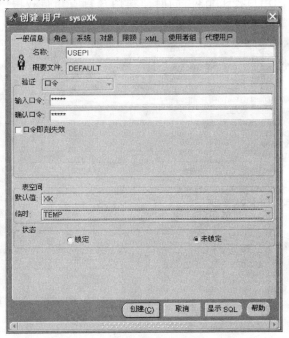

图 9.1　"创建 用户"窗口的"一般信息"选项卡

"一般信息"选项卡用于定义用户的一般属性,主要信息如表 9.1 所示。

表 9.1　用户"一般信息"选项卡所包含的项及其说明

项	说明
名称	用户的名称,即登录时的用户名,在同一数据库中是唯一的
概要文件	用户的概要文件。下拉式列表中包含已连接数据库的所有概要文件。默认值为 DE-FAULT 概要文件。关于概要文件的内容将在 9.5 节详细讲解

续表

项	说明
验证	指定 Oracle 数据库用来验证用户的方法,包括口令、外部、全局 3 种验证方法。"口令"是指用口令来验证用户;"外部"是指由操作系统验证用户;"全局"是指此用户在多个数据库中的全局标识,"全局"验证方式只在 Oracle8 中使用
口令即刻失效	选中此选项后,用户的口令会立即失效。创建的新用户必须在第一次试图登录时更改口令
表空间	用户"默认值"和"临时"使用的表空间。下拉式列表中包含已连接数据库的所有表空间
状态	用户的状态。选中"锁定"单选按钮将锁定用户的账号并禁止访问此账号;选中"未锁定"单选按钮将解除对用户账号的锁定并允许访问此账号

　　"角色"选项卡用于为用户授予角色,同时使得用户具有角色权限,如图 9.2 所示。关于角色的详细内容将在 9.4 节详细讲解。

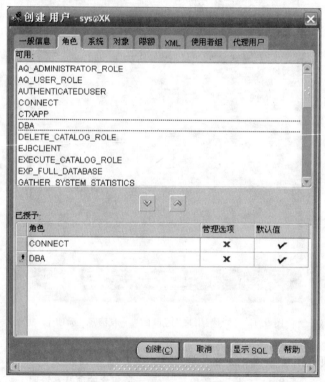

图 9.2　"创建 用户"窗口的"角色"选项卡

　　"可用"列表框中包含所有可用角色,在此列表中选中要授予用户的角色,单击" ∨ "按钮将其添加到"已授予"列表中;在"已授予"列表中选中要收回的角色,单击" ∧ "按钮将其收回。选中"管理选项"可使用户具有将此角色授予其他用户的权限,但不允许循环授权,即被授权者不能再把权限授回给授权者。

"系统"选项卡用于为用户授予系统级权限,如图9.3所示。

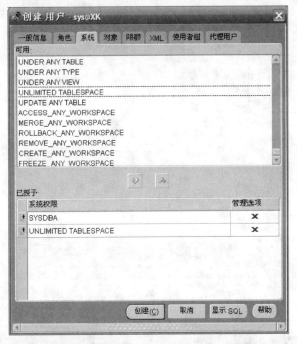

图9.3 "创建 用户"窗口的"系统"选项卡

"可用"列表框中包含所有可用系统权限,在此列表中选中要授予用户的系统权限,单击"∨"按钮将其添加到"已授予"列表中;在"已授予"列表中选中要收回的系统权限,单击"∧"按钮可将其收回。选中"管理选项"可使用户具有将此系统级权限授予其他用户的权限,同样不允许循环授权。

"对象"选项卡用于为用户授予对象级权限。当一名用户是某数据库对象的属主时,他就拥有操纵此数据库对象的所有权限,但其他用户必须经过授权才能操纵此数据库对象,如图9.4所示。

"对象"列表框中包含所有可用对象。"可用权限"列表中包含此对象的可用权限。在"对象"列表框中选中要授予用户的对象,在"可用权限"列表中选中要授予用户的可用权限,单击"∨"按钮将其添加到"已授予"列表中;在"已授予"列表中选中要收回的对象权限,单击"∧"按钮可将其收回。选中"授权选项"可使用户具有将此对象级权限授予其他用户的权限,同样不允许循环授权。

"限额"选项卡用于指定用户可在其中分配空间的表空间,及用户在其中可分配的最大空间值,如图9.5所示。

"详细资料"列表中包含已连接数据库的所有表空间和用户在每个表空间中的限额大小。"限额大小"即用户在每个表空间中被允许使用的最大空间值,分为"无"、"无限制"、"值"3种。

(1)无:用户在所选表空间上没有任何限额。

图 9.4 "创建 用户"窗口的"对象"选项卡

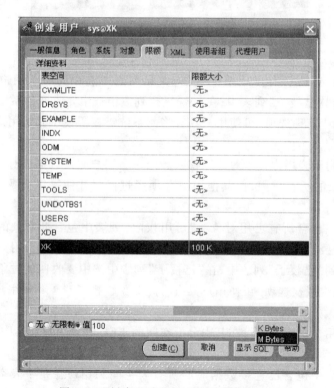

图 9.5 "创建 用户"窗口的"限额"选项卡

(2) 无限制:用户在所选表空间上有无限制的限额。通过使用无限制限额,用户可以无限制地分配表空间中的空间。

（3）值：指定特定的限额，在单行文本框中输入限额值。在下拉式列表中选择"K Bytes"或"M Bytes"以指定单位 KB 或 MB。

其他选项卡的信息请读者参考有关资料。

所有选项卡设置完毕后，单击"显示 SQL"按钮，即可显示自动生成的创建用户的 CREATE USER 语句以及为用户授权的 GRANT 语句。单击"创建"按钮，即可完成新用户的创建。

2. 命令行方式

以命令行方式创建用户的方法是在 SQL Plus 或 SQL Plus Worksheet 环境中使用 CREATE USER 命令创建用户，命令的语法格式如下：

```
CREATE USER <用户名> PROFILE <概要文件名>
IDENTIFIED BY <口令> | EXTERNALLY|GLOBALLY AS <全局标识>
PASSWORD EXPIRE
DEFAULT TABLESPACE <表空间名>
TEMPORARY TABLESPACE <表空间名>
QUOTA <整数>|UNLIMITED ON <表空间名>
ACCOUNT UNLOCK|LOCK;
```

其中，USER 为用户关键字，PROFILE 为概要文件关键字，IDENTIFIED BY 表示验证方式，EXTERNALLY 表示外部验证，GLOBALLY AS 表示全局验证；PASSWORD EXPIRE 表示口令即刻失效，用户在首次登录数据库后必须修改口令；DEFAULT TABLESPACE 为默认表空间，TEMPORARY TABLESPACE 为临时表空间，QUOTA 为限额，ACCOUNT UNLOCK|LOCK 为账号未锁定或锁定。

【例 9.1】 创建用户 user1，相应的口令为"user1"，默认表空间为 xk，临时表空间为 temp，在 xk 表空间上的限额为 10 MB，处于未锁定状态。

```
CREATE USER user1
PROFILE default
IDENTIFIED BY user1
DEFAULT TABLESPACE xk
TEMPORARY TABLESPACE temp
QUOTA 10M ON xk
ACCOUNT UNLOCK;
```

此命令执行后，在数据库中创建一个名为"user1"的用户，其信息存储于 Oracle 系统数据字典中。

9.3.2 查看用户

查看用户的方法包括企业管理控制台方式和命令行方式这两种方式。

1. 企业管理控制台方式

在企业管理控制台中,选中所要查看的用户,双击鼠标左键或单击鼠标右键后在快捷菜单中选择"查看"→"编辑详细资料",即可出现查看用户窗口。

2. 命令行方式

用户信息存储于数据字典 DBA_USERS 中,使用查询命令 DESC 可以得到存储在 DBA_USERS 中的用户信息,基本信息如表9.2所示。

表 9.2 用户数据字典的基本信息

名称	是否为空	数据类型
USERNAME	NOT NULL	VARCHAR2(30)
USER_ID	NOT NULL	NUMBER
PASSWORD		VARCHAR2(30)
ACCOUNT_STATUS	NOT NULL	VARCHAR2(32)
LOCK_DATE		DATE
EXPIRY_DATE		DATE
DEFAULT_TABLESPACE	NOT NULL	VARCHAR2(30)
TEMPORARY_TABLESPACE	NOT NULL	VARCHAR2(30)
CREATED	NOT NULL	DATE
PROFILE	NOT NULL	VARCHAR2(30)
INITIAL_RSRC_CONSUMER_GROUP		VARCHAR2(30)
EXTERNAL_NAME		VARCHAR2(4000)

从表9.2可以看出,数据字典 DBA_USERS 中存储着用户的名称(USERNAME)、标识(USER_ID)、口令(PASSWORD)、账号状态(ACCOUNT_STATUS)、锁定日期(LOCK_DATE)、失效日期(EXPIRY_DATE)、默认表空间(DEFAULT_TABLESPACE)、临时表空间(TEMPORARY_TABLESPACE)、创建日期(CREATED)、概要文件(PROFILE)等信息。要想查看某用户的信息,使用 SELECT 语句即可。

【例9.2】 查看用户 user1 的用户名、用户标识、锁定日期、账号状态、默认表空间信息。

```
SELECT USERNAME,USER_ID,LOCK_DATE,ACCOUNT_STATUS,DEFAULT_TABLESPACE
FROM DBA_USERS WHERE USERNAME = 'USER1';
```

执行结果为

```
USERNAME   USER_ID   LOCK_DATE        ACCOUNT_STATUS   DEFAULT_TABLESPACE
--------------------------------------------------------------------------------
user1      62        29-1月-07        unlock           xk
```

从例9.2可以看出,用户 user1 的用户标识为62,账号状态是"未锁定",默认表空间为"xk"。

9.3.3 修改用户

创建用户之后,出于安全性的需要,要经常修改用户密码等信息。

修改用户的方法包括企业管理控制台方式和命令行方式这两种方式。

1. 企业管理控制台方式

在企业管理控制台中,选中所要修改的用户,双击鼠标左键或单击鼠标右键后在快捷菜单中选择"查看"→"编辑详细资料",即可出现修改用户窗口,其基本操作与创建用户的方法相同。单击"显示 SQL"按钮,即可显示自动生成的修改用户的 ALTER USER 语句,即以命令行方式修改用户的命令。

2. 命令行方式

以命令行方式修改用户的方法是在 SQL Plus 或 SQL Plus Worksheet 环境中使用 ALTER US-ER 命令修改用户,命令的语法格式如下:

ALTER USER <用户名> PROFILE <概要文件名>

IDENTIFIED BY <口令> | EXTERNALLY|GLOBALLY AS <全局标识>

PASSWORD EXPIRE

DEFAULT TABLESPACE <表空间名>

TEMPORARY TABLESPACE <表空间名>

QUOTA <整数>|UNLIMITED ON <表空间名>

ACCOUNT UNLOCK|LOCK;

命令中各选项的参数含义与创建用户相同。

【例 9.3】 修改用户 user1 的口令为"user11",而且账号状态为"锁定"状态。

ALTER USER user1

IDENTIFIED BY user11

ACCOUNT LOCK;

此命令执行之后,用户 user1 的口令修改为"user11",且处于"锁定"状态。

9.3.4 权限管理

为了保证数据库系统的安全性,应严格控制用户的权限。

1. 授予/收回权限

创建用户之后,必须为用户授权方能使用。

授予/收回用户权限的方法包括企业管理控制台方式和命令行方式这两种方式。

(1) 企业管理控制台方式

在企业管理控制台中,选中所要授予/收回权限的用户,双击鼠标左键或单击鼠标右键后在快捷菜单中选择"查看"→"编辑详细资料",即可出现查看/修改用户状态的窗口,按照创建用户时授予/收回权限的方法即可改变用户的权限。单击"显示 SQL"按钮,即可显示自动生成的授予权限的 GRANT 语句、收回权限的 REVOKE 语句。

（2）命令行方式

以命令行方式授予/收回用户权限的方法是在 SQL Plus 或 SQL Plus Worksheet 环境中使用 GRANT/REVOKE 命令修改用户权限。

① 授予权限

GRANT 命令授予权限的语法格式如下：

GRANT ＜系统级权限＞|＜角色＞|＜对象级权限＞［ON ＜对象名＞］［，＜系统级权限＞|＜角色＞|＜对象级权限＞［ON ＜对象名＞］…］TO ＜用户名＞|＜角色名＞［WITH ADMIN OPTION|WITH GRANT OPTION］；

其中，GRANT 为授予权限关键字；WITH ADMIN OPTION 为管理选项，与系统级权限和角色相对应；WITH GRANT OPTION 为授权选项，与对象级权限相对应。授予 WITH ADMIN OPTION|WITH GRANT OPTION 表示此用户能够级联授权，即将所获得的权限再授予他人。

【例 9.4】　为用户 user1 授予 connect 角色、alter any role 系统级权限，授予 usepi 方案中 student 表的 delete 对象级权限，且每个权限均能再授予他人。

```
GRANT alter any role TO user1 WITH ADMIN OPTION;
GRANT delete ON usepi.student TO user1 WITH GRANT OPTION;
GRANT connect TO user1 WITH ADMIN OPTION;
```

例 9.4 中由于每个权限均能再授予他人，所以授权命令中带有 WITH ADMIN OPTION 或 WITH GRANT OPTION 项。

② 收回权限

REVOKE 命令收回权限的语法格式如下：

REVOKE ＜系统级权限＞|＜角色＞|＜对象级权限＞［ON ＜对象名＞］［，＜系统级权限＞|＜角色＞|＜对象级权限＞［ON ＜对象名＞］…］FROM ＜用户名＞|＜角色名＞；

其中，REVOKE 为收回权限关键字，

【例 9.5】　为用户 user1 收回 connect 角色，收回 usepi 方案 student 表的 delete 对象级权限。

```
REVOKE connect FROM user1;
REVOKE delete ON usepi.student FROM user1;
```

2. 查看权限

用户所拥有的系统级权限存储于数据字典 USER_SYS_PRIVS 中，使用查询命令 DESC 可以得到存储在 USER_SYS_PRIVS 中的用户系统级权限信息，基本信息如表 9.3 所示。

表 9.3　用户系统级权限数据字典的基本信息

名称	是否为空	数据类型
USERNAME		VARCHAR2(30)
PRIVILEGE	NOT NULL	VARCHAR2(40)
ADMIN_OPTION		VARCHAR2(3)

从表9.3可以看出,数据字典 USER_SYS_PRIVS 中存储着用户名称(USERNAME)、权限(PRIVILEGE)、管理权限(ADMIN_OPTION)等信息。要想查看某用户的系统级权限,使用 SELECT 语句即可。

【例 9.6】 查看用户 usepi 的系统级权限。

SELECT * FROM USER_SYS_PRIVS WHERE USERNAME = 'USEPI ';

执行结果为

USERNAME	PRIVILEGE	ADM
USEPI	UNLIMITED TABLESPACE	NO
USEPI	SYSDBA	NO

从例9.6可以看出,用户 usepi 拥有使用无限制表空间和 SYSDBA 的系统级权限,且不能将此权限授予他人。

用户所拥有的角色存储于数据字典 USER_ROLE_PRIVS 中,使用查询命令 DESC 可以得到存储在 USER_ROLE_PRIVS 中的用户角色信息,基本信息如表9.4所示。

表9.4 用户角色数据字典的基本信息

名称	是否为空	数据类型
USERNAME	——	VARCHAR2(30)
GRANTED_ROLE	——	VARCHAR2(30)
ADMIN_OPTION	——	VARCHAR2(3)
DEFAULT_ROLE	——	VARCHAR2(3)
OS_GRANTED	——	VARCHAR2(3)

从表9.4中可以看出,数据字典 USER_ROLE_PRIVS 中存储着用户名称(USERNAME)、授予角色(GRANTED_ROLE)、管理权限(ADMIN_OPTION)等信息。要想查看某用户所拥有的角色,使用 SELECT 语句即可。

【例 9.7】 查看用户 usepi 所拥有的角色。

SELECT GRANTED_ROLE,ADMIN_OPTION FROM USER_ROLE_PRIVS WHERE USERNAME = 'USEPI ';

执行结果为

GRANTED_ROLE	ADM
CONNECT	NO
DBA	NO

从例9.7可以看出,用户 usepi 拥有 CONNECT、DBA 角色,且不能将这些角色授予他人。

用户所拥有的表级对象权限存储在数据字典 USER_TAB_PRIVS 中,使用查询命令 DESC 可以得到存储在 USER_ TAB _PRIVS 中的用户表级对象权限信息,基本信息如表9.5所示。

表 9.5 用户对象级权限数据字典的基本信息

名称	是否为空	数据类型
GRANTEE	NOT NULL	VARCHAR2(30)
OWNER	NOT NULL	VARCHAR2(30)
TABLE_NAME	NOT NULL	VARCHAR2(30)
GRANTOR	NOT NULL	VARCHAR2(30)
PRIVILEGE	NOT NULL	VARCHAR2(40)
GRANTABLE		VARCHAR2(3)
HIERARCHY		VARCHAR2(3)

从表 9.5 中可以看出,数据字典 USER_TAB_PRIVS 中存储着接受授权者(GRANTEE)、权限授予者(GRANTOR)、表名(TABLE_NAME)、权限(PRIVILEGE)等信息。要想查看某用户的表级对象权限,使用 SELECT 语句即可。

【例 9.8】 查看用户 usepi 的表级对象权限。

```
SELECT GRANTEE, GRANTOR, TABLE_NAME, PRIVILEGE FROM USER_TAB_PRIVS
WHERE GRANTEE = 'USEPI';
```

执行结果为

```
GRANTEE           GRANTOR          TABLE_NAME           PRIVILEGE
-----------------------------------------------------------------------
USEPI             HR               COUNTRIES            INSERT
```

从例 9.8 可以看出,用户 usepi 拥有 HR 方案下表 COUNTRIES 的插入权限。

9.3.5 删除用户

在数据库中一旦成功定义用户之后,会一直存储在数据库中,但有时会发现某些用户不再需要,此时应删除此用户,以释放其所占用的存储空间。

删除用户的方法包括企业管理控制台方式和命令行方式这两种方式。

1. 企业管理控制台方式

在企业管理控制台中,选中所要删除的用户,单击鼠标右键,在弹出的快捷菜单中选择"移去"项,即可删除此用户。

2. 命令行方式

以命令行方式删除用户的方法是在 SQL Plus 或 SQL Plus Worksheet 环境中使用 DROP USER 命令删除用户,命令的一般格式如下:

```
DROP USER <用户名>;
```

【例 9.9】 删除用户 user1,写出其 SQL 命令。

```
DROP USER user1;
```

此命令执行后,在数据库中就不存在名为"user1"的用户了。

9.4 Oracle 角色

如果数据库的用户很多,例如,一个班级有 40 名学生,每名学生都是 Oracle 数据库的用户,这些学生用户的权限相同,此时如果对每名学生单独授权或修改其权限,会很麻烦而且不利于集中管理,因此,角色应运而生。角色是针对权限的集中管理机制,是权限的集合。当把角色授予不同的学生用户时,这些用户就具有相同的权限,如果角色的权限发生改变,用户的权限也随之改变。

Oracle 数据库提供 CONNECT、RESOURCE、DBA 这 3 种最基本的角色。具有 CONNECT 角色的用户可以登录数据库,执行数据查询和操纵;具有 RESOURCE 角色的用户可以创建表;具有 DBA 角色的用户可以执行某些授权命令、创建表、对任意表的数据进行操纵,还可以执行一些管理操作。DBA 角色拥有最高级别的权限。

9.4.1 创建角色

Oracle 数据库中创建角色的方法包括企业管理控制台方式和命令行方式这两种方式。

1. 企业管理控制台方式

创建角色与创建用户的方法类似,具体的操作过程如下。

登录数据库之后,依次选择"安全性"→"角色"选项,单击鼠标右键,在弹出的快捷菜单中选择"创建"项,出现"创建 角色"窗口,其"一般信息"选项卡如图 9.6 所示。

图 9.6 "创建 角色"窗口的"一般信息"选项卡

"一般信息"选项卡用于定义角色的一般属性,主要信息如表 9.6 所示。

表 9.6　角色"一般信息"选项卡所包含的项及其说明

项	说明
名称	角色的名称。输入新角色的名称,在同一数据库中是唯一的
验证	Oracle 数据库用来验证角色的方法,有"无"、"口令"、"外部"、"全局"4 种验证方法,与用户验证方法相似

其他选项卡的操作与创建用户相同,不再赘述。

所有选项卡设置完毕后,单击"显示 SQL"按钮,即可显示自动生成的创建角色的 CREATE ROLE 语句,即以命令行方式创建角色的命令。单击"创建"按钮,即可完成新角色的创建。

角色的授予/收回权限与用户相同,不再赘述。

2. 命令行方式

以命令行方式创建角色的方法是在 SQL Plus 或 SQL Plus Worksheet 环境中使用 CREATE ROLE 命令创建角色,命令的一般格式如下:

CREATE ROLE <角色名> [NOT IDENTIFIED | IDENTIFIED BY <口令> | IDENTIFIED EXTERNALLY | IDENTIFIED GLOBALLY];

其中,ROLE 为角色关键字,NOT IDENTIFIED 表示无验证,其他参数与创建用户相同。

创建角色之后,必须为角色授权方能使用。

假设所有学生用户都能够连接 Oracle 数据库(connect),并且能在自己的方案下创建表(CREATE TABLE),则可创建角色,通过角色为每个学生授权。

【例 9.10】 创建角色 role1,口令"role1",同时为角色授予 connect 角色和 CREATE TABLE 权限,同时将此角色授予 usepi。

```
CREATE ROLE role1 IDENTIFIED BY role1;
GRANT connect TO role1 WITH ADMIN OPTION;
GRANT CREATE TABLE TO role1;
GRANT role1 TO usepi;
```

此命令执行后,在数据库中创建一个名为 role1 的角色,其信息存储于 Oracle 系统数据字典中,而且用户 usepi 拥有角色 role1 的所有权限。

9.4.2　查看角色

查看角色的方法包括企业管理控制台方式和命令行方式这两种方式。

1. 企业管理控制台方式

在企业管理控制台中,选中所要查看的角色,双击鼠标左键或单击鼠标右键后在快捷菜单中选择"查看"→"编辑详细资料",即可出现查看角色窗口,查看角色的同时可以一并查看此角色的权限。

2. 命令行方式

角色信息存储于数据字典 DBA_ROLES 中,使用查询命令 DESC 可以得到存储在 DBA_ROLES 中的角色信息,基本信息如表 9.7 所示。

表 9.7　角色数据字典的基本信息

名称	是否为空	数据类型
ROLE	NOT NULL	VARCHAR2(30)
PASSWORD_REQUIRED		VARCHAR2(8)

从表 9.7 可以看出,数据字典 DBA_ROLES 中存储着角色的名称(ROLE)、是否设置口令(PASSWORD_REQUIRED)信息。要想查看某角色的信息,使用 SELECT 语句即可。

【例 9.11】　查看角色 role1 的信息。

SELECT * FROM DBA_ROLES WHERE ROLE = 'ROLE1';

执行结果为

ROLE	PASSWORD
ROLE1	YES

从例 9.11 可以看出,角色 role1 带有密码。

角色所拥有的角色权限、系统级权限和表级对象权限信息分别存储于数据字典 ROLE_ROLE_PRIVS、ROLE_SYS_PRIVS 和 ROLE_TAB_PRIVS 中,使用查询命令 DESC 可以得到存储角色权限的数据字典信息,在此不赘述,基本方法与查看用户权限相同。

【例 9.12】　查看角色 role1 的角色权限信息。

SELECT * FROM ROLE_ROLE_PRIVS WHERE ROLE = 'ROLE1';

执行结果为

ROLE	GRANTED_ROLE	ADM
ROLE1	CONNECT	YES

从例 9.12 可以看出,角色 role1 拥有 connect 角色。

9.4.3　修改角色

修改角色的方法包括企业管理控制台方式和命令行方式这两种方式。

1. 企业管理控制台方式

在企业管理控制台中,选中所要修改的角色,双击鼠标左键或单击鼠标右键后在快捷菜单中选择"查看"→"编辑详细资料",即可出现修改角色窗口,其基本操作与创建角色的方法相同。单击"显示 SQL"按钮,即可显示自动生成的修改角色的 ALTER ROLE 语句,即以命令行方式修改角色的命令。

2. 命令行方式

以命令行方式修改角色的方法是在 SQL Plus 或 SQL Plus Worksheet 环境中使用 ALTER ROLE 命令修改角色,命令的一般格式如下:

ALTER ROLE ＜角色名＞[NOT IDENTIFIED∣IDENTIFIED BY ＜口令＞∣IDENTIFIED EX-TERNALLY∣IDENTIFIED GLOBALLY];

其中各选项的参数含义与创建角色相同。

【例 9.13】 修改角色 role1,去掉其口令。

ALTER ROLE role1 NOT IDENTIFIED;

例 9.13 利用"NOT IDENTIFIED"去掉角色 role1 的口令。

9.4.4 删除角色

在数据库中一旦成功定义角色之后,会一直存储在数据库中,但有时会发现某些角色不再需要,此时应删除此角色,以释放其所占用的存储空间。

删除角色的方法包括企业管理控制台方式和命令行方式这两种方式。

1. 企业管理控制台方式

在企业管理控制台中,选中所要删除的角色,单击鼠标右键,在弹出的快捷菜单中选择"移去"项,即可删除此角色。

2. 命令行方式

以命令行方式删除角色的方法是在 SQL Plus 或 SQL Plus Worksheet 环境中使用 DROP ROLE 命令删除角色,命令的一般格式如下:

DROP ROLE ＜角色名＞;

【例 9.14】 删除角色 role1,写出其 SQL 命令。

DROP ROLE role1;

此命令执行后,在数据库中就不存在名为 role1 的角色了。

9.5　概　要　文　件

为了合理地分配和使用系统资源,Oracle 数据库提出概要文件的概念。所谓概要文件就是说明如何使用系统资源的配置文件。将概要文件赋予某个用户,在用户连接数据库时,系统就按照概要文件为其分配资源。例如,学生上机考试时,一旦考试结束即让以"学生"为身份的用户自动失效,以防止学生超时答卷,可以利用概要文件来实现此功能;另外,在学生选修课程系统中输入用户名和密码 3 次均不正确后就锁定用户,这也是利用概要文件来实现的。

9.5.1　创建概要文件

Oracle 数据库中创建概要文件的方法包括企业管理控制台方式和命令行方式这两种方式。

1. 企业管理控制台方式

创建概要文件与创建用户的方法类似,具体的操作过程如下。

登录数据库之后,依次选择"安全性"→"概要文件",单击鼠标右键,在弹出的快捷菜单中选择"创建"项,出现"创建 概要文件"窗口,其"一般信息"选项卡如图 9.7 所示。

图 9.7　"创建 概要文件"窗口的"一般信息"选项卡

"一般信息"选项卡用于定义概要文件的一般属性,主要信息如表 9.8 所示。

表 9.8　概要文件"一般信息"选项卡所包含的项及其说明

项		说明
名称		概要文件的名称,在同一数据库中是唯一的
详细资料	CPU/会话(CPU_PER_SESSION)	允许一个会话占用 CPU 的时间总量。此限值以秒计
	CPU/调用(CPU_PER_CALL)	允许一个调用占用 CPU 的时间最大值。此限值以秒计
	连接时间(CONNECT_TIME)	允许一个会话持续时间的最大值。此限值以分钟计
	空闲时间(IDLE_TIME)	允许一个会话处于空闲状态的时间最大值。空闲时间是指会话中持续不活动的一段时间。长时间运行的查询和其他操作不受此限值的约束。此限值以分钟计

续表

	项	说明
数据库服务	并行会话数(SESSIONS_PER_USER)	允许一个用户所进行的并行会话的最大数量
	读取数/会话(LOGICAL_READS_PER_SESSION)	允许在会话中读取数据块的总数。此限值包括从内存和磁盘读取的块
	读取数/调用(LOGICAL_READS_PER_CALL)	允许一个调用在处理一条 SQL 语句时读取的数据块的最大数量
	专用 SGA(PRIVATE_SGA)	在系统全局区(SGA)的共享池中,可分配给一个会话的专用空间量的最大值。专用 SGA 的限值只在使用多线程服务器体系结构的情况下适用。此限值以千字节(KB)来表示
	组合限制(COMPOSITE_LIMIT)	一个会话所耗费的资源总量。一个会话所耗费的资源总量是会话占用 CPU 的时间、连接时间、会话中的读取数和被分配的专用 SGA 空间量这几项的加权之和

所输入的值既可以是手工输入数值,也可以从下拉式列表中取值。下拉式列表提供以下选项。

(1) 默认值:使用 DEFAULT 概要文件时为此资源指定的限值。

(2) 无限制:用户可以不受限制地利用此资源。

(3) 值:在现有值中选择一个。这些值是常用值。

"口令"选项卡用于设置账号的口令参数,如图 9.8 所示,主要信息如表 9.9 所示。

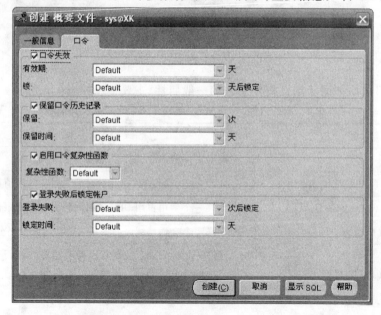

图 9.8　"创建 概要文件"窗口的"口令"选项卡

表 9.9 概要文件"口令"选项卡所包含的项及其说明

项		说明
口令失效	有效期（PASSWORD_LIFE_TIME）	限定多少天后口令失效
	失效后锁定（PASSWORD_GRACE_TIME）	限定口令失效后第一次用它成功登录之后多少天内可以更改此口令
保留口令历史记录	保留（PASSWORD_REUSE_MAX）	指定能重复使用口令前必须更改的次数。如果在此指定一个值，"保留时间"项就会被禁用
	保留时间（PASSWORD_REUSE_TIME）	限定口令失效后经过多少天才可以重复使用。如果在此指定一个值，"保留"项就会被禁用
启用口令复杂性函数（PASSWORD_VERIFY_FUNCTION）		在被分配此概要文件的用户登录数据库时，允许使用一个PL/SQL 例行程序来校验口令。PL/SQL 例行程序必须在本地可用，才能在应用此概要文件的数据库上执行
登录失败后锁定账户	登录失败（FAILED_LOGIN_ATTEMPTS）	限定用户在多少次登录失败后将无法使用此账号
	锁定时间（PASSWORD_LOCK_TIME）	在登录失败达到指定的次数后，指定此账号将被锁定的天数。如果指定"无限制"，则只有数据库管理员才能为此账号解除锁定

所有选项卡设置完毕后，单击"显示 SQL"按钮，即可显示自动生成的创建概要文件的 CREATE PROFILE 语句，即以命令行方式创建概要文件的命令。单击"创建"按钮，即可完成概要文件的创建。

2. 命令行方式

以命令行方式创建概要文件的方法是在 SQL Plus 或 SQL Plus Worksheet 环境中使用 CREATE PROFILE 命令创建概要文件，命令的一般格式如下：

```
CREATE PROFILE  <概要文件名>
LIMIT［CPU_PER_SESSION  <值>］
［CPU_PER_CALL  <值>］
［CONNECT_TIME  <值>］
［IDLE_TIME  <值>］
［SESSIONS_PER_USER  <值>］
［LOGICAL_READS_PER_SESSION  <值>］
［LOGICAL_READS_PER_CALL  <值>］
［PRIVATE_SGA  <值>］
［COMPOSITE_LIMIT  <值>］
［FAILED_LOGIN_ATTEMPTS  <值>］
```

```
[PASSWORD_LOCK_TIME  <值>]
[PASSWORD_GRACE_TIME  <值>]
[PASSWORD_LIFE_TIME  <值>]
[PASSWORD_REUSE_MAX  <值>]
[PASSWORD_REUSE_TIME  <值>]
[PASSWORD_VERIFY_FUNCTION  <值>];
```

命令中选项的参数含义见前述表9.8、表9.9。

【例 9.15】 创建概要文件 usepi_pro,要求空闲时间为 15 分钟,登录 3 次失败后则锁定,有效期为 30 天。

```
CREATE PROFILE usepi_pro
LIMIT
  IDLE_TIME 15
  FAILED_LOGIN_ATTEMPTS 3
  PASSWORD_LIFE_TIME 30;
```

此命令执行后,在数据库中创建一个名为 usepi_pro 的概要文件,其信息存储于 Oracle 系统数据字典中。

9.5.2 为用户分配概要文件

创建概要文件之后,可以为用户分配概要文件。Oracle 数据库为用户分配概要文件的方法包括企业管理控制台方式和命令行方式这两种方式。

1. 企业管理控制台方式

登录数据库之后,依次选择"安全性"→"概要文件",单击鼠标右键,在弹出的快捷菜单中选择"为用户分配概要文件"项,出现"分配概要文件"对话框,如图 9.9 所示。

在"概要文件"下拉列表框中选择概要文件;在"用户"列表中选择用户,可在按住 Shift 键的同时选择多个用户,然后单击"应用"按钮即可。

2. 命令行方式

创建概要文件之后,可以利用 ALTER USER 命令为用户分配概要文件。

【例 9.16】 为用户 usepi 分配概要文件 usepi_pro。

```
ALTER USER usepi PROFILE usepi_pro;
```

此命令执行后,usepi 用户的概要文件就改为 usepi_pro 了。

9.5.3 查看概要文件

查看概要文件的方法包括企业管理控制台方式和命令行方式这两种方式。

1. 企业管理控制台方式

在企业管理控制台中,选中所要查看的概要文件,双击鼠标左键或单击鼠标右键后在快捷菜

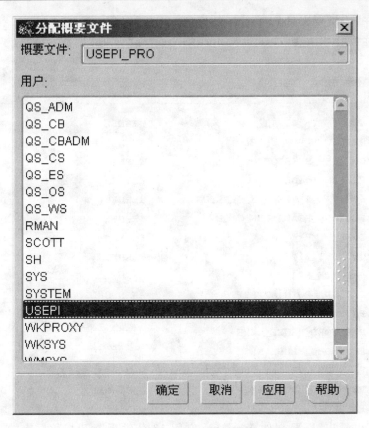

图 9.9 为用户"分配概要文件"对话框

单中选择"查看"→"编辑详细资料",即可出现查看概要文件窗口。

2. 命令行方式

概要文件的信息存储于数据字典 DBA_ PROFILES 中,使用查询命令 DESC 可以得到存储在 DBA_ PROFILES 中的概要文件信息,基本信息如表 9.10 所示。

表 9.10 概要文件数据字典的基本信息

名称	是否为空	数据类型
PROFILE	NOT NULL	VARCHAR2(30)
RESOURCE_NAME	NOT NULL	VARCHAR2(32)
RESOURCE_TYPE		VARCHAR2(8)
LIMIT		VARCHAR2(40)

从表 9.10 可以看出,数据字典 DBA_PROFILES 中存储着概要文件的名称(PROFILE)、资源名称(RESOURCE_NAME)、资源类型(RESOURCE_TYPE)、限值(LIMIT)等信息。要想查看概要文件的信息,使用 SELECT 语句即可。

【例 9.17】 查看概要文件 usepi_pro 的信息。

SELECT * FROM DBA_PROFILES WHERE PROFILE = 'USEPI_PRO';

执行结果为

PROFILE	RESOURCE_NAME	RESOURCE	LIMIT
USEPI_PRO	COMPOSITE_LIMIT	KERNEL	DEFAULT
USEPI_PRO	SESSIONS_PER_USER	KERNEL	DEFAULT
USEPI_PRO	CPU_PER_SESSION	KERNEL	DEFAULT
USEPI_PRO	CPU_PER_CALL	KERNEL	DEFAULT
USEPI_PRO	LOGICAL_READS_PER_SESSION	KERNEL	DEFAULT
USEPI_PRO	LOGICAL_READS_PER_CALL	KERNEL	DEFAULT
USEPI_PRO	IDLE_TIME	KERNEL	15
USEPI_PRO	CONNECT_TIME	KERNEL	DEFAULT
USEPI_PRO	PRIVATE_SGA	KERNEL	DEFAULT
USEPI_PRO	FAILED_LOGIN_ATTEMPTS	PASSWORD	3
USEPI_PRO	PASSWORD_LIFE_TIME	PASSWORD	30
USEPI_PRO	PASSWORD_REUSE_TIME	PASSWORD	DEFAULT
USEPI_PRO	PASSWORD_REUSE_MAX	PASSWORD	DEFAULT
USEPI_PRO	PASSWORD_VERIFY_FUNCTION	PASSWORD	DEFAULT
USEPI_PRO	PASSWORD_LOCK_TIME	PASSWORD	DEFAULT
USEPI_PRO	PASSWORD_GRACE_TIME	PASSWORD	DEFAULT

从例 9.17 可以看出,概要文件 usepi_pro 空闲 15 分钟后断开与数据库的连接,登录失败 3 次后用户被锁定,口令的有效期为 30 天。

9.5.4 修改概要文件

修改概要文件的方法包括企业管理控制台方式和命令行方式这两种方式。

1. 企业管理控制台方式

在企业管理控制台中,选中所要修改的概要文件,双击鼠标左键或单击鼠标右键后在快捷菜单中选择"查看"→"编辑详细资料",即可出现修改概要文件窗口,其基本操作与创建概要文件的方法相同。单击"显示 SQL"按钮,即可显示自动生成的修改概要文件的 ALTER PROFILE 语句,即以命令行方式修改概要文件的命令。

2. 命令行方式

以命令行方式修改概要文件的方法是在 SQL Plus 或 SQL Plus Worksheet 环境中使用 ALTER PROFILE 命令修改概要文件,命令的一般格式如下:

ALTER PROFILE <概要文件名>

LIMIT [CPU_PER_SESSION <值>]

[CPU_PER_CALL <值>]

［CONNECT_TIME ＜值＞］

［IDLE_TIME ＜值＞］

［SESSIONS_PER_USER ＜值＞］

［LOGICAL_READS_PER_SESSION ＜值＞］

［LOGICAL_READS_PER_CALL ＜值＞］

［PRIVATE_SGA ＜值＞］

［COMPOSITE_LIMIT ＜值＞］

［FAILED_LOGIN_ATTEMPTS ＜值＞］

［PASSWORD_LOCK_TIME ＜值＞］

［PASSWORD_GRACE_TIME ＜值＞］

［PASSWORD_LIFE_TIME ＜值＞］

［PASSWORD_REUSE_MAX ＜值＞］

［PASSWORD_REUSE_TIME ＜值＞］

［PASSWORD_VERIFY_FUNCTION ＜值＞］；

命令中选项的参数含义与创建概要文件相同。

【例 9.18】 修改概要文件 usepi_pro，要求空闲时间为 60 分钟，口令的有效期为 60 天。

```
ALTER PROFILE usepi_pro
LIMIT
  IDLE_TIME 60
  PASSWORD_LIFE_TIME 60;
```

例 9.18 利用"LIMIT IDLE_TIME"修改空闲时间，利用"PASSWORD_LIFE_TIME"修改口令的有效期。

9.5.5 删除概要文件

在数据库中一旦成功定义概要文件之后，会一直存储在数据库中，但有时会发现某些概要文件不再需要，此时应删除此概要文件，以释放其所占用的存储空间。

删除概要文件的方法包括企业管理控制台方式和命令行方式这两种方式。

1. 企业管理控制台方式

在企业管理控制台中，选中所要删除的概要文件，单击鼠标右键，在弹出的快捷菜单中选择"移去"项，即可删除此概要文件。

2. 命令行方式

以命令行方式删除概要文件的方法是在 SQL Plus 或 SQL Plus Worksheet 环境中使用 DROP PROFILE 命令删除概要文件，命令的一般格式如下：

DROP PROFILE ＜概要文件名＞；

【例 9.19】 删除概要文件 usepi_pro，写出其 SQL 命令。

```
DROP PROFILE usepi_pro;
```

此命令执行后,在数据库中就不存在名为 usepi_pro 的概要文件了。

注意: 如果将某概要文件指定给某位用户,要想删除此概要文件,必须为其增设 CASCADE。

【**例 9.20**】 综合案例。假设学生选修课程系统中需要增加 30 位用户,用户名为 xk_user$i$(i = 1,2,…,30),其口令与用户名相同,所使用的默认表空间为 xk,临时表空间为 temp。在 xk 表空间上的限额为 10 MB,处于未锁定状态,用户在 3 次登录失败后立即锁定账户 1 天,用户账户的有效期为 60 天。这 30 位用户具有相同的权限如下。

(1) 可以登录学生选修课程数据库;

(2) 可以创建自己方案下的表(CREATE TABLE);

(3) 可以创建自己方案下的索引(CREATE INDEX);

(4) 可以创建自己方案下的视图(CREATE VIEW);

(5) 可以创建自己方案下的同义词(CREATE SYNONYM);

(6) 可以创建自己方案下的序列(CREATE SEQUENCE);

(7) 可以创建自己方案下的存储过程或存储函数(CREATE PROCEDURE/FUNCTION);

(8) 可以创建自己方案下的触发器(CREATE TRIGGER)。

为了保证系统的安全性,对于授权给用户 xk_user$i$ 的权限,用户 xk_user$i$ 不能将其授予他人。

(1) 由于对用户的账号登录、有效期等项有特别要求,在这种情况下首先为这组用户创建一个概要文件 xk_profile。其内容如下:

```
CREATE PROFILE xk_profile
LIMIT
  FAILED_LOGIN_ATTEMPTS 3
  PASSWORD_LOCK_TIME 1
  PASSWORD_LIFE_TIME 60;
```

(2) 由于欲增加的用户达 30 名,且 30 名用户具有相同的权限,此时可以利用角色机制。为这组用户创建一个角色 xk_role,然后再将所要求的权限授予此角色,其操作过程如下。

① 使用 CREATE ROLE 创建角色。

```
CREATE ROLE xk_role ;
```

② 使用 GRANT 命令将权限赋予角色 xk_role。

```
GRANT CONNECT TO xk_role;
GRANT CREATE TABLE TO xk_role;
GRANT CREATE INDEX TO xk_role;
GRANT CREATE VIEW TO xk_role;
GRANT CREATE SYNONYM TO xk_role;
GRANT CREATE SEQUENCE TO xk_role;
GRANT CREATE PROCEDURE TO xk_role;
GRANT CREATE TRIGGER TO xk_role;   .
```

(3) 创建用户 xk_user$i$(i = 1,2,…,30),选用概要文件 xk_profile,且将角色 xk_role 授予用

户。创建用户 xk_user1 的操作过程如下。

① 使用 CREATE USER 命令创建用户,选用概要文件,确定表空间。

```
CREATE USER xk_user1
PROFILE xk_profile
IDENTIFIED BY xk_user1
DEFAULT TABLESPACE xk
TEMPORARY TABLESPACE temp
QUOTA 10M ON xk
ACCOUNT UNLOCK;
```

② 使用 GRANT 命令将 xk_role 角色授予 xk_user1。

```
GRANT xk_role TO xk_user1;
```

使用同样的方法可以创建其他 29 位用户并向其授权。也可以通过图形工作方式实现此综合案例。

9.6　小　　结

本章对 Oracle 的安全性进行概述,重点介绍 Oracle 安全性层次、Oracle 数据库权限及实现安全性的常用手段。通过本章内容的学习,读者应该了解:

(1) Oracle 数据库最外层的安全性是用户标识,每位用户以自己的用户标识和密码登录数据库后,系统对其权限进行验证。权限是指能够在数据库中执行某种操作或访问某个对象的权力,通过对用户授予特定的访问数据库对象的权限来确保数据库系统层的安全性。

(2) Oracle 数据库权限主要分为两类:系统级权限和对象级权限。系统级权限规定用户对某类数据库对象的权限,对象级权限规定用户对某个数据库对象中数据的操作权限。Oracle 数据库中采用非集中授权机制,DBA 负责授予/收回系统级权限,每名用户负责授予/收回自己创建的数据库对象的权限。Oracle 允许重复授权,可将某一权限多次授予同一用户;Oracle 也允许无效收回,用户不具备某权限,但收回此权限的命令仍算成功。

(3) 为了对权限进行集中管理,在 Oracle 数据库中引入了角色。角色是权限的集合,当把角色授予不同的用户时,用户就具有相同的权限。一旦角色的权限发生改变,用户的权限也随之改变。

(4) Oracle 数据库为了合理地分配和使用系统资源,提出概要文件的概念。将概要文件赋予某位用户时,在用户连接数据库时,系统就按照概要文件为其分配资源。

思考题与习题

1. Oracle 数据库的安全性分为几个层次?
2. 简述 Oracle 的权限分类。
3. 什么是角色,创建角色的好处是什么?

4. 什么是概要文件,其作用是什么?

5. 简述对象权限和系统级权限之间的区别。

实训

一、实训目标

1. 熟练掌握以企业管理控制台方式管理用户、角色、概要文件、权限的方法。

2. 熟练掌握以命令行方式管理用户、角色、概要文件、权限的相应命令。

二、实训学时

建议实训参考学时为 2 学时。

三、实训准备

熟悉附录 A 中 SQL Plus 或 SQL Plus Worksheet 及企业管理控制台的环境,掌握常用命令的使用方法,并且为学生用户分配创建/删除用户、创建/删除角色、创建/删除概要文件、授予/收回权限等权限。

四、实训内容

1. 利用企业管理控制台方式和命令行方式两种方式创建概要文件 usepi_pro,要求如下。

(1) 空闲时间为 15 分钟;

(2) 登录失败允许次数为 3 次。

2. 利用企业管理控制台方式和命令行方式两种方式创建一个新的用户,要求如下。

(1) 用户名为你的姓名 + 学号,口令与用户名相同;

(2) 默认表空间为 USER;

(3) 将新创建的概要文件 usepi_pro 分配给此用户。

3. 用户创建完成后,利用企业管理控制台方式和命令行方式两种方式查询所创建的用户。

4. 利用企业管理控制台方式和命令行方式两种方式为已创建的新用户授权。

(1) 授予 connect 角色;

(2) 授予一些系统权限,例如 CREATE TABLE、CREATE INDEX;

(3) 授予一些对象权限,例如 student 表的修改数据权限。

5. 以新用户的身份登录,查看登录状态。

6. 利用企业管理控制台方式和命令行方式两种方式创建一个新的角色,要求如下。

(1) 以姓名 + 学号为角色名创建一个角色,并用名字的汉语拼音作为口令;

(2) 修改所创建的角色,去掉口令;

(3) 为角色授予权限,可将新创建的用户的权限授予角色;

(4) 删除新创建用户的所有权限,将角色授予用户;

(5) 以新创建的用户身份登录,查看登录状态。

7. 删除所创建的角色、用户、概要文件,注意删除操作的执行顺序。

注意:在操作过程中,利用第 2 种方式完成操作时,用户、角色或概要文件名需要与第 1 种方式创建的用户、角色或概要文件名相异,你可以在用户、角色或概要文件名后面增加数字以示区别,否则会出现"对象名已被现有对象使用"的错误提示信息。

第10章

Oracle 综合实例

学习目标

- 掌握数据库设计的基本步骤和方法。
- 掌握利用 Java 和 PowerBuilder 连接 Oracle 数据库的方法。

内容框架

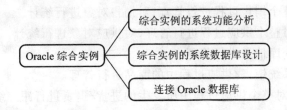

Oracle 综合实例
- 综合实例的系统功能分析
- 综合实例的系统数据库设计
- 连接 Oracle 数据库

前面各章以学生选修课程系统为背景,介绍数据库应用系统的设计及实现过程。本章将综合前面各章所介绍的知识,以进销存系统为例贯穿数据库系统功能分析、设计到实现的全过程,并对前台程序连接 Oracle 数据库的方法进行简单的介绍。

10.1 系统功能分析

本章以进销存系统为例介绍数据库的设计过程。系统功能分析是在汇总系统开发的总体任务的基础上完成的。

进销存系统需要完成商品管理、仓库管理、客户管理、供应商管理、商品库存管理、商品销售管理、商品供应管理等多项功能,满足企业高效率运作的需求,系统功能模块如图 10.1 所示。

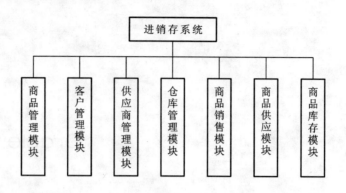

图 10.1 系统功能模块图

10.2 系统数据库设计

10.2.1 需求分析

系统开发的目标是实现企业进销存管理的系统化、规范化和自动化,基本要求如下。

(1) 客户管理:对整个销售过程进行管理,对销售对象进行统计。

(2) 供应商管理:对整个供应过程进行管理,对供应对象进行统计。

(3) 仓库管理:对仓库信息进行管理。

(4) 商品管理:对系统销售/供应过程中的商品进行管理。

(5) 进/退货管理:对整个供应过程中所发生的进货/退货进行跟踪统计。

(6) 售/退货管理:对整个销售过程中所发生的售货/退货进行跟踪统计。

(7) 商品库存管理:对商品入/出仓库进行跟踪统计。

通过对企业进销存管理的内容和数据流进行分析,系统的数据结构如表 10.1 所示。

表 10.1 进销存系统的数据结构

数据结构名称	含义	组成要素
客户信息(Customer)	对销售客户进行记录、统计	客户编号、客户名称、地址、电话、邮编
供应商信息(Supplier)	对供应商进行记录、统计	供应商编号、供应商名称、地址、电话、邮编、联系人
仓库信息(StoreHouse)	对仓库进行记录、统计	仓库编号、地址、电话、成立时间
商品信息(ProductClass)	对商品进行记录、统计	商品编号、商品名称、单价、规格

系统的数据项如表 10.2 ~ 表 10.5 所示。

表 10.2 供应商信息的数据项

数据项名称	含义	数据类型	长度	约束
Supplier_ID	供应商编号	INT		唯一标识
Supplier_Name	供应商名称	VARCHAR2	250	非空
Address	地址	VARCHAR2	250	非空
Phone	电话	VARCHAR2	25	
PostalCode	邮编	VARCHAR2	10	
ContactPerson	联系人	VARCHAR2	20	

表 10.3 客户信息的数据项

数据项名称	含义	数据类型	长度	约束
Customer_ID	客户编号	INT		唯一标识
Customer_Name	客户名称	VARCHAR2	250	非空
Address	地址	VARCHAR2	250	非空
Phone	电话	VARCHAR2	25	
PostalCode	邮编	VARCHAR2	10	

表 10.4 仓库信息的数据项

数据项名称	含义	数据类型	长度	约束
StoreHouse_ID	仓库编号	INT		唯一标识
Address	地址	VARCHAR2	250	非空
Phone	电话	VARCHAR2	25	
CreateDate	成立时间	DATE		

表 10.5 商品信息的数据项

数据项名称	含义	数据类型	长度	小数位数	约束
ProductClass_ID	商品编号	INT			唯一标识
ProductClass_Name	商品名称	VARCHAR2	30		非空
ProductSpec_ID	规格	VARCHAR2	30		非空
Price	单价	NUMBER	5	2	非空

在实际应用中,系统中存在着各种联系。

(1) 一个仓库可以存储多种商品,一种商品只能存储在一个仓库中,而且商品入库或出库时需要记录是入库还是出库,还要记录时间、数量、经手人;

（2）一个供应商可以供应多种商品，一种商品可以由多个供应商供应，而且供应商在供应商品时需要记录是进货还是退货，还要记录时间、变化数量、金额、经手人；

（3）一名客户可以购买多种商品，一种商品可以由多名客户购买，而且客户购买或退送商品时需要记录是买货还是退货，还要记录时间、变化数量、金额、经手人。

因此，仓库与商品之间存在"一对多联系"，客户与商品之间存在"多对多联系"，供应商与商品之间存在"多对多联系"。

由于一种商品在同一天可能多次存入同一仓库，因此增设入/出库编号以标识每一次库存操作；同理，由于一名客户同一天可能购买同一商品多次，因此增设售/退编号以标识每一次销售操作；一个供应商在同一天可能多次供应同一种商品，因此增设进/退编号以标识每一次供应操作。

10.2.2 概念结构设计

根据需求分析的结果，进销存系统的 E-R 图如图 10.2 所示。

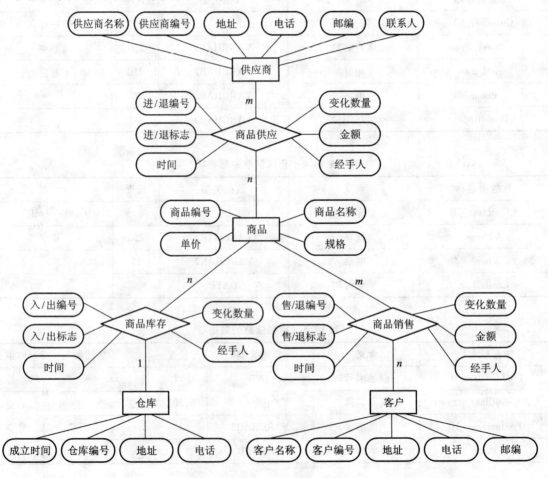

图 10.2 进销存系统 E-R 图

10.2.3　逻辑结构设计

根据概念模型向逻辑模型转换的原则,进销存系统的逻辑结构如下。

(1) 一个实体转换成一个关系,所以应有:

供应商表(<u>供应商编号</u>,供应商名称,地址,电话,邮编,联系人)

客户表(<u>客户编号</u>,客户名称,地址,电话,邮编)

仓库表(<u>仓库编号</u>,地址,电话,成立时间)

商品表(<u>商品编号</u>,商品名称,单价,规格)

(2) 一对多联系。可以将“一”方的主键传至“多”方,成为“多”方的非主属性,还可以形成新的关系,双方的主键和联系自身的属性作为新关系的属性。

由于仓库与商品之间存在“一对多联系”,而且联系本身具有属性,所以可以形成新关系:

商品库存表(<u>商品编号</u>,<u>仓库编号</u>,入/出编号,入/出标志,时间,变化数量,经手人)

由于同一商品在同一天可能多次存入同一仓库,因此商品编号、仓库编号和时间三者联合起来也很难唯一标识一次出入库行为,因此将“入/出编号”作为商品库存表的主键。修改后的商品库存表为:

商品库存表(商品编号,仓库编号,<u>入/出编号</u>,入/出标志,时间,变化数量,经手人)

(3) “多对多联系”形成一个新的关系,“多”方的主键和联系自身的属性作为新关系的属性,“多”方的主键联合作为主键。

由于商品与供应商、客户与商品之间存在“多对多联系”,所以形成新的关系:

商品销售表(<u>商品编号</u>,<u>客户编号</u>,售/退编号,售/退标志,时间,变化数量,金额,经手人)

商品供应表(<u>商品编号</u>,<u>供应商编号</u>,进/退编号,进/退标志,时间,变化数量,金额,经手人)

由于同一客户同一天可能购买同一商品多次,因此商品编号、客户编号和时间三者联合起来也很难唯一标识一次销售操作,而“售/退编号”是不可重复的有规律的编号,因此将“售/退编号”作为商品销售表的主键。修改后的商品销售表为:

商品销售表(商品编号,客户编号,<u>售/退编号</u>,售/退标志,时间,变化数量,金额,经手人)

由于同一供应商同一天可能多次供应同一商品,因此商品编号、供应商编号和时间三者联合起来也很难唯一标识一次供应行为,而“进/退编号”是不可重复的有规律的编号,因此将“进/退编号”作为商品供应表的主键。修改后的商品供应表为:

商品供应表(商品编号,供应商编号,<u>进/退编号</u>,进/退标志,时间,变化数量,金额,经手人)

10.2.4　在 Oracle 数据库中创建表

```
CREATE TABLE Supplier
(
Supplier_ID INT PRIMARY KEY,
Supplier_Name VARCHAR2(250) NOT NULL,
Address VARCHAR2(250) NOT NULL,
Phone VARCHAR2(25),
PostalCode VARCHAR2(10),
```

```
ContactPerson VARCHAR2(20)
);
CREATE TABLE Customer
(
Customer_ID INT PRIMARY KEY,
Customer_Name VARCHAR2(250) NOT NULL,
Address VARCHAR2(250) NOT NULL,
Phone VARCHAR2(25),
PostalCode VARCHAR2(10)
);
CREATE TABLE StoreHouse
(
StoreHouse_ID INT PRIMARY KEY,
Address VARCHAR2(250) NOT NULL,
Phone VARCHAR2(25),
CreateDate DATE
);
CREATE TABLE ProductClass
(
ProductClass_ID INT PRIMARY KEY,
ProductClass_Name VARCHAR2(30) NOT NULL,
ProductSpec_ID VARCHAR2(30) NOT NULL,
Price NUMBER(5,2) NOT NULL
);
CREATE TABLE P_C
(
ProductClass_ID INT REFERENCES ProductClass(ProductClass_ID),
Customer_ID INT REFERENCES Customer(Customer_ID),
PC_ID INT PRIMARY KEY,
PC_mark INT,
PC_time DATE,
PC_amount NUMBER(6,2),
PC_sum NUMBER(10,2),
PC_worker CHAR(10)
);
```

为了实时统计每种商品的销售情况,增设商品销售统计表。

```
CREATE TABLE C_ALL /* 商品销售统计表 */
(
```

```
ProductClass_ID INT REFERENCES ProductClass(ProductClass_ID),
CA_amount NUMBER(6,2),
CA_sum NUMBER(10,2),
PRIMARY KEY(ProductClass_ID)
);
CREATE TABLE P_S
(
ProductClass_ID INT REFERENCES ProductClass(ProductClass_ID),
Supplier_ID INT REFERENCES Supplier(Supplier_ID),
PS_ID INT PRIMARY KEY,
PS_mark INT,
PS_time DATE,
PS_amount NUMBER(6,2),
PS_sum NUMBER(10,2),
PS_worker CHAR(10)
);
```

为了实时统计每种商品的供应情况,增设商品供应统计表。

```
CREATE TABLE S_ALL /* 商品供应统计表 */
(
ProductClass_ID INT REFERENCES ProductClass(ProductClass_ID),
Supplier_ID INT REFERENCES Supplier(Supplier_ID),
SA_amount NUMBER(6,2),
SA_sum NUMBER(10,2),
PRIMARY KEY(Supplier_ID)
);
CREATE TABLE P_H
(
ProductClass_ID INT REFERENCES ProductClass(ProductClass_ID),
StoreHouse_ID INT REFERENCES StoreHouse(StoreHouse_ID),
PH_ID INT PRIMARY KEY,
PH_mark INT,
PH_time DATE,
PH_amount NUMBER(6,2),
PH_worker CHAR(10)
);
```

为了实时统计每种商品的库存情况,增设商品库存统计表。

```
CREATE TABLE H_ALL /* 商品库存统计表 */
(
```

```
ProductClass_ID INT REFERENCES ProductClass(ProductClass_ID),
StoreHouse_ID INT REFERENCES StoreHouse(StoreHouse_ID),
HA_amount NUMBER(6,2),
PRIMARY KEY(StoreHouse_ID)
);
```

为了使系统功能更加完善,可以增设其他统计表,请读者自行分析。

10.2.5 在 Oracle 数据库中创建索引

在进销存系统中经常需要查询数据,因此可以根据查询要求在表中创建索引。例如,在商品名称上创建索引。

```
CREATE INDEX p_name_index ON ProductClass(ProductClass_Name);
```

为了使系统功能更加完善,可以增设其他索引,请读者自行分析。

10.2.6 在 Oracle 数据库中创建视图

为了提高系统的隐蔽性和增加查询的方便性,可以创建一些视图。

```
CREATE VIEW P_S_VIEW /* 商品供应视图 */
AS
    SELECT
Supplier.Supplier_ID,Supplier_Name,ProductClass.ProductClass_ID,Pro-
ductClass_Name
    FROM Supplier,ProductClass,P_S
WHERE ProductClass.ProductClass_ID = P_S.ProductClass_ID
AND Supplier.Supplier_ID = P_S.Supplier_ID
WITH READ ONLY;
```

为了使系统功能更加完善,可以增设其他视图,请读者自行分析。

10.2.7 在 Oracle 数据库中创建序列

在进销存系统的商品销售过程中,售/退编号是不可重复的有规律的编号,且作为主键,其值可以用序列来填充。

```
CREATE SEQUENCE P_C_SEQ
    INCREMENT BY 1 START WITH 1
    MAXVALUE 100000 MINVALUE 1 CYCLE
    CACHE 20 ORDER;
```

同理,在商品供应过程中,进/退编号是不可重复的有规律的编号,且作为主键,其值也可以用序列来填充。

为了使系统功能更加完善,可以增设其他序列,请读者自行分析。

10.2.8　在 Oracle 数据库中创建触发器

在进销存系统中,有时某种商品的库存量过少会影响销售活动,所以当某种商品的库存量太少时系统应自动报警,这时需要用到触发器。

```
CREATE TRIGGER P_H_TRIGGER/* 为商品库存统计表创建缺货触发器,数量小于1000
时触发 */
AFTER DELETE OR UPDATE ON H_ALL
FOR EACH ROW WHEN (HA_amount <1000)
BEGIN
    DBMS_OUTPUT.PUT_LINE('编号为:'‖:NEW.ProductClass_ID ‖ '的商品在'‖:
NEW.StoreHouse_ID ‖ '号仓库库存总量小于1000 ');
    END;
```

为了使系统功能更加完善,可以增设其他触发器,请读者自行分析。

10.2.9　在 Oracle 数据库中创建存储过程或存储函数

在进销存系统中,有时需要统计某供应商所供应商品的商品名称列表,这时可以使用存储过程。

```
CREATE PROCEDURE P_S_PRO
(s1 Supplier.Supplier_ID%TYPE)
AS
  p1 ProductClass.ProductClass_ID%TYPE;
  p2 ProductClass.ProductClass_Name%TYPE;
  Cursor c1 IS SELECT ProductClass_ID FROM P_S WHERE Supplier_ID = s1;
BEGIN
  OPEN c1;
  LOOP
    FETCH c1 INTO p1;
    EXIT WHEN c1% NOTFOUND;
    SELECT ProductClass_Name INTO p2 FROM ProductClass WHERE Product-
Class_ID = p1;
    DBMS_OUTPUT.PUT_LINE(p2);
  END LOOP;
  CLOSE c1;
END;
```

为了使系统功能更加完善,可以增设其他存储过程或存储函数,请读者自行分析。

10.3 连接 Oracle 数据库

Oracle 数据库创建完成后,就可以在前台连接数据库了。本节以 Java 和 PowerBuilder 为例讲解连接 Oracle 数据库的方法。

10.3.1 利用 Java 连接 Oracle

Java 通过 JDBC(Java DataBase Connectivity,Java 数据库连接)连接 Oracle 数据库。假设使用 Oracle 安装过程中所创建的 Oracle 数据库"DBSEPI"。

JDBC 是一种用于执行 SQL 语句的 Java API,可以为多种关系数据库提供统一的访问接口。JDBC 由一组以 Java 语言编写的类和接口组成,通过调用这些类和接口所提供的方法,用户能够以一致的方式连接多种不同的数据库系统(如 Access、Server 2000、Oracle、Sybase 等),进而使用标准的 SQL 来存取数据库中的数据,而不必为每种数据库系统编写不同的 Java 程序。

JDBC 所提供的主要功能如下。

(1)同某个数据库建立连接;

(2)向数据库发送 SQL 语句;

(3)处理数据库返回的结果。

利用 Java 连接 Oracle 数据库需要经过以下几个步骤。

1.设置数据源

打开操作系统的控制面板,双击"数据源(ODBC)"图标,选择"用户 DSN"选项卡,如图 10.3 所示,图中显示已有的数据源名称。

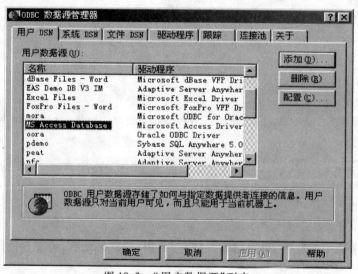

图 10.3 "用户数据源"列表

单击"添加"按钮,出现"建立新资料来源"对话框,如图 10.4 所示。

图 10.4 "建立新资料来源"对话框

选中"Oracle in OraHome92"作为新数据源的驱动程序,单击"完成"按钮,出现"Oracle ODBC Driver Configuration"(Oracle ODBC 驱动器配置)窗口,如图 10.5 所示。

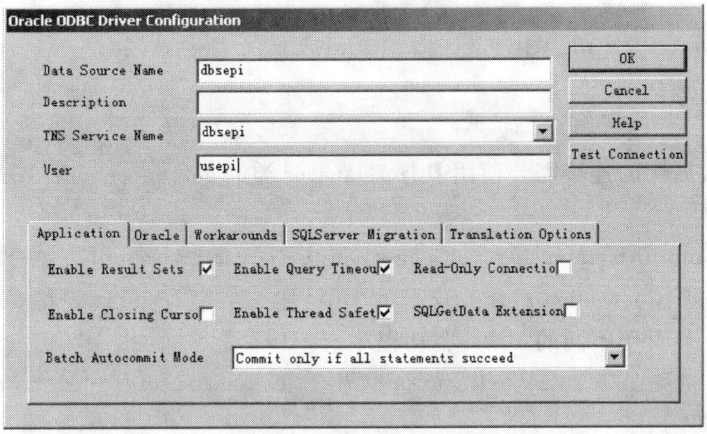

图 10.5 "Oracle ODBC 驱动器配置"窗口

在"Data Source Name"文本框中输入数据源的名称,设其为"dbsepi"。在"TNS Service Name"编辑框中输入 Oracle 数据库的名称,假设使用 Oracle 安装过程中所创建的数据库"dbse-pi"。在"User"文本框中输入用户名"usepi"。单击"Test Connection"按钮,出现"Oracle ODBC Driver Connect"(Oracle ODBC 驱动器连接)窗口,如图 10.6 所示。

在"Service Name"编辑框显示数据库名称"dbsepi",在"User Name"编辑框显示用户名"use-pi",在"Password"文本框中输入密码"usepi"。单击"OK"按钮,如果配置信息正确,则出现"连接成功"提示框,如图 10.7 所示。

2. 建立 JDBC-ODBC 桥接器

在同某一特定数据库建立连接之前,必须首先加载一种可用的JDBC驱动程序。这需要使

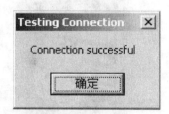

图 10.6 "Oracle ODBC 驱动器连接"窗口　　　图 10.7 "连接成功"提示框

用 java. sql 包中的如下方法来加载 JDBC 驱动程序,一般的使用格式如下:

　　Class. forName("DriverName") ;

　　"DriverName"是所要加载的 JDBC 驱动程序名称。驱动程序名称根据数据库厂商所提供的 JDBC 驱动程序的种类来确定。由于本例采用的是 Oracle 数据库,所以加载 Oracle 数据库驱动程序的方法为

```
Class.forName("sun.jdbc.odbc.JdbcOdbcDriver");
```

3. 连接数据库

创建和指定数据库的连接需要使用 DriverManager 类的 getConnection( )方法,一般的使用格式如下:

　　Connection conn = DriverManager. getConnection(URL, user, password) ;

　　此方法返回一个 Connection 对象。这里的 URL 是一个字符串,代表将要连接的数据源,即具体的数据库位置。对于不同的 JDBC 驱动程序,其 URL 是不同的。本例为

```
Connection conn = DriverManager.getConnection( "jdbc:odbc:dbsepi",
"usepi","usepi");
```

4. 向数据库发送 SQL 语句

在同某个特定数据库建立连接之后,这个连接会话就可用于发送 SQL 语句。在发送 SQL 语句之前,必须创建 Statement 类的一个对象,此对象负责将 SQL 语句发送给数据库。如果 SQL 语句运行后产生结果集,Statement 对象会将结果集返回给一个 ResultSet 对象。例如,创建 Statement 对象是使用 Connection 接口的 createStatement( )方法来实现的:

```
Statement smt = conn.createStatement( );
```

Statement 对象创建好之后,就可以使用此对象的 executeQuery( )方法来执行数据库查询语句。executeQuery( )方法返回一个 ResultSet 类的对象,它包含 SQL 查询语句执行的结果。例如:

```
ResultSet rs = smt.executeQuery("SELECT * FROM student");
```

5. 处理查询结果

一个 ResultSet 对象包含执行某条 SQL 语句后满足条件的所有的行,它还提供了对这些行的访问,用户可以通过一组 getX( )方法来访问当前行的不同列。结果集的形式通常是一张带有表头和相应数值的表,例如:

```
while(rs.next( )){
    out.print("  " + rs.getString(1));
    out.print("  " + rs.getString(2));
    out.print("  " + rs.getString(3) + "<br>");
```

6. 关闭所创建的各个对象

一个 Statement 类对象在同一时间只能打开一个结果集,所以如果在同一 Statement 对象中运行下一条 SQL 语句时,第一条 SQL 语句所生成的 ResultSet 对象就被自动关闭了。当然也可以通过调用 ResultSet 接口的 close( )方法来手工关闭。关闭 Statement 对象和 Connection 对象可以分别使用各自的 close( )方法,例如:

```
rs.close( );
stmt.close( );
conn.close( );
```

10.3.2 利用 PowerBuilder 连接 Oracle

PowerBuilder 连接 Oracle 数据库可以有两种方法。一是使用专用接口,二是使用通用接口。假设使用 Oracle 安装过程中所创建的 Oracle 数据库"DBSEPI"。

1. 通过专用接口连接数据库

PowerBuilder 的专用接口都是为网络的大型数据库提供的,如 Sybase、Oracle、Informix、SQL Server 等。因此,首先要调通网络,其次安装数据库和专用接口软件,接下来配置数据库的描述文件(Profile)。通过专用接口连接数据库需要先创建数据库描述文件,然后利用数据库描述文件即可连接数据库了。

Oracle 数据库是大型分布式数据库,在 PowerBuilder 中通过专用接口"O90 Oracle9.0.1"连接 Oracle9 数据库。连接步骤分为创建数据库描述文件、连接数据库两步。

（1）创建数据库描述文件

首先进入数据库描述文件界面,如图 10.8 所示。

在数据库描述文件界面中选择"O90 Oracle9.0.1",单击鼠标右键,在弹出的快捷菜单中选择"New Profile"项,出现"数据库描述文件配置"窗口,选中"Connection"选项卡,如图 10.9 所示。

在"Profile Name"文本框中输入由用户命名的数据库描述文件名,设其为"dbsepi"。在"Server"文本框中输入数据库名称,假设使用 Oracle 安装过程中所创建的数据库"dbsepi"。在"Login ID"文本框中输入用户名"usepi",在"Password"文本框中输入此用户的密码"usepi"。在"Connect as"下拉式列表中选择此用户的级别"SYSDBA",其他选项不做任何修改。单击"OK"

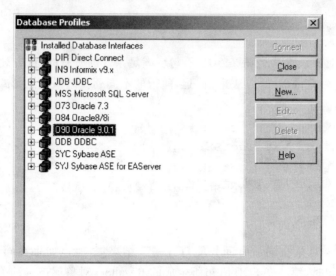

图 10.8 数据库描述文件界面

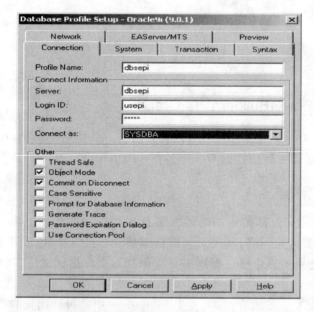

图 10.9 "数据库描述文件配置"窗口"Connection"选项卡

按钮即可保存此数据库描述文件,同时此数据库描述文件"dbsepi"出现在数据库画板对象窗口的"O90 Oracle9.0.1"的级联列表中,如图 10.10 所示。

（2）连接数据库

在数据库画板中,通过不同的数据库描述文件连接不同的数据库。选中所要连接的数据库描述文件"dbsepi",单击数据库画笔图标或单击鼠标右键后在快捷菜单中选择"Connect"项,即可连接指定的数据库了。

连接成功后,数据库描述文件"dbsepi"就显示在"O90 Oracle9.0.1"级联列表中。

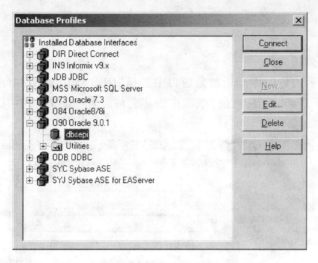

图 10.10　数据库画板

2. 通过 ODBC 通用接口连接数据库

PowerBuilder 通过 ODBC 通用接口可以连接各种数据库，如 Access、Foxpro、Excel、Oracle、Sybase 等。

在 PowerBuilder 中通过通用接口 ODBC 连接 Oracle 数据库的步骤可分为配置 ODBC 数据源、创建数据库描述文件、连接数据库这 3 步。

（1）配置 ODBC 数据源

在数据库画板对象窗口中依次单击"ODB ODBC"→"Utilities"左侧的符号"＋"，使之展开，如图 10.11 所示。

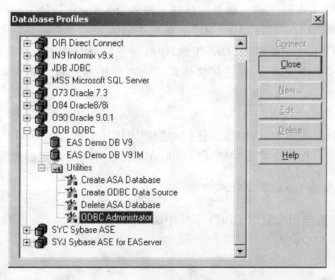

图 10.11　数据库画板

选中"ODBC Administrator"项,双击鼠标左键,再参照图 10.3～图 10.7 完成 ODBC 数据源的配置。

（2）创建数据库描述文件

在如图 10.11 所示的数据库画板对象窗口中选择"ODB ODBC"项,单击鼠标右键,在弹出的快捷菜单中选择"New Profile"项,出现"数据库描述文件配置"窗口,选中"Connection"选项卡,如图 10.12 所示。

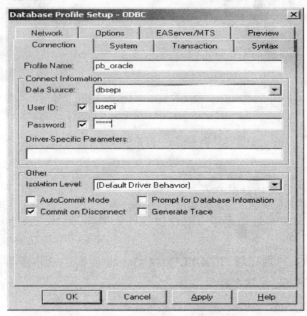

图 10.12 "数据库描述文件配置"窗口"Connection"选项卡

在"Profile Name"文本框中输入数据库描述文件名"pb_oracle",从"Data Source"下拉式列表中选择 ODBC 数据源"dbsepi",在"User ID"文本框中输入用户名"usepi",在"Password"文本框中输入此用户的密码"usepi"。单击"OK"按钮,即可完成数据库描述文件的建立。

数据库描述文件创建成功后,此描述文件即出现在数据库画板对象窗口的"ODB ODBC"级联列表中。

（3）连接数据库

在数据库画板对象窗口中,选中所要连接的数据库描述文件"pb_oracle",单击数据库画笔图标或单击鼠标右键后在快捷菜单中选择"Connect"项,即可连接指定的数据库。

3. 编写应用对象的 Open 事件脚本

在 PowerBuilder 的应用对象的 OPEN 事件中编写如下脚本:

```
SQLCA.DBMS = "ODBC"
SQLCA.AutoCommit = False
SQLCA.DBPARM = " CONNECTSTRING ='DSN = pb _ oracle; UID = usepi; PWD =
usepi '" //此处连接的数据源为"pb_oracle"
```

```
connect;
if SQLCA.SQLCODE = -1 then
    messagebox('提示信息','数据库连接失败！')
else
    messagebox('提示信息','数据库连接成功！')
end if
```

4. 向数据库发送 SQL 语句

PowerBuilder 一般通过数据窗口对象与数据库进行连接,显示数据查询、更新的结果。数据窗口对象是一种可视化的编辑数据的窗口,所以应先创建数据窗口对象(例如 dw_1)。利用 dw_1.settransobject(SQLCA)语句连接数据库,利用 dw_1.retrieve( )获取数据库中的数据,利用 dw_1.insertrow( )插入一行数据,在 dw_1 中可以向空行添加或修改原有数据,利用 dw_1.update( )和 COMMIT 命令保存数据,利用 dw_1.deleterow( )删除一行数据。

5. 断开数据库,释放资源

在 PowerBuilder 的应用对象的 CLOSE 事件中编写如下脚本:

```
disconnect;//断开与数据库的连接
```

关于具体编程的内容已不属于本教材的讨论范围,请读者查阅相关的参考资料。

10.4 小 结

本章对数据库设计的基本步骤和方法进行介绍,重点介绍数据库设计过程中的需求分析、概念结构设计、逻辑结构设计这 3 个步骤的设计内容和设计方法。通过本章内容的学习,读者应该了解:

(1)数据库设计包含需求分析、概念结构设计、逻辑结构设计、物理结构设计、数据库实施、数据库运行与维护这 6 步,其中前 3 步是数据库设计成功与否的关键。

(2)数据库设计过程中的需求分析促使形成应用系统的数据字典,包含数据结构、数据项、处理要求等;概念结构设计促使形成应用系统的全局 E-R 图;逻辑结构设计促使形成由 E-R 图根据转换规则生成的数据库的模式。在实际应用的设计过程中,经常需要根据实际情况为应用系统添加视图、序列、存储过程、存储函数或触发器等数据库对象,以使数据库系统设计更加完善。

(3)利用 Java 和 PowerBuilder 连接 Oracle 数据库的方法。

附录 A
Oracle 实用工具简介

A.1　SQL Plus 简介

SQL Plus 是 Oracle 系统的核心产品,开发者和 DBA(数据库管理员)可以通过 SQL Plus 直接存取 Oracle 数据库,其中包括数据提取、数据库结构的修改和数据库对象的管理,它所使用的命令和函数都是基于 SQL 的。使用 SQL Plus 工具的出发点主要有以下几点。

(1) 开发人员在用其他开发工具编写访问 Oracle 数据库的嵌入式 SQL 程序段时,往往需要测试 SQL 程序段的正确性,然后才能将此程序段嵌入高级语言中,保证正确访问数据库。通过使用 SQL Plus 可以测试 SQL 程序段的正确性。

(2) 开发人员使用 Oracle 所提供的 PL/SQL 编制的过程或函数,也需要调试通过后方可存入数据库中。使用 SQL Plus 可以调试 PL/SQL 程序段,保证其正确性。

(3) DBA 可以通过 PL/SQL 方便地管理和维护数据库。

A.1.1　启动 SQL Plus

在操作系统界面上依次选择"开始"→"程序"→"Oracle – OraHome92"→"Application Development"→"SQL Plus",出现"登录"对话框,如图 A.1 所示。

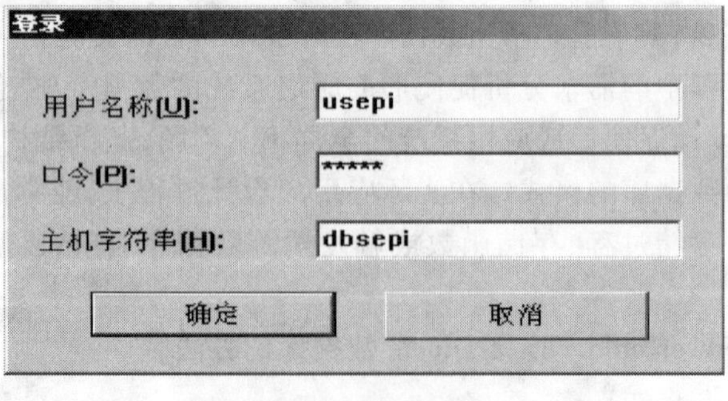

图 A.1　SQL Plus 登录

SQL Plus 是直接作用于 Oracle 数据库上的,必须有一个合法的 Oracle 用户名和口令才能进入 SQL Plus 工具,执行 SQL 命令的操作。

可以向系统管理员申请获得用户名和口令,也可以使用 Oracle 系统提供的 sys 和 system 默认用户名及默认口令。主机字符串是全局数据库名或由网络配置助手建立的网络服务名(见附录 C)。这里的用户名"usepi"和口令"usepi"是笔者设置的,主机字符串使用网络服务名"dbse-pi"(关于用户名、口令、网络服务名,请向数据库系统管理员咨询)。单击"确定"按钮,进入 SQL Plus 工作环境,如图 A.2 所示。

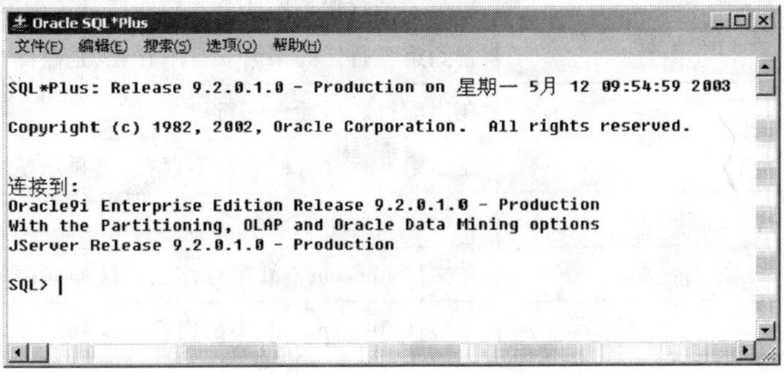

图 A.2   SQL Plus 工作环境

SQL Plus 工作环境是一个交互式操作环境,是行编辑工具,用户可以在此环境下输入 SQL 命令并执行。SQL Plus 环境提供"文件"、"编辑"、"搜索"、"选项"和"帮助"5 个菜单。其中,"文件"菜单的功能是存取 SQL 命令或 PL/SQL 程序文件,此文件的扩展名一般为. sql,也可以是. txt 文件。

A.1.2   SQL Plus 的编辑器

在 SQL Plus 的工作环境中,可以使用两种编辑器输入命令或程序。第一种编辑器是缓冲区编辑器,这种编辑器可以在提示符"SQL >"下交互式地输入和修改 SQL 命令或 PL/SQL 程序,类似于 DOS 环境;第二种编辑器类似于 Windows 环境下的 Notepad 那样的外部编辑器。这两个编辑器可以配合使用。比如,当前缓冲区中的 SQL 命令或 PL/SQL 程序可以通过 SQL Plus 的 SAVE 命令或选择菜单"文件"→"保存"项将其以. sql 文件的形式保存到磁盘上,然后再将此文件装载到任何一种外部编辑器中重新编辑;存放在外部编辑器中的脚本文件也可以装入缓冲区中,并在缓冲区编辑器中重新编辑。

1. 缓冲区编辑器

由于 SQL Plus 是一个行式编辑器,因此,SQL Plus 的编辑缓冲区每次只能编辑一行语句或命令。在缓冲区编辑器中,可以输入 3 种类型的命令。

(1) SQL 命令:SQL 语句。

(2) PL/SQL 程序:PL/SQL 编写的程序。

(3) SQL Plus 命令:用来控制 SQL Plus 工具的运行方式。SQL Plus 命令如表 A.1 所示。

表 A.1 SQL Plus 缓冲区编辑器的编辑命令

命令	说明
A < 文本 >	在缓冲区中当前行的最后添加文本
C/ < 旧文本 >/ < 新文本 >	用新文本替换旧文本
C/ < 旧文本 >…/ < 新文本 >	用新文本替换从旧文本开始的所有文本信息
DEL n	删除第 n 行。如果第 n 行不存在,则删除当前行
I	在当前行之后插入一行
L n	显示第 n 行。若第 n 行不存在,则显示整个缓冲区的内容
R	执行缓冲区中的命令
SAVE filename	在文件 filename. sql 中存储当前缓冲区中的内容
GET filename	把文件 filename. sql 中的内容加载到缓冲区中
START filename or @ filename	装载并执行 filename. sql

2. 外部编辑器

在行编辑器中修改命令十分不方便,使用 SQL Plus 所提供的外部编辑器可以弥补其中的不足。使用外部编辑器可分为两步,首先定义外部编辑器,然后调用外部编辑器。

定义外部编辑器的方法是:依次选择菜单"编辑"→"编辑器"→"定义编辑器"项,得到"定义编辑器"对话框,如图 A.3 所示。

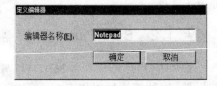

图 A.3 定义编辑器

在此对话框中,输入编辑器名称即可(系统默认的外部编辑器为"Notepad"记事本)。单击"确定"按钮,完成定义编辑器的操作。

调用外部编辑器的方法是:依次选择菜单"编辑"→"编辑器"→"调用编辑器"项,得到外部编辑器窗口,如图 A.4 所示。

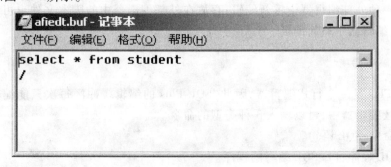

图 A.4 外部编辑器

一旦进入外部编辑器环境,系统会自动将当前行编辑缓冲区的 SQL 命令或 PL/SQL 程序调入编辑器中,可以对其随意修改并保存,默认的保存文件是"afiedt. buf"。如果选择菜单"文件"→"保存"项,则当前编辑器中的内容将保存到"afiedt. buf"文件中;如果选择菜单"文件"→"另存为"项,则编辑器中的内容将保存到指定的文件中。符号"/"是 SQL Plus 环境下执行命令的符号。修改完毕后,关闭当前编辑器窗口,系统将回到行编辑工作区,同时外部编辑器中的当前内容也放入行编辑缓冲区,以便继续执行修改后的命令或程序。

A.1.3　设置 SQL Plus

SQL Plus 的环境参数通常由系统自动设置,用户可以根据实际需要将环境参数设置成自己所需要的值。系统提供两种方式设置参数,第一种方式是使用 SET 命令,第二种方式是使用对话框。

1. 命令方式

SET 命令可以改变 SQL Plus 环境参数的值,其命令格式如下:

SET ＜选项＞ ＜值或开关状态＞

其中,＜选项＞是指环境参数的名称,＜值或开关状态＞是指参数被设置成 ON 或 OFF,或是某个具体的值。例如,在 SQL Plus 环境中执行命令:

SQL > SET ECHO ON✓

此设置表明在 SQL Plus 环境下执行命令文件时,命令本身将显示在屏幕上。

SQL > SET ECHO OFF✓

此设置表明在 SQL Plus 环境下执行命令文件时,命令本身并不显示在屏幕上。

系统提供了数十个环境参数,使用 SHOW 命令可以显示 SQL Plus 环境参数的值。SHOW 命令的格式如下:

SQL > SHOW ALL

将显示所有参数的当前设置。

SQL > SHOW ＜参数＞

将显示指定参数的当前设置。

2. 对话框方式

在 SQL Plus 环境中,依次选择菜单"选项"→"环境"项,可以得到环境参数设置窗口,如图 A.5 所示。

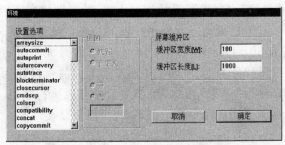

图 A.5　SQL Plus 的环境参数设置

从"设置选项"列表中选定某一项后,"值"选项区域变亮,表示可以重新设置。设置完成后,单击"确定"按钮即可。

A.2　SQL Plus Worksheet 简介

SQL Plus Worksheet 也是用于调试 SQL 命令或 PL/SQL 程序的工具。与 SQL Plus 相比,它是一个全屏幕编辑器,屏幕的显示风格为窗口式,一次可以同时执行多条命令,使用起来更加方便。

A.2.1　启动 SQL Plus Worksheet

在操作系统界面上依次选择"开始"→"程序"→"Oracle－OraHome92"→"Application Development"→"SQL Plus Worksheet",出现"Oracle Enterprise Manager 登录"窗口,如图 A.6 所示。

图 A.6　SQL Plus Worksheet 登录

选中"直接连接到数据库"单选按钮后,SQL Plus Worksheet 将直接作用在 Oracle 数据库上。与 SQL Plus 工具一样,也必须有一个合法的 Oracle 用户名和口令才能进入 SQL Plus Worksheet 工具。

"服务"是指由网络配置助手建立的网络服务名,见附录 C(关于用户名、口令、网络服务名,请向数据库系统管理员咨询)。

从"连接身份"的下拉列表框中可以看到 3 种选择:Normal(正常身份)是基本连接方式,其级别最低;SYSOPER(系统操作员身份)是系统连接方式,其级别较高;SYSDBA(数据库系统管理员身份)是 DBA 连接方式,其级别最高。普通用户以"Normal"身份连接。

单击"确定"按钮,进入 SQL Plus Worksheet 工作环境,如图 A.7 所示。

SQL Plus Worksheet 编辑器分为上、下两个子窗口。上面的窗口称为"输入"窗口,用于输入要执行的命令;下面的窗口称为"结果"窗口,用于显示命令的执行结果。当擦除旧命令并输入新命令时,以前的旧命令将作为历史命令被记录下来,可以重复使用。

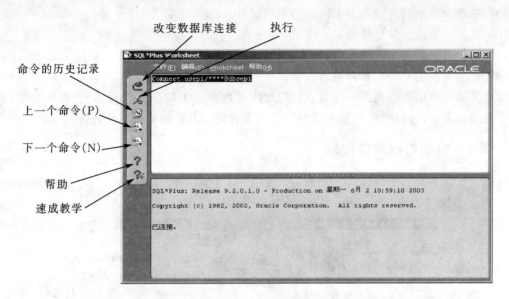

图 A.7 SQL Plus Worksheet 工作环境

A.2.2 操作方式

SQL Plus Worksheet 编辑器的操作很方便,既可以使用窗口上方的菜单栏,也可以使用窗口左侧的图标。

1. 图标的含义

只要将鼠标移到图标上方就会出现相关的说明文字。各图标的含义如图 A.7 所示。

注意:一旦单击"执行"图标,"输入"窗口中的所有命令将全部被执行。

2. 菜单栏

菜单栏包括"文件"、"编辑"、"Worksheet"和"帮助"菜单,这些菜单中的命令项与一般工具的菜单项操作类似。

A.3 企业管理控制台——独立启动的数据库管理器

Oracle9*i* 系统提供的企业管理控制台是一个管理框架,可用于执行以下一些操作。

(1)管理完整的 Oracle 环境,包括数据库、iAS 服务器、应用程序和服务。

(2)诊断、修改和优化多个数据库。

(3)在多个系统上,以不同的时间间隔调度任务。

(4)通过网络管理数据库条件。

（5）管理来自不同位置的多个网络结点和服务。

（6）与其他管理员共享任务。

（7）将相关的服务组合在一起，便于对任务进行管理。

（8）启动集成的 Oracle 和第三方工具。

独立启动的数据库管理器是指独立的数据库管理环境下的企业管理器，它是企业管理控制台的重要组成部分，可以完成对某个数据库的独立管理。其前期准备工作比较简单。

A.3.1 启动数据库管理器

在操作系统界面上依次选择"开始"→"程序"→"Oracle – OraHome92"→"Enterprise Manager Console"，出现"Oracle Enterprise Manager Console 登录"窗口，如图 A.8 所示。

图 A.8 Oracle 企业管理控制台登录

图 A.8 中包括 2 个单选项，"独立启动"表明以独立启动方式进入企业管理控制台，"登录到 Oracle Management Server"表明通过登录到 Oracle 管理服务器的方式进入企业管理控制台。

选中"独立启动"单选按钮，单击"确定"按钮，出现数据库独立管理控制台窗口，如图 A.9 所示。

图 A.9 数据库独立管理控制台

"数据库"结点下面是已经存在的数据库,图 A.9 中的 DBSEPI 是笔者在安装数据库服务器时创建的数据库。选择"DBSEPI",出现"数据库连接信息"对话框,如图 A.10 所示。

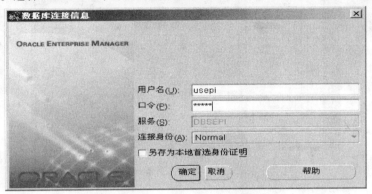

图 A.10　数据库连接信息

此对话框中的用户名、口令、服务以及连接身份与登录 SQL Plus Worksheet 相同。输入信息完成后,单击"确定"按钮,出现 DBSEPI 数据库状态窗口,如图 A.11 所示。

图 A.11　DBSEPI 数据库状态

从图 A.11 中不难看出,每个数据库都包括"例程"、"方案"、"安全性"、"存储"、"分布"、"数据仓库"、"工作空间"、"XML 数据库"等集成管理器,其中"例程"、"方案"、"安全性"、"存储"是最常用的 4 个管理器。

A.3.2　方案管理器

方案管理器(也称模式管理器)的主要功能是对各种数据库对象进行管理。Oracle 中的数据库对象包括表、索引、视图、同义词、序列、簇、源类型和用户类型等。逐级展开图 A.11 中的"方案"结点,出现方案管理器环境窗口,如图 A.12 所示。

"方案"是 Oracle 合法用户所创建的一系列数据库对象的总称。每位用户可以创建和管理属于自己的数据库对象,即拥有它们的所有权。

图 A.12 中的"方案"结点下首先显示已创建了数据库对象的用户名,每个用户名结点下又显示其所拥有的数据库对象。比如,用户"USEPI"结点下面有表、索引等,"表"结点下的

图 A.12 方案管理器环境

STUDENT 是此用户创建的表。

选择某个数据库对象之后,单击鼠标右键或选择相应的菜单项可以对此数据库对象进行管理,包括向数据表中输入数据等。

A.3.3 安全性管理器

安全性管理器的主要功能是对用户、角色以及概要文件进行管理,即可以创建 Oracle 的合法新用户、修改用户特性及授予用户的使用权限。逐级展开图 A.11 中的"安全性"结点,出现安全性管理器环境窗口,如图 A.13 所示。

图 A.13 安全性管理器环境

图 A.13 中的"安全性"结点下首先显示已创建的用户名,每个用户名结点下又显示其所拥有的权限。

在"安全性"结点下选中"用户"或"角色"后,单击鼠标右键或选择相应的菜单项可以创建新用户或新角色。

双击某个已知的用户名后,可以看到此用户所拥有的各种权限。

注意: 用户所拥有的权限大多需要数据库系统管理员(DBA)赋予。

A.3.4　存储管理器

存储管理器的主要功能是对数据文件、表空间、控制文件、日志文件等进行管理。逐级展开图 A.11 中的"存储"结点,出现存储管理器环境窗口,如图 A.14 所示。

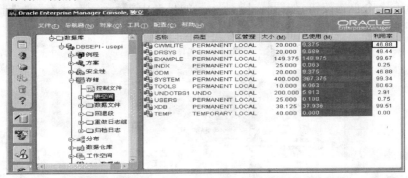

图 A.14　存储管理器环境

存储管理包括控制文件、表空间、数据文件、回退段、重做日志组和归档日志 6 个部分,分别对应 6 个文件夹。单击某一文件夹,就会在右侧的子窗口显示相关信息。双击右子窗口中的某一项,可以查阅和修改具体的参数设置。

A.3.5　例程管理器

所谓例程就是后台数据库以及分配给此数据库的服务器进程的总和,是对数据库的动态描述逐级。展开图 A.11 中的"例程"结点,出现例程管理器环境窗口,如图 A.15 所示。

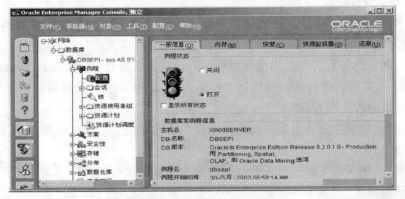

图 A.15　例程管理器环境

例程的管理包括配置、会话、锁、资源使用者组、资源计划和资源计划调度 6 个部分。

1. 配置

配置是指修改数据库配置。在"例程"结点下选择"配置"项,出现"一般信息"、"内存"、"恢复"、"资源监视器"、"还原"5 个选项卡,这些选项卡显示了数据库的状态信息。

(1)"一般信息"选项卡指出数据库当前的状态信息,主要包括以下内容。

① 例程状态

以信号灯的形式显示数据库例程的当前状态。若绿灯亮,表明数据库例程正常工作;若黄灯亮,表明已经启动,但不接受连接;若红灯亮,表明数据库例程已经关闭。在默认情况下仅显示"关闭"和"打开"2 个单选按钮,如图 A.15 所示。如果选中"显示所有状态"复选框,将显示"关闭"、"已启动(NOMOUNT)"、"已装载"、"打开"4 个状态,如图 A.16 所示。

图 A.16 数据库的所有状态

(a)关闭:指终止用户对数据库访问的所有进程,释放分配给数据库使用的内存。

(b)已启动(NOMOUNT):指启动例程,但不装载数据库,不打开数据库,因此不能接受用户的访问请求。主要用于重新创建控制文件或数据库。

(c)已装载:指启动例程,装载数据库,但不打开数据库,也不能接受用户的访问请求。主要用于执行归档或恢复操作。

(d)打开:指启动例程,装载数据库,打开数据库,接受用户的访问请求。

② 数据库和例程信息

包括主机名、数据库名称、数据库版本、例程名、例程开始时间、限制模式、归档日志模式等有关数据库当前状态的所有信息。

单击"所有初始化参数"按钮,出现数据库的初始化参数窗口,如图 A.17 所示。

这里实际上是打开此数据库的初始化文件的内容,此时可以更改参数配置,但需要注意,如果修改不当,将影响数据库的正常运行。

(2)"内存"选项卡主要显示有关此数据库使用的内存信息。其中包括 SGA 和 PGA 的主要参数,如图 A.18 所示。

(3)"恢复"选项卡主要显示有关此数据库恢复功能设置和归档日志文件设置的信息。

(4)"资源监视器"选项卡主要显示有关资源活动计划的性能统计信息。

(5)"还原"选项卡主要显示有关还原表空间的信息。

2. 会 话

一个会话是指一个客户程序连接数据库的动作。数据库系统管理员可以对用户连接数据库进行控制,也可以强制关闭某些用户对数据库的会话请求。

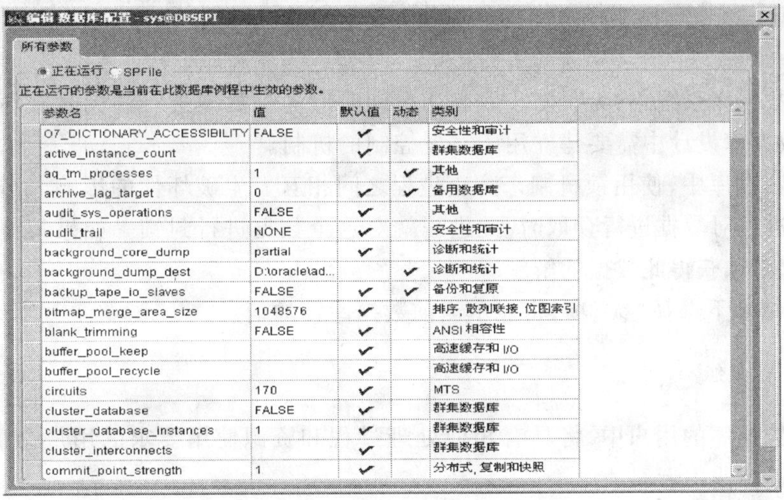

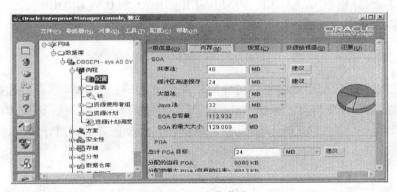

图 A.17　数据库的初始化参数

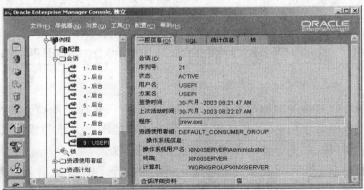

图 A.18　内存信息

在"例程"结点下选择"会话"项,显示当前的若干会话进程,其中包括后台的系统会话进程,也包括用户的会话进程。选中某个会话进程后,出现"一般信息"、"SQL"、"统计信息"、"锁"选项卡,如图 A.19 所示。此时可以对会话信息进行管理。

图 A.19　会话信息

3. 锁

在多用户数据库系统中,为了防止多名用户同时对同一数据进行访问时破坏数据的一致性和完整性,在数据库设计中需要建立用于并发控制的机制。

在 Oracle 数据库中,使用锁机制来防止进程之间相互发生破坏性的影响。当一个进程企图阻止另外一个进程对数据进行存取时,此进程就对这个数据进行封锁。如果其他进程要获得同一数据的存取,必须获得此数据的解锁。

在"例程"结点下选择"锁"项,将显示当前数据库锁的信息。

4. 资源使用者组

在 Oracle 数据库的用户中,将具有相似处理过程和资源使用要求的用户会话分组,这些用户会话组就是资源使用者组。

在"例程"结点下选择"资源使用者组"项,将显示当前的资源使用者组信息。系统默认的资源使用者组有 3 个,分别是 DEFAULT_CONSUMER_GROUP、LOW_GROUP 和 SYS_GROUP。此时可以创建和修改任意的资源使用者组。

5. 资源计划

资源计划是指在资源使用者组中如何分配资源的方法。在"例程"结点下选择"资源计划"项,将显示当前的资源计划信息。系统默认的资源计划包括 3 个,分别是 INTERNAL_PLAN、INTERNAL_QUIESCE 和 SYSTEM_PLAN。此时可以创建和修改任意的资源计划。

6. 资源计划调度

资源计划调度是指何时激活资源计划。必须以用户名 SYS 登录数据库,才能使用资源计划调度。

当以 SYS 登录数据库之后,在"例程"结点下选择"资源计划调度"项,可以通过"添加"和"移去"按钮对资源计划进行调度管理。

注意:例程管理器是面向数据库管理员的,普通用户在使用时应特别谨慎。

A.4 企业管理控制台——集成的管理服务器

管理服务器是连接数据库服务器和客户机的中间层。在管理服务器上建立了数据库仓库,用以存储来自客户机的管理信息,然后将管理任务通过数据库服务器的智能代理执行。要使用事件、作业、组、电子邮件、调度等高级管理功能建立管理服务器。

集成的管理服务器是指在管理服务器环境下进行集成管理的企业管理控制台,它集成了数据库服务器所有的管理功能,管理能力比独立数据库管理器要强。

A.4.1　构建管理服务器

构建管理服务器之前必须保证有一个可以使用的数据库,此数据库在构建过程中不能被其他管理员关闭。

在操作系统界面上依次选择"开始"→"程序"→"Oracle–OraHome92"→"Configuration and Migration Tools"→"Enterprise Manager Configuration Assistant",出现"欢迎"窗口。单击"下一步"按钮,出现"配置操作"窗口,如图 A.20 所示。

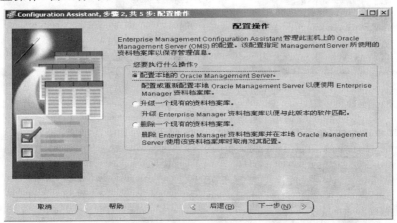

图 A.20　配置操作

在建立管理服务器时,系统将单独建立一个数据库供管理服务器使用,资料档案库就是这个数据库中的一些特定的数据表和对象,所存储的是集成管理环境下的管理信息。选中"配置本地的 Oracle Management Server"单选按钮,单击"下一步"按钮,出现"配置 Oracle Management Server"窗口,如图 A.21 所示。

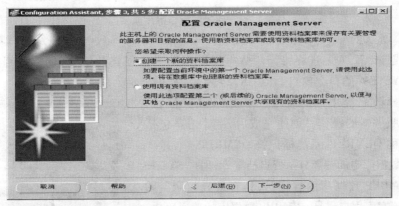

图 A.21　配置 Oracle Management Server

选中"创建一个新的资料档案库"单选按钮,单击"下一步"按钮,出现"创建新资料档案库选项"窗口,如图 A.22 所示。

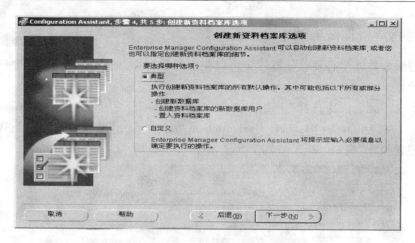

图 A.22　创建新资料档案库选项

选中"典型"单选按钮,单击"下一步"按钮,出现"创建资料档案库概要"窗口,如图 A.23 所示。

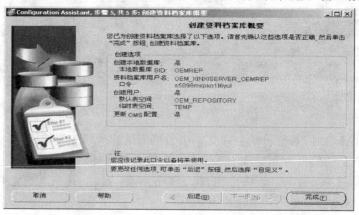

图 A.23　创建资料档案库概要

单击"完成"按钮,安装进程将调用数据库配置助手来创建数据库,创建过程中将出现更改用户 SYS 和 SYSTEM 的口令窗口,如图 A.24 所示。

此时可以修改系统用户的口令。单击"确定"按钮,完成构建管理服务器的操作。创建完成后,主要信息包括全局数据库名称 OEMREP、系统标识符 OEMREP。

OEMREP 数据库中的一部分是资料档案库,用户 SYS 和 SYSTEM 是 OEMREP 数据库的管理员,具有最高权限。图 A.24 中的资料档案库用户仅是 OEMREP 数据库的普通用户。

构建完管理服务器之后,有两个后台服务与管理服务器有关。其中,OracleOraHome92ManagementServer 表示管理服务器所使用的后台服务,OracleServiceOEMREP 表示管理服务器所使用的数据库服务。

图 A.24　更改资料档案库中
用户 SYS 和 SYSTEM 的口令

注意：如果要登录管理服务器,必须启动与此相关的两个服务,这可通过控制面板中的服务功能设置来完成。

A.4.2　登录管理服务器

保证成功登录管理服务器并正常使用管理服务器的 3 个条件如下。

(1) 确保数据库服务器上的智能代理组件已经成功安装。

在操作系统界面上依次选择"开始"→"程序"→"Oracle Installation Products"选项,以调用安装工具,单击"已安装产品"按钮可查看已经安装的 Oracle 组件。在出现的目录中查看"Ora-Home92"→"Oracle9*i* Database 9.2.0.1.0"→"Oracle9*i* 9.2.0.1.0"→"Oracle Intelligent Agent 9.2.0.1.0"。如果它存在,说明数据库服务器上的智能代理组件已经成功安装。

(2) 确保数据库服务器上的智能代理后台服务 OracleOraHome92Agent 已经启动。

(3) 确保数据库服务器上的管理服务器后台服务 OracleOraHome92ManagementServer 已经启动。

注意：所有的后台服务都可以通过操作系统界面上的"控制面板"→"管理工具"→"服务"窗口进行设置。

上述条件被满足后,可以按照以下操作过程进行。

图 A.25　登录管理服务器

在操作系统界面上依次选择"开始"→"程序"→"Oracle - OraHome92"→"Enterprise Manager Console",出现"Oracle 企业管理控制台登录"窗口,如图 A.25 所示。

选中"登录到 Oracle Management Server"单选按钮,在"管理员"文本框中输入"sysman",在"口令"文本框中输入"oem_temp",在 Management Server 下拉列表框中选择"xinxiserver"。单击"确定"按钮,出现"安全警告"对话框,如图 A.26 所示。

注意：此处的管理员是指能够使用管理服务器的管理员和口令,而不是 OEMREP 数据库的管理员 SYS 和 SYSTEM,也不是资料档案库用户。遵照典型配置,默认的管理员为 sys-

图 A.26　更改管理员 sysman 的口令

man，口令为"oem_temp"，Management Server 是指数据库服务器的计算机名。

此时可以更改管理员的口令。为了安全起见，建议立即更改口令。输入口令并确认之后，单击"更改"按钮，出现管理服务器的企业管理器窗口，如图 A.27 所示。

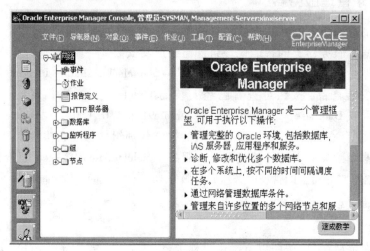

图 A.27 管理服务器的企业管理器

从图 A.27 中不难看出，管理服务器集中管理的内容包括"事件"、"作业"、"报告定义"、"HTTP 服务器"、"数据库"、"监听程序"、"组"、"结点"，其中"数据库"结点下的管理内容与上一节内容相同。

注意： 独立启动的数据库管理与管理服务器集中管理在功能上是存在区别的。在集中管理环境下，可以全面管理整个数据库服务器环境，而在独立管理环境下则只能管理某个数据库。数据库服务器的管理和数据库的管理也是有区别的，数据库服务器的管理除了包含数据库的管理之外，还有其他相关的管理内容。

A.5 数据库配置助手

数据库配置助手（Database Configuration Assistant）的主要功能包括创建数据库、在现有数据库中配置选项、删除数据库和管理数据库模板。

在操作系统界面上依次选择"开始"→"程序"→"Oracle – OraHome92"→"Configuration and Migration Tools"→"Database Configuration Assistant"，即可进入数据库配置助手环境。

A.6 网络配置助手

网络配置助手（Net Configuration Assistant）是非常重要的集成管理工具，主要包括监听程序配置、命名方法配置、本地网络服务名配置和目录使用配置等功能。具体使用方法请参见附录 C。

　　在操作系统界面上依次选择"开始"→"程序"→"Oracle－OraHome92"→"Configuration and Migration Tools"→"Net Configuration Assistant"，即可进入网络配置助手环境。

附录 B
数据库建模工具简介及其使用

B.1 PowerDesigner 简介

PowerDesigner 是 Sybase 公司的 CASE 工具集,通过它可以方便地对管理信息系统进行分析和设计,它几乎包括数据库模型设计的全过程。利用 PowerDesigner 可以制作数据流程图、概念数据模型、物理数据模型,可以生成多种客户端开发工具的应用程序,还可以为数据仓库制作结构模型,也能够对团队设计模型进行控制。它可以与许多流行的数据库设计软件(如 Power-Builder、Delphi、Visual Basic 等)相配合使用来缩短开发时间和使系统设计更为优化。

B.2 PowerDesigner 主要功能模块

1. DataArchitect

这是一个强大的数据库设计工具,通过 DataArchitect 可利用实体 - 联系图为一个信息系统创建"概念数据模型"(Conceptual Data Model, CDM);并可根据 CDM 产生基于某一特定数据库管理系统(如 Oracle9i)的"物理数据模型"(Physical Data Model, PDM);还可以优化 PDM,产生为特定 DBMS 创建数据库的 SQL 语句并能够以文件形式存储以便在其他时刻运行这些 SQL 语句。另外,DataArchitect 还可根据已存在的数据库反向生成 PDM、CDM 并创建数据库的 SQL 脚本。

2. ProcessAnalyst

此模块用于创建功能模型和数据流图,创建"处理层次关系"。

3. AppModeler

此模块可为客户 - 服务器应用程序创建应用模型。

4. ODBC Administrator

此模块管理系统的各种数据源。

B.3 PowerDesigner 的 4 种模型文件

1. 概念数据模型

概念数据模型(Conceptual Data Model,CDM)表现数据库的逻辑结构,与任何软件或数据存储结构无关,主要实现绘制实体－联系图。文件扩展名为.cdm。

2. 物理数据模型

物理数据模型(Physical Data Model,PDM)叙述数据库的物理实现,即由 PDM 实现真实的物理细节。文件扩展名为.pdm。

3. 面向对象模型

面向对象模型(Object-Oriented Model,OOM)包含一系列的包、类、接口及其关系。这些对象其同形成一个软件系统所有的(或部分的)逻辑设计视图的类结构。文件扩展名为.oom。

4. 业务程序模型

业务程序模型(Business Process Model,BPM)描述业务的各种内在任务和内在流程,及客户如何通过这些任务和流程互相影响。BPM 是从业务合伙人的视角来观察业务逻辑和规则的概念模型,使用一个图表描述程序、流程、信息和合作协议之间的交互作用。文件扩展名为.bpm。

本附录只简单介绍 DataArchitect 模块中的概念数据模型和物理数据模型的建立及使用方法。其他内容请读者查阅相关资料。

B.4 DataArchitect 的工作环境

DataArchitect 为二级数据建模提供两种工作环境:CDM 工作区和 PDM 工作区,它们分别对应于建立概念数据模型和物理数据模型。

CDM 工作区是建立概念数据模型的区域,这个工作区显示实体、联系等概念级图形符号,如图 B.1 所示。

PDM 工作区是建立物理数据模型的区域,这个工作区显示表、参照完整性以及视图等物理级图形符号,如图 B.2 所示,其中的内容与图 B.1 相对应。仔细观察两个工作区中的工具选项板,不难发现两者之间的区别。

在 CDM 工作区内,通过简单的操作可以把 CDM 转换成 PDM。PDM 能适应特定的 RDBMS,因此,对于完成数据模型的物理实现来说,从 CDM 到 PDM 具有重要意义。

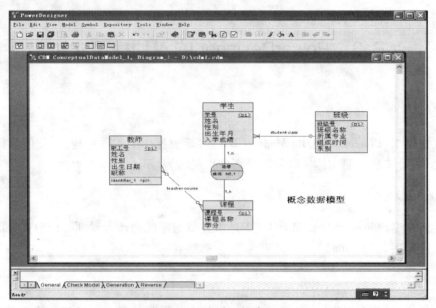

图 B.1 CDM 工作区

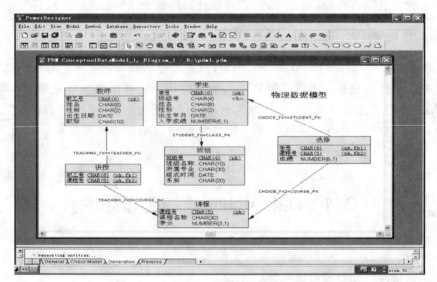

图 B.2 PDM 工作区

B.5 建立概念数据模型

1. 选择数据模型

建立概念数据模型的含义就是利用 DataArchitect 工具建立 E－R 图,这项工作是在 CDM 工作区完成的。选择菜单"File"→"New"项,出现选择数据模型的对话框,如图 B.3 所示。

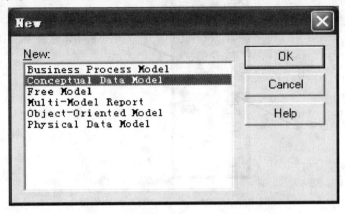

图 B.3　数据模型的选择

选择"Conceptual Data Model"项,单击"OK"按钮,出现 CDM 工作区,如图 B.4 所示。

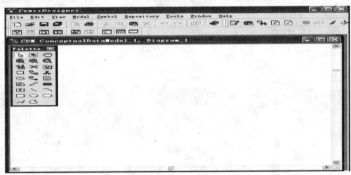

图 B.4　CDM 工作区

2. 工具选项板

在 CDM 和 PDM 工作区中都存在着工具选项板,很好地理解各工具的含义对于建立数据模型是十分重要的。工具选项板中包括制作模型的各种工具,使用这些工具能够快速地进行建模。CDM 工作区的工具选项板如图 B.5 所示。

3. 绘制实体

(1) 打开 CDM 工作区,选中工具选项板上的"实体"图标。

(2) 在 CDM 工作区中单击任意位置,产生实体图形。

(3) 双击 CDM 工作区中的实体图形,出现定义实体特征的窗口,如图 B.6 所示。

(4) 输入 Name、Code 的内容。在此 Name 表示实体的描述名称,最好用中文描述(如"学生");Code 表示实体的代码名称,最好用简化的英文描述(如"student")。

(5) 如果需要的话,输入实体表中可能存放的记录数(Number),这个数字用于统计数据库

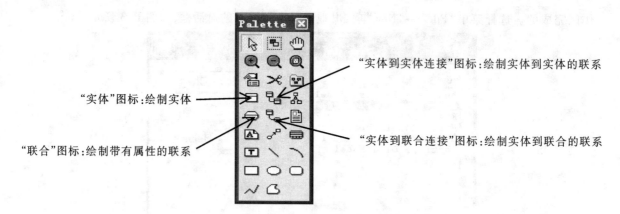

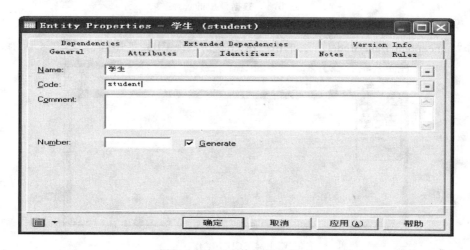

图 B.5 CDM 工作区中的工具选项板

图 B.6 定义实体特征的窗口

的大小。

（6）如果需要的话,可以定义实体的规则(Rules)、描述(Description)、注释(Annotation)、属性(Attributes)。

（7）单击"确定"按钮,当前 CDM 工作区就定义了一个实体。

4. 定义实体属性

实体属性是附加到实体上的数据项。在 DataArchitect 环境下,定义一个实体属性需要在如图 B.6 所示的窗口中选择"Attributes"选项卡,将出现定义实体属性的窗口,如图 B.7 所示。

在图 B.7 中必须完成以下工作。

（1）确定实体属性的 Name 和 Code。Name 是对属性含义的描述,最好用中文描述;Code 是属性的代码,与日后的程序设计有很大关系,所以定义时应特别谨慎。

（2）确定实体属性的数据类型(Data Type 列)。

（3）确定实体属性是否是这个实体的标识符或标识符的一部分(Primary 复选框)。实体的

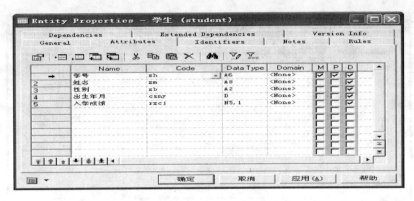

图 B.7　定义实体属性的窗口

标识符可以由一个或多个属性组成,它唯一标识实体中的一个实例,即它代表关系中的主键。在实体的图形符号表示中,标识符(主键)属性带有下划线。

(4) 标识一个实体的属性是否是强制的(Mandatory 复选框)。强制特性表示属性是否需要一个值。如果属性是强制的,那么此属性在数据库表中的对应列上不允许是空值。主键通常是不允许为空的。

(5) 标识一个实体的属性是否在模型中显示(Display 复选框)。

需要指出的是,在图 B.7 的窗口上必须输入 Name、Code 和 Data Type 列的内容。输入完成后,单击"确定"按钮,便完成一个实体属性的定义。

5. 绘制联系

在 DataArchitect 环境下绘制联系分为以下两种情况。

(1) 绘制不带属性的联系

不带属性的联系通常用实体之间的一条线,即使用"实体到实体连接"图标来绘制。

其操作过程是:选中工具选项板上"实体到实体连接"图标,在 CDM 工作区中,将鼠标的箭头定位至一个实体成十字形状,按住鼠标左键拖曳至另一个实体中,松开鼠标,此时在两个实体之间出现一条线,表明两个实体之间已建立一个联系。然而可能需要重新确定联系的类型,因为联系的默认类型可能不符合要求。要定义联系的类型以及联系的特性,可以双击代表联系的连线,出现定义"无属性"联系特性的窗口,如图 B.8 所示,此时可以修改相应的内容。

在图 B.8 的窗口中必须完成以下几项工作。

① 确定联系的名称(Name),通常由系统提供默认值。

② 确定代码(Code),通常与 Name 相同。

③ 确定角色(Role),这里角色是一个动词,描述实体之间的联系。通常要为联系的两个方向定义角色。

④ 确定基数(Cardinality),它反映两个实体之间的联系类型,基数包括"一对一"、"一对多"、"多对一"及"多对多"4 种联系类型,它是有方向的。通常在联系的两个方向上都应定义基数。

⑤ 确定依赖(Dependent),"依赖"表示一个实体是否依赖于另一个实体。

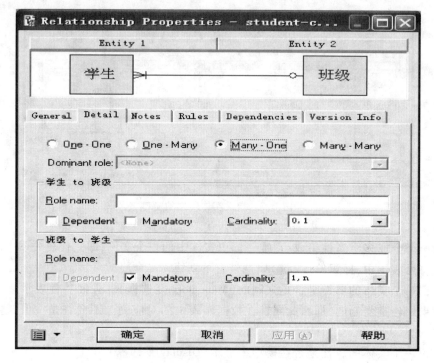

图 B.8 定义"无属性"联系特性的窗口

⑥ 确定强制(Mandatory),在此"强制"表示实体之间的联系是否是可选的。如果在依赖的基础上选择了"强制",那么在生成物理模型时,一端表的主键将在另一端表中出现,而且它仍然是主键。通常应该从两个方向上定义强制。在模型中,用穿过联系的一条短直线表示强制,用联系上的一个小圆圈表示可选。

如果定义联系时所做的选择不同,那么在模型中表示联系的连线上是存在区别的,请在实践过程中多加留意。

(2)绘制带有属性的联系

带有属性的联系的绘制通常分为两步,首先使用"联合"图标建立一个"联合",然后再用"实体到联合连接"图标完成绘制。

① 建立"联合"过程

首先选中工具选项板上的"联合"图标,在 CDM 工作区中单击任意位置,产生"联合";用鼠标左键双击"联合"图形,出现定义"带属性"联系即联合特性的窗口,如图 B.9 所示。

在"General"选项卡中,输入 Name(即联系名,最好输入汉字)、Code(最好输入英文)。在"Attributes"选项卡中,输入联系的各项属性。单击"确定"按钮,在 CDM 工作区中就产生一个"联合"(即带有属性的联系)。

② 建立实体到联合的连接

建立好"联合"之后,需要将此"联合"与相关的实体连接,使用"实体到联合连接"图标来完成。

其操作过程是:选中工具选项板上的"实体到联合连接"图标,在 CDM 工作区中,将鼠标箭

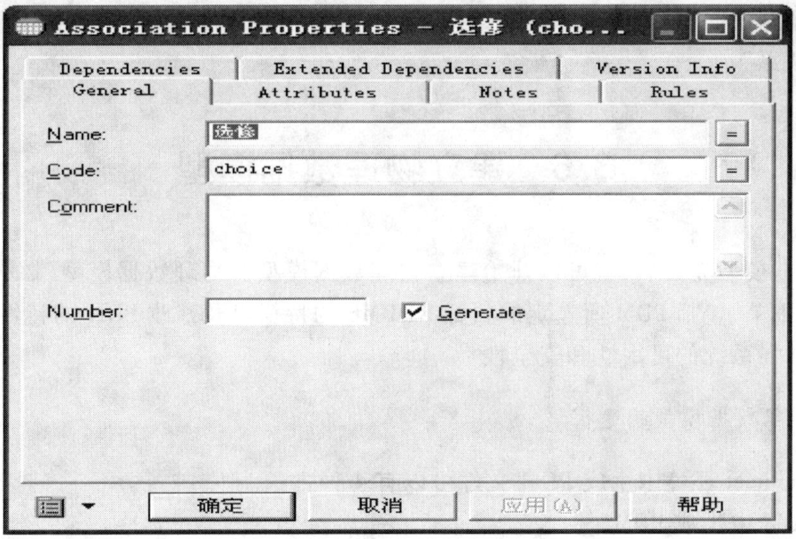

图 B.9 定义"带属性"联系特性的窗口

头定位至一个实体成十字形状,按住鼠标左键拖曳至"联合"中,松开鼠标,此时在此实体与联合之间将出现一条"联合连接"线(也可以绘制另一个实体到联合的连接),这条线表明实体与联合之间建立了一种关联。然而这种关联的类型尚待重新确定,双击"联合连接"线,出现定义"联合连接"特性的窗口,如图 B.10 所示。

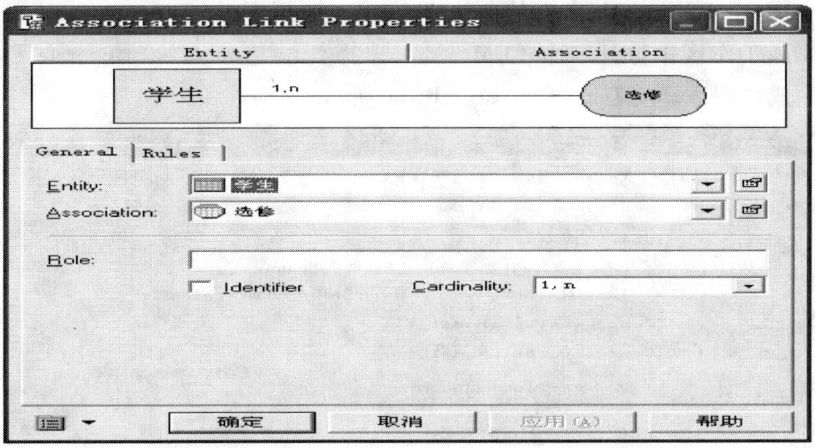

图 B.10 定义"联合连接"特性的窗口

在图 B.10 的窗口中,需要从下拉式列表中选择"Cardinality"的值(即实体到联合的连接类型,有"0,n"、"0,1"、"1,1"、"1,n"4 种类型可供选择)。单击"确定"按钮,即可完成设置。

需要强调的是,在进行概念结构设计时,一般用菱形框表示联系,有时它还连接着联系本身的属性。然而,在 CDM 工作区中,仅当联系本身不带属性时,联系才可以用一条线来表示,否则,应该按照上述第 2 种方法进行绘制。例如,图 B.1 中的"选修"就是这样一个实例。从图 B.1 中不难看出,在概念数据模型里,将原概念结构设计中的学生"选修"课程的"多对多联系"转变成两个"一对多联系"。

B.6 建立物理数据模型

当概念数据模型完成后,就可以开始建立物理数据模型。物理数据模型(PDM)充分考虑模型的物理实现细节,包括 PDM 所选定的目标 RDBMS 的特征以及修改 PDM 的特性以改善实现模型后的性能,增强系统的可用性和安全性。

1. 产生物理数据模型的途径

在 DataArchitect 环境中生成 PDM 文件可以有 4 种方法。

(1) 从 CDM 中生成 PDM。

(2) 通过逆向工程(reverse engineering)从数据库生成脚本中产生 PDM。

(3) 通过逆向工程从现存的数据库中产生 PDM。

(4) 不使用概念数据模型的设计方法,直接设计 PDM(这个过程与设计 CDM 的过程类似)。在此介绍第一种方法,即从 CDM 生成 PDM。

2. 从 CDM 生成 PDM 的步骤

从 CDM 生成 PDM 的过程基本上是自动的,需要执行以下操作。

(1) 在 CDM 工作区中打开一个 CDM 文件,选择菜单"Tools"→"Generate Physical Model"项,自动出现生成物理数据模型的窗口,如图 B.11 所示。

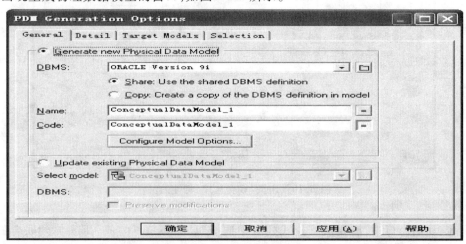

图 B.11 生成物理数据模型的窗口

(2) 从下拉列表框中选择一种 DBMS。

(3) 单击"确定"按钮,开始生成 PDM 的过程。

需要指出的是,由 CDM 生成 PDM 的过程需要相当一段时间,时间的长短取决于 CDM 内容的多少。如果 CDM 有错误,那么生成 PDM 时系统将给出错误提示信息,提出修改 CDM 的建议,直到在生成 PDM 的过程中无错为止。

3. 把 CDM 对象转换成 PDM 对象

在从 CDM 生成 PDM 的过程中,系统会将 CDM 的对象和特性转换成相应的 PDM 对象,其内容如表 B.1 所示。

表 B.1　CDM 和 PDM 对象的对应关系

CDM 对象	相应的 PDM 对象
实体(entity)	表(table)
实体属性(entity attribute)	列(column)
标识符(identifier)	主键或外键(由依赖或非依赖联系决定)
(无相应的 CDM 对象)	外键(foreign key)
联系(relationship)	参照完整性(reference)

在此仅说明转换规则。

(1) CDM 中的实体转换成 PDM 中的表。

从实体到表的转换遵循以下规则。

① CDM 中的属性生成 PDM 中表的对应列。

② CDM 中的标识符生成 PDM 中表的主键的一部分。

(2) 把 CDM 中的联系转换成 PDM 中的参照完整性。

在从 CDM 生成 PDM 的过程中,CDM 中的联系被转换成 PDM 中的参照完整性,这些参照完整性是由联系的基数和依赖性所控制的。CDM 中的联系转换成 PDM 中的参照完整性的方法包括"一对多联系"的转换和"多对多联系"的转换。

① "一对多联系"的转换规则

(a) "一"端实体的标识符转换成"多"端实体表的外键。

(b) 若"一对多联系"存在依赖关系,则外键作为依赖实体的主键的一部分。

② "多对多联系"的转换规则

(a) 实体中的标识符转换成中间实体表的外键。

(b) 两个"多"端实体转换到中间表的外键联合作为中间表的主键。

(c) 中间表与两个"多"端实体之间通过参照完整性相连接。

B.7　物理数据模型生成数据库

当物理数据模型检查正确后,可以在 DataArchitect 环境下直接生成某一 DBMS 中的数据库对象或产生数据库生成脚本。当数据库连接成功后,在 PDM 工作区中,选择菜单"Database"→

"Generate Database"项,系统自动将物理数据模型的内容产生到真正的 DBMS 中。

由于篇幅所限,还有许多关于 PowerDesigner 的内容未在此介绍,有兴趣的读者请自行查阅相关资料。

附录 C
Oracle 数据库管理系统的安装与配置

C.1　安装前的准备工作

Oracle9i 系统可以安装在不同的操作系统上,在此只介绍 Oracle9i for Windows 2000 的安装过程。

1. 硬件环境

(1) CPU:建议配置为 Pentium 400 以上。

(2) 内存:对于服务器,建议配置为 256 MB 以上;对于客户机,建议配置为 128 MB 以上。

(3) 硬盘:建议配置容量为 8 GB 以上的硬盘。

(4) 光驱:建议转速为 40 倍速以上。

在上述 4 项要求中,CPU 的主频和内存容量直接影响着 Oracle 的运行速度。所以,建议配置参数能达到越高越好。

2. 软件环境

(1) 操作系统:建议在数据库服务器上安装 Windows 2000 Server,而客户机上安装 Windows 98 或 Windows 2000。

(2) 虚拟内存:当服务器的配置较高时,无需更改虚拟内存。如果服务器的配置较差,必须扩充虚拟内存,更改虚拟页面文件的大小,以加快软件的安装和运行速度。

3. 网络环境

欲充分了解 Oracle 系统,至少需准备两台机器,一台作为数据库服务器,另一台作为客户机,通过网卡和网络设备将其连接形成一个局域网,并且经网络测试连通。

4. 命名准备

在安装 Oracle 数据库管理系统之前,应先定义好数据库名称、网络域名、网络服务名、用户名、口令等信息。本附录所采用的定义如下:

数据库名称:DBSEPI

网络域名:oracle. syepi. edu. cn（网络域名不可随意定义,它与 Oracle 数据库运行的网络环境有关,必须同网络管理员协商获得。)

网络服务名:DBSEPI

用户名:USEPI

口令:PSEPI

本附录详细介绍 Oracle 数据库管理系统的安装过程,在安装过程中只要将数据库名称"DBSEPI"改为"XK"就可以很容易地创建 XK 数据库了。

C.2　安装数据库服务器

在配置较高且安装了 Windows 2000 Server 操作系统的机器上进行。有两种安装方法,一种方法是用已制作好的光盘安装,另一种方法是用下载到硬盘上的软件直接安装。在此介绍用光盘安装的方法。

将 Oracle9i 的第一张光盘插入光驱,系统将自动运行 Oracle9i 的安装程序,出现自启动安装窗口,如图 C.1 所示。单击"开始安装"字样的按钮,相继出现版本窗口和"欢迎使用"窗口,如图 C.2、图 C.3 所示。

图 C.1　自启动安装

图 C.2　Oracle 版本

在图 C.3 中单击"下一步"按钮,出现"文件定位"窗口,如图 C.4 所示。

此窗口主要指出源文件和目标文件的位置。在一般情况下,源文件路径就是安装软件所在的路径,保留默认设置即可,而目标文件的路径可以根据用户的磁盘空间和分布情况自行安排,名称是程序组名,最好采用默认名称。单击"下一步"按钮,安装程序将占用一段时间进行加载产品的工作,然后出现"可用产品"窗口,如图 C.5 所示。

此窗口中共有 3 个单选项。

(1)"Oracle9i Database 9.2.0.1.0"指要安装 Oracle9i 的数据库服务器版本、产品选件、管理工具、网络服务、实用程序以及基本的客户机软件。

(2)"Oracle9i Management and Integration 9.2.0.1.0"指要安装 Management Server、管理工

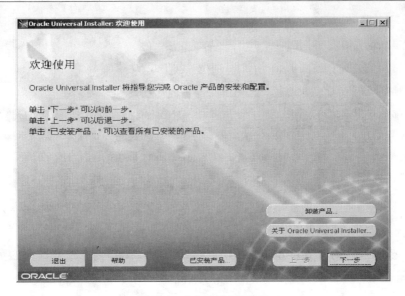

图 C.3　"欢迎使用"窗口

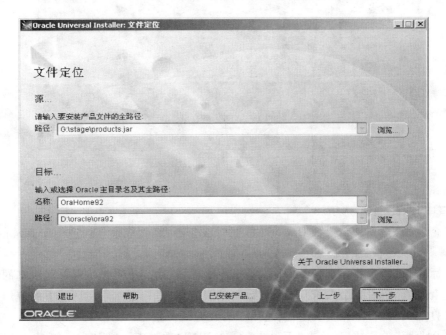

图 C.4　"文件定位"窗口

具、网络目录、综合服务、网络服务、实用程序和基本的客户机软件。与前一项相比,主要增加了 Oracle Management Server(简称 OMS)的安装。

（3）"Oracle9*i* Client 9.2.0.1.0"指要安装 Oracle9*i* 企业管理工具、网络服务、实用程序、开发工具、预编译程序和基本客户机软件。此选项主要用于在客户机上安装。

安装数据库服务器时,要选择"Oracle9*i* Database 9.2.0.1.0"单选按钮。单击"下一步"按

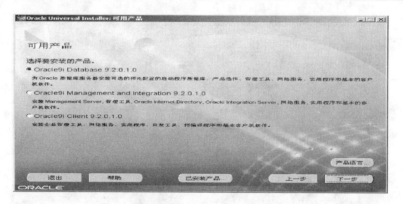

图 C.5 "可用产品"窗口

钮,出现"安装类型"窗口,如图 C.6 所示。

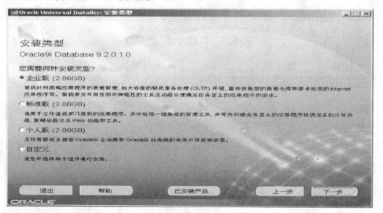

图 C.6 "安装类型"窗口

此窗口中共有 4 个单选项。

(1)"企业版"指安装企业版 Oracle9i 数据库服务器,其功能最强。适用于高端的应用程序的数据管理。

(2)"标准版"指安装标准版 Oracle9i 数据库服务器,适用于工作组或部门级别的应用程序。

(3)"个人版"指安装个人版 Oracle9i 数据库服务器,适用于单用户环境下的应用程序开发。

(4)"自定义"指自定义安装组件,适用于有经验的开发者。

选中"企业版"单选按钮,单击"下一步"按钮,出现"数据库配置"窗口,如图 C.7 所示。

此窗口中共有 5 个单选项。

(1)"通用"指选用通用的数据库模板,建立通用的数据库。

(2)"事务处理"指选用适合事务处理的数据库模板,建立事务处理的数据库。

(3)"数据仓库"指选用数据仓库的数据库模板,建立数据仓库数据库。

(4)"自定义"指选用自定义数据库模板,建立自定义数据库。

(5)"只安装软件"指只安装数据库管理系统软件,不创建数据库。

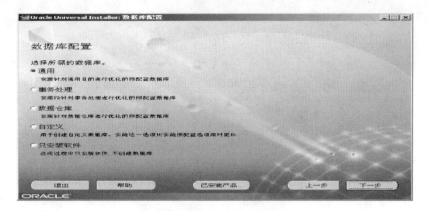

图 C.7　"数据库配置"窗口

选中"通用"单选按钮,单击"下一步"按钮,出现 Oracle 事务恢复服务配置窗口,如图 C.8 所示。

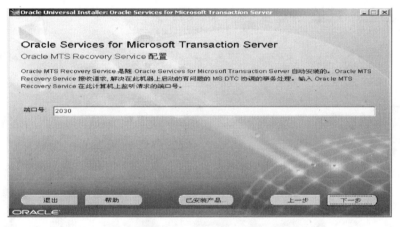

图 C.8　Oracle MTS Recovery Service 配置

需要在此窗口中输入一个端口号,默认值为 2030,保留默认值。单击"下一步"按钮,出现"数据库标识"窗口,如图 C.9 所示。

此窗口中共有两个参数。

(1)"全局数据库名"由数据库名和域名组成,通常的形式为"name.domain",其中,name 是数据库名,domain 是数据库所在的网络域名。Oracle9i 是分布式数据库系统,因此要求用全局数据库名来唯一标识。

注意:如果不应用于分布式系统,也可以不加域名。

(2)"SID"指数据库系统标识符,是 System Identifier 的英文缩写。主要用于区分同一台计算机上所安装的不同的数据库例程。

在"全局数据库名"文本框中输入"dbsepi.oracle.syepi.edu.cn"("dbsepi"是数据库名,oracle.syepi.edu.cn 是域名)后。SID 文本框中自动填入"dbsepi",也可以自行修改 SID。一般地,

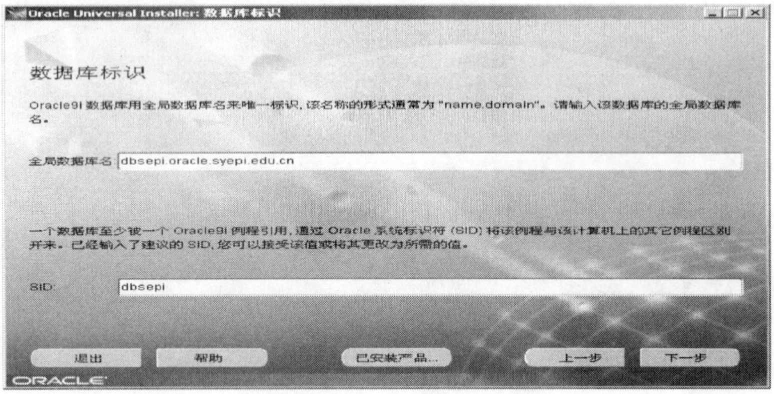

图 C.9　"数据库标识"窗口

数据库名和 SID 最好保持一致,便于记忆和管理。单击"下一步"按钮,出现"数据库文件位置"窗口,如图 C.10 所示。

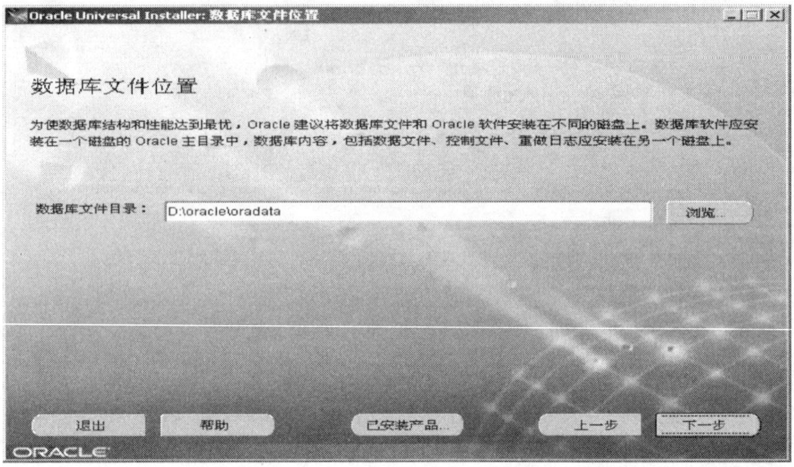

图 C.10　"数据库文件位置"窗口

此窗口中的"数据库文件目录"是指在当前计算机上所有数据库共享的目录,在此目录下,对于每个具体的数据库都有一个子目录,存放此数据库所对应的数据库文件等内容。例如,创建的数据库为"dbsepi",则与此数据库对应的数据库文件将存放在"D:\oracle\oradata\dbsepi"目录下(参见图 C.37)。单击"下一步"按钮,出现"数据库字符集"窗口,如图 C.11 所示。

此窗口中共有 3 个单选项。

"使用缺省字符集"是指按照操作系统的字符集进行设定,"使用 Unicode(AL32UTF8)作为字符集"是指将数据库字符集设定为特定的 AL32UTF8 字符集,"选择常用字符集之一"是指手动选择所要使用的字符集。

选中"使用缺省字符集"单选按钮,单击"下一步"按钮,出现"摘要"窗口,如图 C.12 所示。

"摘要"窗口将刚才做出的一系列安装选择,按照全局设置、产品语言、空间要求、新安装组

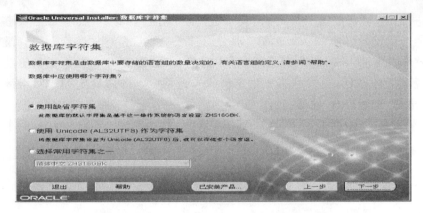

图 C.11　"数据库字符集"窗口

图 C.12　"摘要"窗口

件等分类显示,读者可以在此最后检查安装设置及选项是否正确。如果某些设置与读者的要求不一致,可以单击"上一步"按钮,逐级回退,重新设置或选择。如果确认正确,则单击"安装"按钮,将正式启动安装过程。

安装伊始要复制文件,出现安装过程窗口,如图 C.13 所示。

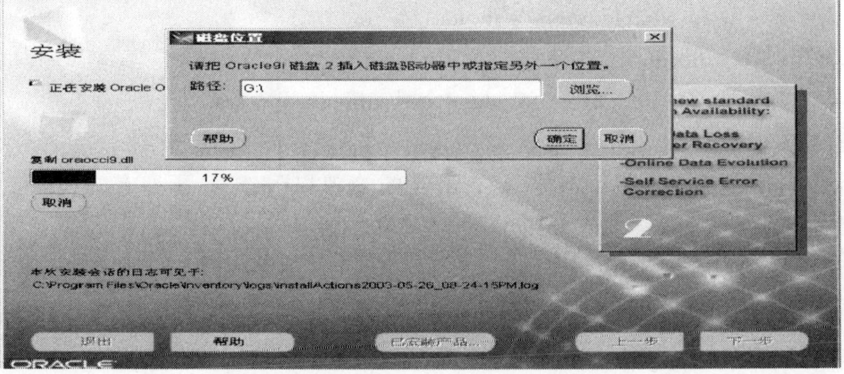

图 C.13　安装过程

当安装进行到整体进度的 17% 时,出现系统提示"请把 Oracle9i 磁盘 2 插入磁盘驱动器中或指定另外一个位置"。将 Oracle9i 的第 2 张光盘插入光驱后,单击"确定"按钮,继续安装。当安装进行到整体进度的 46% 时,出现系统提示"请把 Oracle9i 磁盘 3 插入磁盘驱动器中或指定另外一个位置",同样将 Oracle9i 的第 3 张光盘插入光驱后,单击"确定"按钮,继续安装。文件复制完毕后,出现"配置工具"窗口,如图 C.14 所示。

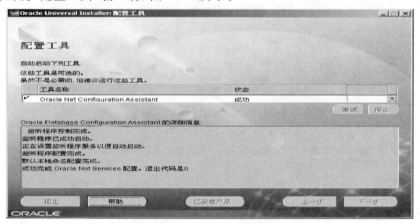

图 C.14　"配置工具"窗口

此时,安装程序将顺序自动完成以下 4 项安装任务。

(1) 运行 Oracle 网络配置助手工具,完成网络配置。

(2) 运行 Oracle 数据库配置助手工具,完成数据库的创建和启动。

(3) 完成 Oracle 智能代理启动。

(4) 完成 Oracle HTTP 服务启动。

任务完成后,状态栏将显示"成功"字样。当调用数据库配置助手工具时,将出现数据库配置助手活动窗口,如图 C.15 所示。

此窗口表明系统将顺序完成复制数据库文件、初始化数据库、创建并启动 Oracle 例程、创建数据库 4 项任务。数据库配置助手配置成功后,出现配置成功窗口,如图 C.16 所示。

在此窗口中,显示数据库的相关信息如下。

全局数据库名:dbsepi. oracle. syepi. edu. cn

系统标识符(SID):dbsepi

服务器参数文件名:D:\oracle\ora92\database\spfiledbsepi. ora

同时,出于安全性因素,必须为新数据库中的 SYS 和 SYSTEM 账户更改口令。SYS 和 SYSTEM 是此数据库默认的系统管理员,具有最高的管理权限,SYS 所拥有的权限比 SYSTEM 更多。SYS 的默认口令是"change_on_install",SYSTEM 的默认口令是"manager"。

输入易于记忆的口令之后,单击"确定"按钮,出现"安装结束"窗口,如图 C.17 所示。

单击"退出"按钮,完成数据库服务器的安装工作。如果单击"下一安装"按钮,将出现如图 C.5 所示的窗口,可以选择其他产品的安装。

注意:如果安装失败,一定存在某些环境因素,因为安装 Oracle 数据库软件需要有一个清

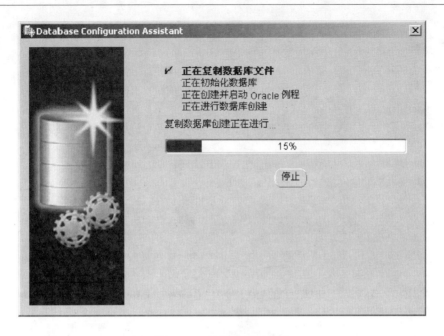

图 C.15 数据库配置助手

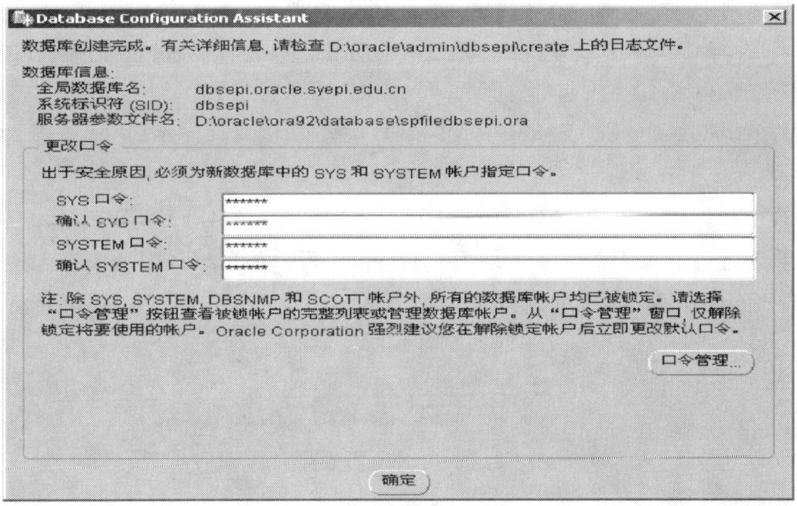

图 C.16 数据库配置助手配置成功

洁的环境,如果以前所安装的软件不能删除干净,重新安装时就会出错。而 Oracle 数据库本身的卸载软件如果卸载得不彻底,就要采用手动删除的方式。具体做法如下:

(1) 在操作系统界面上,依次选择"开始"→"运行"选项,在"运行"对话框的文本框中输入"regedit"后,按回车键。

(2) 单击 HKEY_LOCAL_MACHINE 左边的"+"号,展开此项。在展开的子项中再展开 HKEY_LOCAL_MACHINE\SOFTWARE 项,选择其中的"Oracle"项,并将其删除。

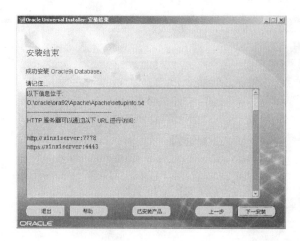

图 C.17 "安装结束"窗口

(3) 删除 HKEY_LOCAL_MACHINE\SYSTEM\CurrentControlSet\Services 下所有带"Oracle"字样的项。

(4) 删除 HKEY_LOCAL_MACHINE\SYSTEM\CurrentControlSet\Services\EventLog\Application 下所有带"Oracle"字样的项。然后,关闭注册表。

(5) 在操作系统界面上,选中"我的电脑"快捷方式图标,单击鼠标右键,在弹出的快捷菜单中选择"属性"选项,出现"属性"对话框,再选择"高级"选项卡中的"环境变量"项,删除其中带有"Oracle"字样的 path 项。

(6) 删除 C:\Documents and Settings\All user\[开始]菜单\程序\中所有带"Oracle"字样的目录。

(7) 重新启动计算机。

(8) 重新启动计算机之后,删除目录 C:\Program Files\Oracle,删除目标盘(在此假设为 D 盘)中原来安装的 Oracle 目录,重新执行安装即可。

C.3 安装客户机

在已安装 Windows 98 或 Windows 2000 操作系统的客户机上进行。安装方法与安装数据库服务器类似。

将 Oracle9i 的第 1 张光盘插入光驱,系统将自动运行 Oracle9i 的安装程序,按照安装服务器的类似方法操作,直到出现如图 C.5 所示的"可用产品"窗口。在图 C.5 的窗口中,选中"Oracle9i Client 9.2.0.1.0"单选按钮(第 3 个单选按钮),单击"下一步"按钮,出现"安装类型"窗口,如图 C.18 所示。

此窗口中共有 3 个选项。"管理员"是指要安装管理控制台、管理工具、网络服务、实用程序和基本客户机软件,"运行时"是指要安装应用开发程序、网络服务和基本客户机软件,"自定义"是指可以自行选择安装组件。

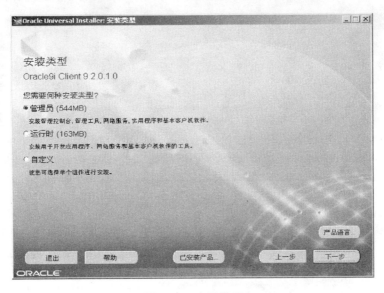

图 C.18 安装类型

　　此时,选中"管理员"单选按钮,单击"下一步"按钮,出现同数据库服务器安装类似的一些窗口。单击"下一步"按钮,直至出现网络配置助手的"欢迎使用"窗口,如图 C.19 所示。

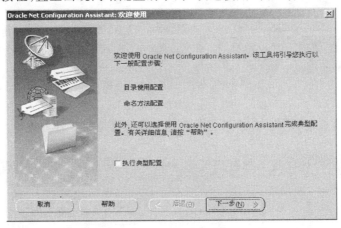

图 C.19 网络配置助手"欢迎使用"窗口

　　单击"下一步"按钮,出现"目录使用配置"窗口,如图 C.20 所示。
　　需要在此窗口中选择是现在完成目录服务配置还是以后完成目录服务配置。目录服务是通过建立目录服务器对网络资源进行集中管理的一种技术。一些 Oracle 产品所具备的功能要用到目录服务。如果有目录服务,这一配置步骤可以完成必要的配置,以便相应的功能可以使用目录服务。
　　此时,选中"否,我希望以后再进行该配置"单选按钮,单击"下一步"按钮,出现"命名方法配置"窗口,如图 C.21 所示。
　　当连接远程数据库或其他服务时,可以指定 Net 服务名。因此需要使用一个或多个命名方

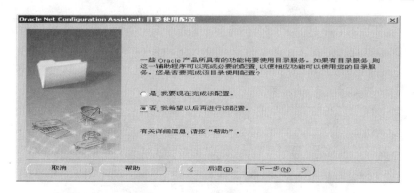

图 C.20 "目录使用配置"窗口

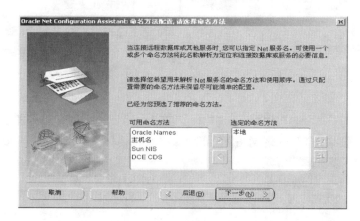

图 C.21 "命名方法配置"窗口

法将此 Net 服务名解析为定位和连接数据库或其他服务的连接描述符。图 C.21 中给出了 4 个可用的命名方法。

（1）"本地"是指将存储在本地客户机的 tnsnames. ora 文件中的网络服务名解析为连接描述符。

（2）"Oracle Names"是指由 Oracle 名称服务器为网络上的每个 Oracle Net 服务提供解析方法。

（3）"主机名"是指通过 TCP/IP 环境中的主机别名连接 Oracle 数据库服务。

（4）"Sun NIS"和"DCE CDS"指由专用系统使用，在 Windows 2000 系统环境下不必选择。

此处预选一个命名方法"本地"，单击"下一步"按钮，出现"数据库版本"的配置窗口，如图 C.22 所示。

此窗口中共有两个选项。

"Oracle8*i* 或更高版本数据库或服务"指后台网络数据库是 Oracle8*i* 以上数据库，"Oracle8 发行版 8.0 数据库或服务"指后台网络数据库是 Oracle8 数据库。

选中"Oracle8*i* 或更高版本数据库或服务"单选按钮，单击"下一步"按钮，出现"服务名"的配置窗口，如图 C.23 所示。

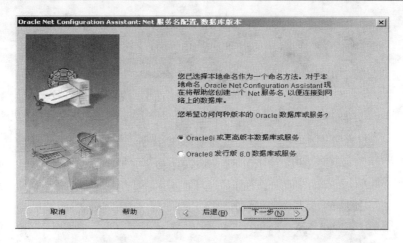

图 C.22　数据库版本配置

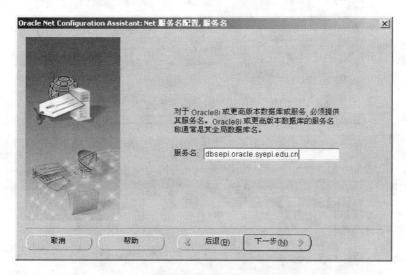

图 C.23　服务名配置

在此窗口中一定要输入全局数据库名,即在"服务名"文本框中输入"dbsepi. oracle. syepi. edu. cn"后,单击"下一步"按钮,出现网络协议配置窗口,如图 C.24 所示。

此窗口中共有 4 个选项。

"TCP"指网络采用 TCP 协议,"TCPS"指网络采用 TCPS 协议,"IPC"指网络采用 IPC 协议,"NMP"指网络采用命名管道协议。

在列表中选择"TCP"项,单击"下一步"按钮,出现主机名配置窗口,如图 C.25 所示。

一旦前面选择了 TCP/IP 协议与数据库进行通信,必须使用数据库服务器的主机名。所以,在"主机名"文本框中应输入数据库所在计算机的主机名,例如输入"xinxiserver"(也可以输入 IP 地址。如果基于分布式数据库应用,则最好输入数据库主机所对应的 IP 地址)。单击"下一步"按钮,出现"测试"窗口,如图 C.26 所示。

如果选择"是,进行测试"单选项,将立即测试客户机与数据库服务器的连通性;如果选择

图 C.24　网络协议配置

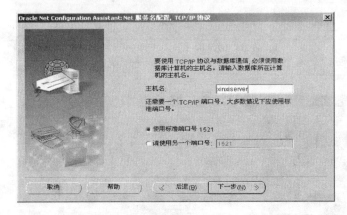

图 C.25　主机名配置

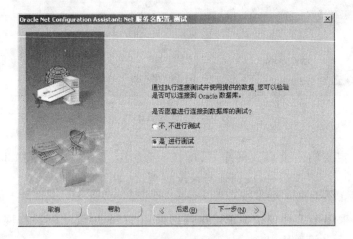

图 C.26　连接数据库测试

"不,不进行测试"单选项,则只是完成配置而已。选中"是,进行测试"单选按钮,单击"下一步"按钮,出现测试结果窗口,如图 C.27(a)所示。

图 C.27(a)窗口所显示的结果是测试成功,它意味着客户机与数据库服务器已连通,即所有配置参数均正确。

(a) 测试结果

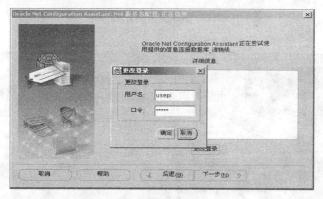

(b) 更改登录

图 C.27　连接数据库的尝试

如果测试结果窗口出现不成功的信息时,可以单击"更改登录"按钮,出现"更改登录"对话框,如图 C.27(b)所示。输入新的登录用户名和口令,即可重新测试一次。Oracle9i 默认以用户名"SCOTT"、口令"TRIGGER"初次登录数据库服务器,这是创建数据库时自动建立的。

如果测试仍然不成功,则需要检查前面的配置参数了。

从图 C.27(a)中的窗口开始,每遇窗口则单击"下一步"按钮,将顺序出现几个"配置完毕"窗口,如图 C.28 ~ 图 C.31 所示。

注意: 当安装完客户端 Oracle9i 之后,还可以通过网络配置助手(Net Configuration Assistant)对命名方法、网络服务等内容进行新的参数配置。具体做法如下:

在 Oracle9i 客户机的操作系统界面上依次选择"开始"→"程序"→"Oracle – OraHome92"→"Configuration and Migration Tools"→"Net Configuration Assistant",出现"欢迎使用"窗口,如图 C.32 所示。

可以在此窗口中配置监听程序、命名方法、本地 Net 服务名以及目录使用情况。

选中"本地 Net 服务名配置"单选按钮,单击"下一步"按钮,出现"Net 服务名配置"窗口,如

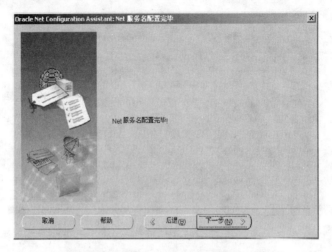

图 C.28　Net 服务名配置完毕

图 C.29　命名方法配置完毕

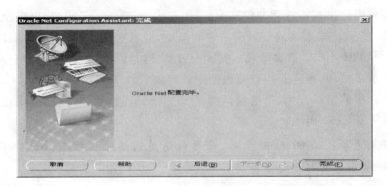

图 C.30　Oracle Net 配置完毕

图 C.33 所示。

可以在此窗口中添加新的服务名、重新配置已存在的服务名、删除已存在的服务名、重新命名已存在的服务名、用当前默认的服务名测试连通性。

图 C.31 客户端安装结束

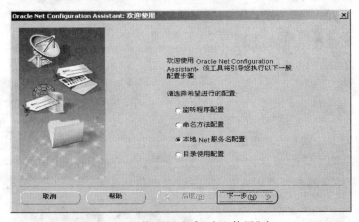

图 C.32 网络配置助手"欢迎使用"窗口

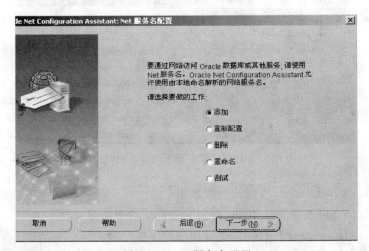

图 C.33 Net 服务名配置

选中"添加"单选按钮,单击"下一步"按钮,将出现如图 C.22 引导的级联窗口,其配置方法同前所述。

C.4 查看安装结果

当安装完成后,可以查看安装结果以保证能够正确运行 Oracle9i 系统。

C.4.1 数据库服务器上的安装结果

1. 查看服务器上安装的产品

在操作系统界面上依次选择"开始"→"程序"→"Oracle Installation Products"→"Universal Installer",调用 Oracle 通用安装器,出现如图 C.3 所示的"欢迎使用"窗口。单击"已安装产品"按钮,出现数据库服务器上已安装产品的窗口,如图 C.34 所示,此窗口中显示已经安装在服务器上的 Oracle9i 产品组件。

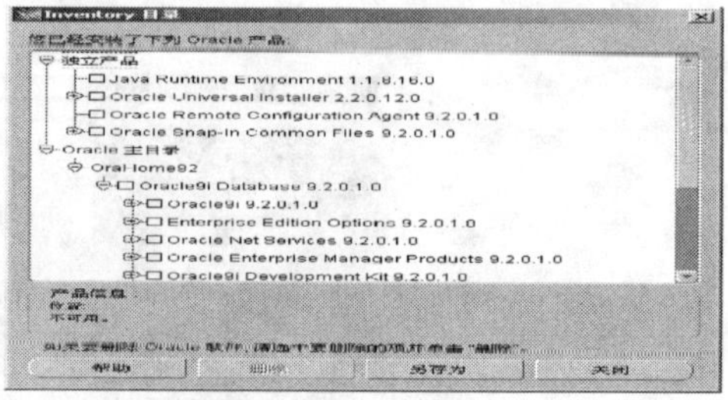

图 C.34 数据库服务器上已安装的产品

2. 查看服务器的程序组

在操作系统界面上依次选择"开始"→"程序",可以看到安装 Oracle9i 系统后的程序组分为两类,一类是"Oracle Installation Products",另一类是"Oracle – OraHome92"。前者是通用安装工具,后者则包括 8 类程序组,如图 C.35 所示。

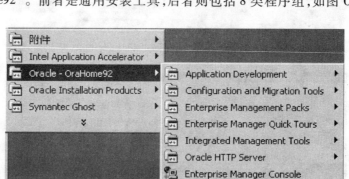

图 C.35 数据库服务器上已安装的程序组

(1) Application Development:应用开发程序组。

(2) Configuration and Migration Tools:配置和迁移工具程序组。

(3) Enterprise Management Packs:企业管理包程序组。

(4) Enterprise Manager Quick Tours:企业管理器快速巡游程序组。

(5) Integrated Management Tools:集成化管理工具程序组。

(6) Oracle HTTP Server:Oracle HTTP 服务器程序组。

(7) Enterprise Manager Console:企业管理控制台程序组。

（8）Release Documentation：发布文档程序组。

3. 查看服务器的服务

安装完毕后，数据库服务器必须以后台服务的方式运行，才能保证向客户端（或用户）提供针对数据的各种管理和操作功能。

当完成数据库服务器的安装后，基本的服务已经自动运行，但还有些服务需要手工启动。

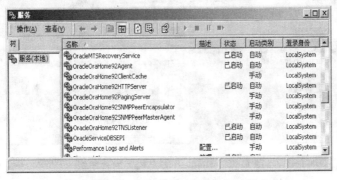

图 C.36　Oracle9i 数据库服务器的服务

对后台服务的管理操作是：打开"我的电脑"→"控制面板"→"管理工具"→"服务"，将出现当前计算机上的所有服务列表，其中与 Oracle9i 有关的服务如图 C.36 所示。启动类别如果是"自动"则表示此服务随数据库服务器的启动而启动。如果状态栏所示信息为空，表明对应服务尚未启动，需要人工手动启动。

4. 服务器上的文件结构

数据库服务器上 Oracle9i 的文件结构如图 C.37 所示，从此窗口可看到在"Oracle"目录下有 3 个文件夹。

（1）admin：此文件夹按照数据库系统标识名称建立子文件夹（如 dbsepi），在每个子文件夹中存放针对此数据库的管理信息和日志文件。

（2）ora92：存放整个数据库服务器的程序文件。

（3）oradata：此文件夹按照数据库系统标识名称建立子文件夹（如 dbsepi），在每个子文件夹中存放此数据库的数据文件、控制文件、索引文件等，这是真正存放数据的位置，对于数据库系统的备份和恢复具有重要意义。

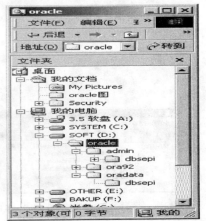

图 C.37　数据库服务器上
的 Oracle9i 的文件结构

C.4.2　客户机上的安装结果

1. 客户机上安装的产品

在操作系统界面上依次选择"开始"→"程序"→"Oracle Installation Products"→"Universal

Installer",调用 Oracle 通用安装器,出现如图 C.3 所示的"欢迎使用"窗口,单击"已安装产品"按钮,将看到已经成功安装在客户机上的 Oracle9i 产品组件,显示窗口与图 C.34 相似。

2. 客户机上的程序组

在操作系统界面上依次选择"开始"→"程序",仍然可以看到安装 Oracle9i 系统后的程序组分为两类,在"Oracle-OraHome92"程序组中包括 7 类程序组,如图 C.38 所示。

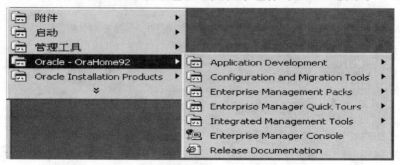

图 C.38　Oracle9i 客户机上的程序组

3. 客户机上的服务

在操作系统界面上依次选择"我的电脑"→"控制面板"→"管理工具"→"服务",出现 Oracle9i 客户机的"服务"窗口,如图 C.39 所示。

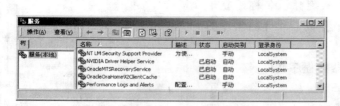

图 C.39　Oracle9i 客户机的服务　　　　图 C.40　Oracle9i 客户机上
　　　　　　　　　　　　　　　　　　　　　　　的文件结构

4. 客户机上的文件结构

客户机上 Oracle9i 的文件结构如图 C.40 所示,从此窗口可看到在"Oracle"目录下所存放的所有客户程序。

附录 D
SQL 函数及操作符

D.1 SQL 函数

SQL 提供了大量的函数,其中包含数值型函数、字符型函数、日期型函数、转换函数和聚集函数。

D.1.1 数值型函数

数值型函数也称数字函数,这类函数接收 Number 类型的参数并返回 Number 类型值。表 D.1列出 SQL 常用的数值型函数。

表 D.1 SQL 常用的数值型函数

函数	返回值
Ceil(x)	大于或等于数值 x 的最小整数值
Floor(x)	小于或等于数值 x 的最大整数值
Mod(x,y)	x 除以 y 的余数。若 y = 0,则返回 x
Power(x,y)	x 的 y 次幂
Round(x[,y])	若 y > 0,四舍五入保留 y 位小数;若 y = 0,四舍五入保留整数;若 y < 0,从整数的个位向左算起,使 y 位为 0,四舍五入保留数值
Sign(x)	若 x < 0,则返回 -1;若 x = 0,则返回 0;若 x > 0,则返回 1
Sqrt(x)	x 的平方根
Trunc(x[,y])	若 y > 0,截尾到 y 位小数;若 y = 0, 截尾到整数;若 y < 0,从整数的个位向左算起,使 y 位为 0,数值截尾到 y 位
Abs(x)	取 x 的绝对值
Sin(x)	x 的正弦值
Cos(x)	x 的余弦值
Ln(x)	x 的自然对数
Exp(x)	e 的 x 次方

D.1.2 字符型函数

字符型函数(CHR 除外)所接收的是字符型参数并返回字符型值。这些函数大部分返回 VARCHAR2 类型的值。SQL 中的字符处理函数约有 20 多个,常用的字符型函数如表 D.2 所示。

表 D.2 SQL 常用的字符型函数

函数	返回值
ASCII(string)	string 首字符的 ASCII 码值
CHR(x)	x 对应的 ASCII 字符
Concat(string1,string2)	将 string1 与 string2 连接起来形成的字符串
InitCap(string)	string 首字母大写而其他字母小写的字符串
Lower(string)	返回 string 的小写形式
Ltrim(string1,string2)	删除 string1 中从最左算起出现 string2 的字符串,string2 被默认设置为单个空格。删除操作执行之后,遇到第一个不在 string2 中的字符时返回
Replace(string,search_str [,replace_str])	用 replace_str 替换在 string 中出现的所有 search_str。如果 replace_str 未被指定,那么所有出现的 search_str 都将被删除
Rtrim(string1[,string2])	删除 string1 中从最右算起出现在 string2 中的字符,string2 被默认设置为单个空格。删除操作执行之后,遇到第一个不在 string2 中的字符时返回
SubStr(string,a[,b])	a>0 时,取出 string 中从左算起第 a 个字符开始的 b 个字符所组成的字符串;若 a=0,则认为 a 为 1;a<0 时,取出 string 中从右算起第 a 个字符开始的 b 个字符所组成的字符串
Upper(string)	返回 string 的大写形式
Length(string)	返回 string 的长度
Instr(string1,y)	string2 在 string1 中的位置。如果没有则返回 0

D.1.3 日期型函数

日期型函数接收 DATE 类型的参数,除了 Months-Between()函数返回 Number 类型的数值外,其他日期型函数都返回 DATE 类型的值。SQL 为用户处理日期型数据提供了大量函数,常用的日期型函数如表 D.3 所示。

表 D.3 SQL 常用的日期型函数

函数	返回值
Add_Months(d,x)	日期 d 的月份加上 x 个月以后所得的日期
Last_Day(d)	d 月最后一天的日期
SysDate	当前的系统日期和时间

续表

函数	返回值
Months_Between(date1,date2)	在 date1 和 date2 之间的月份数
Next_Day(d,string)	日期 d 之后的由 string 所指定的日期,string 表示星期几,如"星期一"

D.1.4　转换函数

转换函数用于在数据类型之间进行转换。SQL 中常用的转换函数有 3 种。

(1) 将数值型数据转换为字符串数据

To_Char(num[,format])

功能:将 Number 类型的数据转换为一个 VARCHAR2 类型的数据,format 为格式参数。如果未指定 format,那么结果字符串将包含长度和 num 中有效位数相同的字符。如果 num 是负数,则在结果字符串的前面加上一个减号。关于 format 格式请查阅相关参考资料。

(2) 将日期型数据转换为字符串数据

To_Char(d[,format])

功能:将日期型数据转换为一个 VARCHAR2 类型的字符串数据。如果未指定 format 格式,则使用默认的日期格式。SQL 提供许多不同的日期格式,用户可以用其组合来表示最终的输出格式。SQL 的日期格式如表 D.4 所示。

表 D.4　SQL 的日期格式

日期格式元素	说明
D	一周中的星期几(1~7)
DD	一月中的第几天(1~31)
DDD	一年中的第几天(1~366)
IYYY	基于 ISO 标准的 4 位年份
HH 或 HH12	一天中的时(1~12)
HH24	一天中的时(1~24)
MI	分(1~59)
MM	月(1~12)
Q	一年中的第几季度(1~4)
SS	秒(0~59)
WW	当年的第几个星期(1~53)
W	当月的第几个星期(1~5)
YEAR 或 SYEAR	年份的名称,公元前的年份需加负号
YYYY	4 位年份
YYY,YY,Y	年份的最后 3,2,1 位数据

（3）将字符串数据转换为日期型数据

To_Date（string，format）

功能：将 CHAR 或 VARCHAR2 类型的数据转换为一个 DATE 类型的数据，日期的格式见表 D.4。

D.1.5 聚集函数

聚集函数也称分组函数，它从一组记录中返回汇总信息。SQL 中常用的聚集函数如表 D.5 所示。

表 D.5 SQL 常用的聚集函数

函数	返回值
Avg（col）	指定列值的平均值
Count（*）	行的总数
Count（col）	指定列非空值的行数
Min（col）	指定列中的最小值
Max（col）	指定列中的最大值
Sum（col）	指定列值的总和
Stddev	指定列的平均偏差

注意： 在 Oracle 系统中，函数和语句是不分字母大小写的。

D.2 SQL 操作符

SQL 中所涉及的操作符主要分为 4 类：算术运算符、比较操作符、谓词操作符、逻辑操作符。

D.2.1 算术运算符

SQL 中常用的算术运算符有 +、-、*、√、( )等。

D.2.2 比较操作符

SQL 中常用的比较操作符有 =、! = 、< >、<、>、< =、> =。

D.2.3 谓词操作符

谓词操作符是一种集合操作符。SQL 中常用的谓词操作符如表 D.6 所示。

表 D.6 SQL 常用的谓词操作符

操作符	说明
IN	属于集合的任一成员
NOT IN	不属于集合的任一成员

操作符	说明
BETWEEN a AND b	在 a 和 b 之间,包括 a 和 b
NOT BETWEEN a AND b	不在 a 和 b 之间,也不包括 a 和 b
EXISTS	总存在一个值满足条件
NOT EXISTS	不存在满足条件的值
LIKE '[_%]string[_%]'	包括在指定子串内,百分号字符(%)将匹配零个或多个任意字符,下划线(_)将匹配一个任意字符

D.2.4　逻辑操作符

SQL 中常用的逻辑操作符有 AND、OR、NOT。逻辑运算符 NOT 可与比较操作符连用,表示"非"。

参考文献

［1］萨师煊,王珊.数据库系统概论[M].3 版.北京:高等教育出版社,2002.

［2］史嘉权.数据库系统概论[M].北京:清华大学出版社,2006.

［3］王珊,萨师煊.数据库系统概论[M].4 版.北京:高等教育出版社,2006.

［4］王彬,代彦波,颜鹏博.Oracle 10g 简明教程[M].北京:清华大学出版社,2006.

［5］谈竹贤,王毅,赵景亮,等.Oracle9i PL/SQL 从入门到精通[M].北京:中国水利水电出版社,2002.

［6］卢根.基于 Oracle 的数据库系统[M].北京:高等教育出版社,2005.

［7］李卓玲,费雅洁,孙宪丽.Oracle 大型数据库及应用[M].北京:高等教育出版社,2004.

［8］李卓玲.数据库原理与应用[M].北京:电子工业出版社,2001.

郑 重 声 明

策划编辑	洪国芬
责任编辑	康兆华
封面设计	张　楠
责任绘图	尹　莉
版式设计	陆瑞红
责任校对	张　颖
责任印制	尤　静